"十二五""十三五"国家重点图书出版规划项目

新能源发电并网技术丛书

梁志峰 崔方 杨健 等 编著

数值天气预报产品在新能源功率预测中的释用

·北京·

内 容 提 要

本书为《新能源发电并网技术丛书》之一，从新能源功率预测技术发展趋势及其实用化需求出发，对数值天气预报技术及其在新能源功率预测中的解释应用技巧等广大科研工作者和工程技术人员重点关注的方面进行了深入探讨，力求突出其实用价值。本书主要内容包括数值天气预报发展概要、数值天气预报的类别与应用、新能源功率预测方法与数据需求、中尺度数值天气预报的关键环节、模式产品在新能源功率预测中的释用以及数值天气预报集群系统等。数值天气预报产品应用技巧的发展与新能源功率预测技术的进一步实用化关系密切，因而在新能源并网技术领域中的重要性也将变得越发显著。希望本书的出版能够对未来新能源领域相关科研、实践起到积极促进作用。

本书对从事新能源功率预测及电力调度领域的研究人员和从业人员具有一定参考价值，也可供其他相关领域的工程技术人员借鉴参考。

图书在版编目（CIP）数据

数值天气预报产品在新能源功率预测中的释用 / 梁志峰等编著. -- 北京 : 中国水利水电出版社, 2018.12
（新能源发电并网技术丛书）
ISBN 978-7-5170-7237-9

Ⅰ. ①数… Ⅱ. ①梁… Ⅲ. ①数值天气预报－应用－电力系统－功率－预测－研究 Ⅳ. ①TM7

中国版本图书馆CIP数据核字(2018)第291597号

书　　名	新能源发电并网技术丛书 **数值天气预报产品在新能源功率预测中的释用** SHUZHI TIANQI YUBAO CHANPIN ZAI XIN NENGYUAN GONGLÜ YUCE ZHONG DE SHIYONG
作　　者	梁志峰　崔　方　杨　健　等　编著
出版发行	中国水利水电出版社 （北京市海淀区玉渊潭南路1号D座　100038） 网址：www. waterpub. com. cn E-mail：sales@waterpub. com. cn 电话：(010) 68367658（营销中心）
经　　售	北京科水图书销售中心（零售） 电话：(010) 88383994、63202643、68545874 全国各地新华书店和相关出版物销售网点
排　　版	中国水利水电出版社微机排版中心
印　　刷	北京瑞斯通印务发展有限公司
规　　格	184mm×260mm　16开本　15.5印张　335千字
版　　次	2018年12月第1版　2018年12月第1次印刷
定　　价	**56.00**元

本 书 编 委 会

主　　编　梁志峰

副主编　崔　方　杨　健

参编人员　（按姓氏拼音排序）

陈卫东　程　序　丁　煌　丁　杰

丁　然　黄　磊　居蓉蓉　阚见飞

李登宣　秦　放　秦　昊　单瑞卿

时　珉　孙荣富　王知嘉　吴　骥

周　海　周邺飞　朱　想

序

XU

随着全球应对气候变化呼声的日益高涨以及能源短缺、能源供应安全形势的日趋严峻，风能、太阳能、生物质能、海洋能等新能源以其清洁、安全、可再生的特点，在各国能源战略中的地位不断提高。其中风能、太阳能相对而言成本较低、技术较成熟、可靠性较高，近年来发展迅猛，并开始在能源供应中发挥重要作用。我国于2006年颁布了《中华人民共和国可再生能源法》，政府部门通过特许权招标，制定风电、光伏分区上网电价，出台光伏电价补贴机制等一系列措施，逐步建立了支持新能源开发利用的补贴和政策体系。至此，我国风电进入快速发展阶段，连续5年实现增长率超100%，并于2012年6月装机容量超过美国，成为世界第一风电大国。截至2014年年底，全国光伏发电装机容量达到2805万kW，成为仅次于德国的世界光伏装机第二大国。

根据国家规划，我国风电装机容量2020年将达到2亿kW。华北、东北、西北等“三北”地区以及江苏、山东沿海地区的风电主要以大规模集中开发为主，装机规模约占全国风电开发规模的70%，将建成9个千万千瓦级风电基地；中部地区则以分散式开发为主。光伏发电装机容量预计2020年将达到1亿kW。与风电开发不同，我国光伏发电呈现“大规模开发，集中远距离输送”与“分散式开发，就地利用”并举的模式，太阳能资源丰富的西北、华北等地区适宜建设大型地面光伏电站，中东部发达地区则以分布式光伏为主，我国新能源在未来一段时间仍将保持快速发展的态势。

然而，在快速发展的同时，我国新能源也遇到了一系列亟待解决的问题，其中新能源的并网问题已经成为社会各界关注的焦点，如新能源并网接入问题、包含大规模新能源的系统安全稳定问题、新能源的消纳问题以及新能源分布式并网带来的配电网技术和管理问题等。

新能源并网技术已经得到了国家、地方、行业、企业以及全社会的广泛关注。自“十一五”以来，国家科技部在新能源并网技术方面设立了多个“973”“863”以及科技支撑计划等重大科技项目，行业中诸多企业也在新能源并网技术方面开展了大量研究和实践，在新能源并网技术方面取得了丰硕的成果，有力地促进了新能源发电产业的发展。

中国电力科学研究院作为国家电网公司直属科研单位，在新能源并网等方面主持和参与了多项国家“973”“863”以及科技支撑计划和国家电网公司科技项目，开展了大量与生产实践相关的针对性研究，主要涉及新能源并网的建模、仿真、分析、规划等基础理论和方法，新能源并网的实验、检测、评估、验证及装备研制等方面的技术研究和相关标准制定，风电、光伏发电功率预测及资源评估等气象技术研发应用，新能源并网的智能控制和调度运行技术研发应用，分布式电源、微电网以及储能的系统集成及运行控制技术研发应用等。这些研发所形成的科研成果与现场应用，在我国新能源发电产业高速发展中起到了重要的作用。

本次编著的《新能源发电并网技术丛书》内容包括电力系统储能应用技术、风力发电和光伏发电预测技术、光伏发电并网试验检测技术、微电网运行与控制、新能源发电建模与仿真技术、数值天气预报产品在新能源功率预测中的应用、光伏发电认证及实证技术、新能源调度技术与并网管理、分布式电源并网运行控制技术、电力电子技术在智能配电网中的应用等多个方面。该丛书是中国电力科学研究院等单位在新能源发电并网领域的探索、实践以及在大量现场应用基础上的总结，是我国首套从多个角度系统化阐述大规模及分布式新能源并网技术研究与实践的著作。希望该丛书的出版，能够吸引更多国内外专家、学者以及有志从事新能源行业的专业人士，进一步深化开展新能源并网技术的研究及应用，为促进我国新能源发电产业的技术进步发挥更大的作用！

中国科学院院士、中国电力科学研究院名誉院长：周孝信

新能源功率预测技术是新能源发电并网运行中不可或缺的支撑技术之一，在发电计划制定、电网优化调度、电力市场交易以及电站经济运行等方面都发挥着重要作用。风力发电、光伏发电在日内、日间等时间尺度上具有显著的随机性、波动性，出力特性因地域、气候、规模等因素而异，预测方法的选择往往需因时、因地制宜。通常情况下，将新能源预测精度提升至较高水平并长期维持其稳定性具有相当的技术难度，因此，数值天气作为现代天气预报的典型代表，在新能源功率预测发展中将起到十分重要的作用。

数值天气预报产品的释用是在初始模式输出产品的基础上，应用统计、动力以及人工智能等方法，对数值天气预报的输出结果进行分析与订正，使其在输出形式上满足特定的应用需求，并最大限度地消除该应用场景下模式输出产品的系统性误差。数值天气预报的发展经历了相当长的一段历史时期，但仍有部分科学问题亟待进一步探索。在应用中，当前的数值天气预报技术能力与新能源功率预测的实际需求尚存在一定差距。如何充分地挖掘数值天气预报产品中的有效信息，并使之最大限度地与新能源功率预测的新方法、新模型相适应，已成为未来新能源功率预测技术发展的关键环节之一。实践证明，数值天气预报产品释用是新能源功率预测中气象要素预报精细化技术的核心，在新能源功率预测误差分析、预测精度改善等方面发挥十分重要的作用。

本书结合新能源功率预测历史发展和最新技术，系统介绍了数值天气预报释用技术及原理、方法和应用场景，主要内容包括数值天气预报发展概要、数值天气预报的类别与应用、新能源功率预测方法与数据需求、中尺度数值天气预报的关键环节、模式产品在新能源功率预测中的释用，以及数值天气预报集群系统等。

本书共6章，其中：第1章由崔方、杨健等编写；第2章由丁煌、秦昊和丁然等编写；第3章由吴骥、孙荣富和黄磊等编写；第4章由周海、时珉和李登宣等编写；第5章由陈卫东、单瑞卿和阚见飞等编写；第6章由程序、丁煌等编写。

本书在内容体系上力求将气象学前沿进展与新能源功率预测研究相结合，在编写过程大量参阅和引用了许多学者的工作成果，特此表示衷心的敬意与感谢。本书在编写过程中听取了南京信息工程大学智协飞教授和中国电力科学研究院王伟胜教授的中肯意见并采纳了相关建议，也得到了丛书编委会吴福保、朱凌志等专家的大力帮助，在此一并表示衷心感谢！

限于作者水平和实践经验有限，书中难免有不足和待改进之处，恳请广大读者批评指正。

作者

2018年11月

目 录
MULU

第1章 数值天气预报发展概要

天气预报很早便出现在人类的生产生活中，并与经济、社会的发展息息相关。早在公元前14世纪，我国的甲骨文卜辞中便出现了有关天气预报的记录。在国外，考古活动也发现了许多关于天气预报的谚语，古希腊学者亚里士多德还对先前所有的气象知识进行了汇总，大约在公元前340年完成了世界上最早的气象学专著——《气象汇论》(Meteorological)。

作为现代气象学发展的里程碑，数值天气预报技术是人类科学技术发展与思想认识飞跃的共同产物，并伴随着人类社会的进步不断发展。自诞生以来，数值天气预报便一直以实用性为主要考量，发展至今已深刻地影响到社会生产生活的各个层面。

在我国，数值天气预报很早便已应用于电力各个环节。而今，最受瞩目的应用当属数值天气预报技术与新能源预测的结合。风能、太阳能的高效利用离不开新能源预测的发展，深入理解数值天气预报的技术特点与发展沿革必然会对应用技巧的提升起到积极作用，进而促进与提高各类时间尺度新能源预测的实用化水平。

本章围绕数值天气预报的技术发展脉络，对数值天气预报的发展历史、基本构成以及产品类别等内容逐一进行剖析和概括，通过基本概念、基本事实的介绍，使读者能够较为清晰地了解到数值天气预报诞生至今经历的主要历程以及当前数值天气预报产品的主要形态。

1.1 数值天气预报的历史回顾

"气象""天气"和"气候"是人们日常生活中时常可以遇到的科学名词，它们之间的联系很紧密，因而十分容易产生混淆。一般情况下，气象是指大气中常见的各种物理现象及其变化，例如阴晴、冷暖、风雨、沙尘与雷电等；天气则是指短时间内影响人类活动的大气状况，它与长时间的大气变化所呈现出的某些规律性有所区别；气候是指在某一时段内气象要素的平均值和变率的统计描述。

作为现代地球科学研究的组成部分之一，气象学的研究主要依赖于观测实验、数值模拟和理论研究三种技术手段。其中，观测实验是数值模拟和理论研究的基础，理论研究为观测实验和数值模拟设计提供指导，数值模拟的设计、开发以及典型案例模拟则集成了从观测数据和理论研究中所获得的全部知识，是现阶段气象科学发展的集中表述。自1946年以来，数值模拟技术的巨大进步已经使其能够部分地应用于实际业务，它不仅可以广泛地弥补观测资料的不足、推进相关领域科学发展，甚至还在近些年有关科学成果的推动下，成为当前阶段能够描述未来天气变化的唯一的客观工具。

数值模拟是针对所研究的复杂性科学问题，建立数学模型，利用高性能计算机进行大规模科学计算的研究手段。数值天气预报是当今数值模拟技术中较为独特也较具代表性的一类，它的出现使得大气和海洋科学成为一门“可实验”的科学。

数值天气预报（numerical weather prediction，NWP）是一种天气预报形式，发展至今已有100多年的历史。在19世纪，Von Helmholtz将大气运动的基本规律用数学公式的形式表示。根据这些公式可以得到描述大气运动的方程组，包含了流体力学方程和热力学方程等。

在1904年，V. Bjerknes阐述了数值天气预报的关键思想，提出大气未来的状态是由其已知的初始状态、边界条件，加上大气运动方程组共同决定的。他认为利用大气层的初始状况，可以通过求解一组描述大气运动的数学方程，得到天气的未来变化。然而，这种方程组形式非常复杂，同时缺少初始状态的大气观测资料，在当时的科学技术条件下难以实现求解。20世纪初，以Bjerknes父子为代表的挪威学派提出锋面理论和气旋波理论，这些理论成为现代天气预报理论的基础之一。气旋发展模式不仅是中纬度天气预报的重要理论根基，更是天气预报发展史上的一个里程碑。

尽管V. Bjerknes提出超越时代的数值天气预报思想，但是由于受到科学技术条件的限制，数值天气预报在其后近20年内发展较慢。

直到1922年，英国数学家、物理学家L. F. Richardson正式将数值天气预报的概念加以实践，他使用差分方法把目标区域划分成类似围棋棋盘的离散格点，从而计算大气运动方程组的近似解。但当时计算机尚未发明，人工计算的速度远远跟不上天气演变的速度，数值天气预报仍是一项艰巨的挑战。L. F. Richardson提出利用数值计算的方式来制作天气预报，这一想法堪称是气象学发展史中一次至关重要的飞跃。这一理念促成了数值天气预报技术的诞生，因此也有人称L. F. Richardson为“数值天气预报之父”。在随后的几十年间，数值天气预报相关技术不断取得突破，逐渐被视作为气象科学飞速发展的标志。

1928年，有学者提出了水平网格局与时间步长在满足一定的相互关系时，线性方程的数值计算能够保持稳定的思想，这个思想提高了预报精度、减少了计算量，对L. F. Richardson的数值天气预报计算有重要改进和现实意义，使得数值天气预报在实际业务中能够得到更好的应用。1939年，Carl-Gustaf Rossby提出了著名的Rossby长波公式，这个公式通过各种近似假设得到了一个具有天气意义的长波公式，推动了数值天气预报乃至气象学的发展。

第二次世界大战前后，因为飞机的大量使用，出现了等压坐标系，这对早期的气旋发展理论和大气环流理论进行了完善。同时，计算机的发明大大减少了人工运算时间，全球气象观测网的建立使得气象资料变得相对齐全，数值天气预报由经典物理学定律成功转变为科学实践的前提条件已基本成熟。

1946—1950年，J. G. Charney吸取了L. F. Richardson的失败经验，证明了在准地

转或无辐散，同时满足静力平衡的条件下，可以从大气运动方程组中滤除声波、重力惯性波，建立过滤模式（即大气正压模式）。在此基础上，他假设大气是均匀不可压的流体，并且初始时刻风不随高度变化，建立了正压原始模式方程组。虽然当时的气象学家认为正压大气模式过于近似和简化，得到较为可靠的天气预报还需考虑大气运动的斜压性，但是受到当时计算机能力的限制，仅能采用正压大气模式来进行。在这种条件下，Von Neumann 选取了正压大气模式来进行研究，他认为天气预报是可以利用计算机来实现的重要科学问题。在这些研究基础上，通过数值天气预报计算，得到了比人工预报更为优越的预报结果。从 1950 年开始，随着计算机的发展，一些国家也开始运用大气正压模式进行数值天气预报，并运用到了实际业务中。1954 年，美国国家气象局（National Weather Service，NWS）等机构共同建立联合数值天气预报中心，由此数值天气预报开始正式服务于美国空军、海军和气象局。

大气正压模式已经取得了成功，但它仍然具有较为明显的局限性。这一局限性的表现是，大气正压模式消除了大气中的高频波，影响了真实大气的动力性质，对斜压大气中一些问题的处理显得无能为力。因此，可以说大气正压模式只是反映大气中大尺度运动的基本规律，而在中小尺度天气运动的规律研究中，还应当慎重考虑大气的斜压性。

20 世纪 50 年代，美国与欧洲部分国家开始了对大气斜压性的研究。随着研究不断深化，综合性因素的增加使得大气运动方程组变得越来越复杂，计算量也随之越发变大。相比较之下，大气正压模式对应的是线性方程，大气斜压模式对应的是非线性方程。大气斜压模式对计算稳定性非常敏感，容易出现非线性计算不稳定。直到 60 年代，大气斜压模式才在实际业务中应用，但预报延伸期不足，时效较长的数值天气预报仍然使用大气正压模式。此时，数值天气预报工作已经不仅仅是对 L. F. Richardson 的原始方程模式的改进和推广，而是得到了完善和提高。

原始方程模式可以考虑更多的大气运动物理问题，其预报范围也不再局限于局地或者区域，可以扩展至全球。1966 年，第一个原始方程模式正式投入业务运行。20 世纪 70—80 年代，更多的原始方程模式运用于实际业务当中，且具有更高的时空分辨率，能实现更小的区域预报，并且能够从粗网格模式中提取初值和边界条件。此时，数值天气预报已经具备了大范围、小尺度、高分辨率与嵌套的功能。

1.1.1 数值天气预报的概念

数值天气预报是指根据大气实际情况，在一定的初值和边值条件下，通过大型计算机做数值计算，求解描写天气演变过程的流体力学和热力学的方程组，预测未来一定时段的大气运动状态和天气现象的方法。

数值天气预报本质上是一组包含流体力学、热力学等与大气运动理论相关的数学公式，可以描写各种不同尺度的大气运动状态的演变。它以经过分析和初值化的某时刻气象观测资料为初值，通过方程组的求解实现“客观”的气象预报。这一技术类别的发展为气象预报综合分析、预报会商等环节提供了丰富的参考信息，从而大大降低了气象预报员的工作繁复程度。

数值天气预报的运算依赖于高性能的大型计算机。在实际运算过程中，大型计算机无法直接求解未经简化的大气运动方程组，因而也就难以同时预报出包含所有细节的未来天气演变。为了实现数值天气预报，需要在最大可能保留大气运动主要特征的前提下，将复杂的大气运动做一定假设和简化，这种简化的大气模型称为“模式大气”。同样，对应的大气运动方程组称为“大气模式”，而针对某一特征尺度的数值天气预报被简称为某模式，例如中尺度模式或中小尺度模式。由此不难看出，某一特征尺度下的数值天气预报实质上是有其特定的适用范围的。而数值天气预报的技术发展，就是在不同的“大气模式”的前提下，通过科学理论的实践不断发展而来。

依据数值天气预报的定义与关键技术环节，以下给出了建立一个数值天气预报模式的步骤：

（1）依据物理定律建立偏微分方程组。

（2）基于观测事实对偏微分方程组进行简化。

（3）选择求解偏微分方程组的坐标系。

（4）确定网格剖分方案，对偏微分方程组进行离散化。

（5）针对次网格尺度过程进行参数化。

（6）运行模式，计算数值解。

（7）模式结果检验与评估，回到初始点查找原因，改进模式。

1.1.2　大气的可预报性

数值天气预报是应用经典物理学定律获得科学领域重大进展的典型代表。然而，数值天气预报本质上是大气运动规律的理论近似，它无法完全精确地刻画出大气运动的全部细节。如数值天气预报的基本架构是描写天气演变过程的大气运动方程组，并且需要通过一定数学处理将非线性偏微分方程转化为可以求解的形式。这不仅在基本方程的完备上存在局限，求解过程的复杂性也导致了数值天气预报很难完全客观地表述未来大气运动的演变趋势，因而在对未来天气变化的推演过程中不可避免地产生一定程度的偏差。

气象学、物理学、地球科学等研究领域的相关成果让我们认识到，我们所在的地球存在很多未知的自然现象。从实际的观测研究可以发现，大气是地球物理范畴内一个非常具有代表性的、复杂的非线性系统。因而，它的预报时效有一定的范围，超出这一范围时，预报误差将显著增长，并且难以被接受。

自 1963 年 Edward N. Lorenz 在 Journal of the Atmospheric Science 上的论文“Deterministic Nonperiodic Flow”，开创确定性系统的可预报性研究以来，非线性确定性系统中存在可预报性的问题已经成为了一个无法回避的客观事实。数值天气预报对于大气状况初值极端敏感，大气状况初值的细微变化，在积分到一定时间阶段，会得到完全不同的结果，同时表明了长期天气预报存在不确定性，可预报性的时效上限大约在 14 天。

通常“可预报性”是指天气预报在时效上所能达到的理论极限。但也有观点认为，关于大气的“可预报性”问题并非限定于某一预报方法的技巧与水平，它实际上是大气系统的固有属性之一。从集合预报、资料同化两个方面分析近年来数值天气预报在大气可预报性、天气预报技术发展上所需要面对的主要问题与任务，能够更为全面、深入地了解近年来数值天气预报的主要发展脉络。

1. 集合预报

20 世纪 80 年代以来，数值天气预报技术不断取得进展。在可预报性方面，预报技术显著提高的标志是预报时效平均每十年延长一天，即同等可信度前提下，数值天气预报的可靠程度越发稳固。然而，鉴于天气和气候的预报对于社会、经济和环境的重要作用，气象学的研究很大程度上仍聚焦于延长数值天气预报时效和降低数值天气预报的不确定性等问题上，并由此诞生了集合预报的思想。

大气自身具有混沌特性，并使得数值天气预报的预报产品存在时效上的极限。另外，数值天气预报的初值只是某一时刻大气真实状态的近似，因而模式的初值不可避免地存在着一定的误差，当这一误差随着预报时效延长显著放大时，数值模式给出的预报信息将失去实用价值。不仅如此，数值天气预报本身也仅是大气运动规律的近似，数值天气预报中的物理过程并非是完备的，数值天气预报仍然具有发展潜力。可以说，集合预报的出现反映了气象学家对数值天气预报初值重要性和气象学本质的进一步认识。有别于单一数值模式的不断完善、优化，集合预报将以另外一种途径推动数值天气预报发展。

建立集合预报系统（ensemble prediction system，EPS）是克服初值条件误差和模式误差的有效途径。首先，EPS 由略微不同的初值或不同模式提供的个别预报（预报成员）构成集合，这些初值与模式的构建并不是随机的，而是包含了大气真实的初始状态与大气真实动力框架的理论推测。其次，EPS 能够通过集合平均等方式给出确定性的预报结果。其中，各成员对集合平均的散布或标准差，代表 EPS 的不确定性，一般认为由内部变率造成。任一地点和任一变量的 EPS 不确定性可由概率密度函数（probability density function，PDF）表征，它是由不同集合成员构成的一种频率分布。一般情况下，单一预报成员由于初值偏差等原因，预报时效很快到达理论极限。但在集合预报中，多个预报成员的组合使得最终集合结果中部分地包含了大气的真实演变过程，因而在预报的准确性和预报的有效时间尺度上都显著地优于单一预报成员。

集合预报突破了初值必须确定的观点，认为初值可以不确定，大气初始状态的真实情况存在于概率中，通过多预报成员预报信息的综合，可以达到提升预报精度、提高预报可靠性等目标。而这一理念最终获得了国际广泛认可。1992 年，美国国家环境预报中心（national centers for environmental prediction，NCEP）和欧洲中期天气预报中心（european centre for medium - range weather forecasts，ECMWF）都开展了中期集合预报，集合预报系统开始走向业务化。

此外，集合预报在应用上不局限于天气预报模式和短期预报，利用集合预报方法还能够有效地应对气候预测问题。这种情况下，预报成员将由天气预报模式改为气候模式。

气候模式指通过求解描述地球气候系统的状态、运动和变化的方程组，用于再现过去、现在与将来的气候状态及其各种变化特征，与天气预报模式有很大不同。相比于天气预报模式的初值敏感性与集合预报实现方式，气候模式集合预报需要考虑的问题更加复杂，原因是气候模式更为关注太阳辐射、大气环流以及人类活动等宏观因素的影响，研究中的侧重点往往有很大差别。20世纪70年代至今，气候模式的研究由仅考虑大气运动的大气模式发展为考虑大气、陆面和海洋共同作用的海陆气耦合模式，以及包含硫化物循环、非硫化物循环与动态植被模式，部分气候模式还包括了碳循环和气溶胶作用。

正因为如此，气候模式的集合预报研究一直处于发展进步状态，但在集合理论上已经相对完备了。

2. 资料同化

数值天气预报是一个初值求解问题，如果能给出当前大气的合适初始条件和边界条件，那么模式将能预报出较为精确的大气演变结果。随着初始条件、边界条件越精确，预报的效果就越好。如何有效地利用这些观测资料为数值天气预报提供更多的信息，是一个非常值得研究的问题。

随着数值天气预报不断发展、观测技术不断提升、全球观测系统不断完善，模式的初始条件和边界条件估计有了很大改善。一种利用观测资料和背景场的统计结合来产生初始条件的方法得到快速的发展，这种方法被简称为“资料同化”。

数值天气预报需要有规划好的离散网格点，但模式网格点和观测点并不能做到完全重合。如果要利用这些海量观测资料，则需要有效的插值方法将海量非规则观测点上的要素值插值到计算网格点上。

在早期，由于缺乏风速、风向、温度以及湿度等模式所需的初值自动分析手段，数值天气预报精度低。当时主要依赖人工分析资料，首先通过手动方式在天气图底图上按照观测点位置填入观测记录，再人为地绘制出天气图和等值线的分析结果。然后，在此基础上进行插值计算，得出规则网格点上的要素值。这种方式得出的数值极易产生人为误差或错误。L. F. Richardson 和 J. G. Charney 的早期工作即是采用了手工插值的方法将可用的观测资料插值到规则的网格点上；然后再用手工的方法将初始条件数值化，但仍难以满足数值天气预报工作的时效性要求。

随着大气探测技术的不断发展，气象观测资料变得数量庞大、品种繁多、格式复杂，仅依靠人工无法处理和分析这些资料，因此出现了利用计算机自动进行气象信息处理和分析的插值方法，称为“客观分析法”。

1949—1954年，客观分析法得到了较多应用，1955年有学者提出“逐步订正法”，该方法不是直接分析观测场，而是去分析观测场与背景场的差值。20世纪60年代后客观分析的进展依然在进行，70年代客观分析法中的最优插值方法投运于实际业务中。

80年代，变分同化技术得到了快速发展，如何求一个目标的极小值则是该方法的最终体现。1999年，间歇资料同化方法被首次提出，即在数值模式积分的一定时间间隔（如3h、6h、12h等）上引入观测资料。如今的业务系统普遍采用这种间歇同化“分析循环”系统，以分析时间为中心，分析一定时间间隔内的观测资料，背景场是以3～6h前的分析场为初始场做出的预报，在分析的基础上再进行初始化，然后借助预报模式制作未来3～6h天气预报。

20世纪90年代以后，三维变分同化（three dimensional variational assimilation，3DVAR）技术在世界各国的气象中心逐渐成熟和业务化，并且逐渐成为了当时资料同化方法的一个主流。然而，3DVAR整个分析过程只对预报误差协方差矩阵做一次先验的估计，并将其高度模型化，在某些情况下会严重影响同化的结果。为了克服这一问题，在欧洲中期天气预报中心使用了四维变分同化（four dimensional variational assimilation，4DVAR）分析技术，并对数值预报能力的提高有很大作用。在4DVAR中，由于预报模式的引入，隐式地考虑了模式预报误差协方差在分析时间窗中的演变，使得观测信息的传播反映了随着环流变化的特点。此后，科学家还在发展非变分类的其他四维同化技术，其中卡尔曼滤波方法是在资料同化领域中研究比较早的一个方法。在卡尔曼滤波中，预报或背景误差协方差由模式本身的演变来确定，但采用卡尔曼滤波法进行计算需要消耗极大的计算资源，通常情况下很难具备与之匹配的计算条件。因此，很长时间以来卡尔曼滤波并没有成为一种实际的资料同化方案。

20世纪90年代后期，科学家提出了集合卡尔曼滤波同化方法，将卡尔曼滤波与集合预报结合在一起，形成一种有应用前景的卡尔曼滤波的简化方法。

1.2　数值天气预报的基本构成

大气运动方程是数值天气预报的理论基础，通过大气运动基本方程组的积分可以预报大气温压场、流场等气象要素的时间变化。数值天气预报的关键环节如图1-1所示，每一个数值天气预报模式均包括两个部分：一是运动方程的求解，即模式的动力部分，主要来自原始纳维-斯托克斯方程（navier-stokes equations，N-S方程）的外强迫项，计算方案不随分辨率变化；二是来自次网格尺度运动对（空间和时间）平均量的贡献，这一部分针是不能精确求解的其他物理过程做参数化处理，即物理学部分，计算方案与模式分辨率密切相关。

客观上，大气运动既有一定的规律性，同时也包含了非常显著的随机性特征。它在空间上包含了从分子尺度的布朗运动到行星尺度的运动，在时间上从微秒到千年时间尺度的运动，这些不同尺度的运动之间存在紧密而复杂的相互作用，不同尺度相互作用的根源是非线性过程。即便如数值天气预报的动力部分已发展得非常完善，但天气预报仍然存在着可预报性的问题，其根源也是大气自身显著的非线性特征。

与数值天气预报相关的绝大部分流体力学数值模式采用的均是非原始N-S方程。

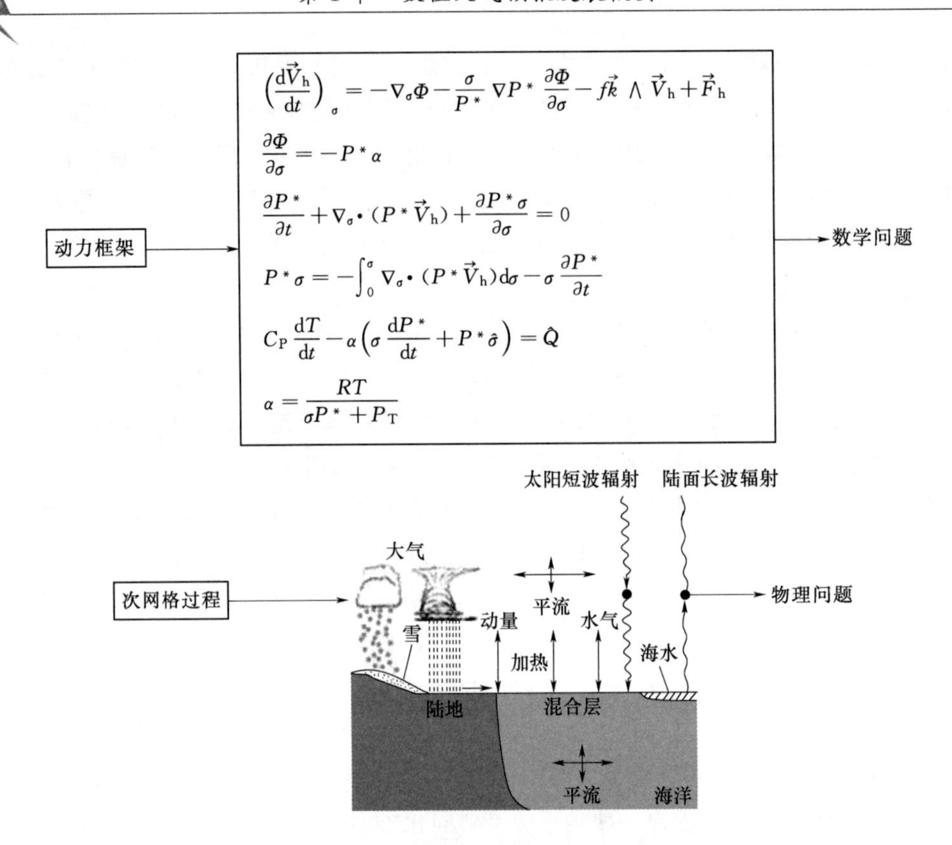

图 1-1 数值天气预报的关键环节

然而，空间和时间平均后的 N-S 方程仍然具有非线性特点，现有的科学水平无法得出它的解析解。因此，由特定的“离散方法”求得其数值解（即在一定条件下通过某种近似计算得出的近似解）的同时，产生了次网格过程参数化的问题。

为详细阐述数值天气预报的构成，以下将分别介绍大气运动基本方程组和模式的次网格过程参数化。

1.2.1 大气运动方程组

大气运动受质量守恒、动量守恒和能量守恒等基本物理定律所支配。这些物理定律的数学表达式分别为运动方程、连续方程、热力学方程、状态方程和水汽方程等，它们是制作数值天气预报的基础。

天气学、气候学研究中，一般忽略大气运动的离散的分子特性，视大气为可压缩的、连续的流体介质。连续的流体介质也可以被视为有限个微小的单位质量立方体气块（以下简称单位质量气块或微元），单位质量气块的各个表面均受其他气块的影响，气块间始终存在物质与能量交换。

表征微小单位质量气块动力、热力状态并描述大气运动的各个物理变量（如气压、温度等）和它们的导数可看作为空间和时间的连续函数。因此，控制大气运动的流体力学和热力学的基本定律可以用上述物理变量作为因变量以及空间、时间作为自变量的偏

微分方程表示。在一定初始条件和边界条件下，大气运动基本方程可进行数值求解，通过不断积分得出未来某时刻的大气状态预测。

为求解大气运动基本方程组，各基本方程及其变形方程（即涡度方程和散度方程）需要在时间尺度、水平/垂直尺度上采用有限差分形式，并应用尺度分析（根据表征某类运动系统的运动状态和热力状态各物理量的特征值，估计大气运动方程中各项量级的大小，从而保留贡献较大项，略去贡献较小项的一种方法）等方法进行简化。

1.2.1.1 影响大气运动的基本作用力

大气运动遵守牛顿第二运动定律，对于惯性坐标系（亦称静止坐标系或绝对坐标系），单位质量气块相对于空间固定坐标系的运动加速度数值等于所有作用力数值之和。

实际观测到的大气运动都是相对于地球表面的运动。相对于地球自转，作用于大气运动的力不仅包括影响大气运动的基本作用力，还包括旋转坐标系中所呈现的视示力（外观力）。

基本作用力是大气与地球或大气之间的相互作用而产生的真实力，包括气压梯度力、地心引力、摩擦力等，它们的存在与参考系无关。

视示力是相对于旋转地球的大气运动而言，其形式为惯性离心力和地转偏向力，用于解释非惯性坐标系下的相对运动加速度。在进行大气运动基本方程组推导时，需要计入坐标系的匀角速转动才能应用牛顿运动定律，由此呈现出惯性离心力与地转偏向力作用。控制大气运动的基本方程组即是在上述非惯性坐标系前提下进行推导的。

大气运动具有多尺度性。在不同的数值天气预报模式中，由于所研究物理过程的尺度特征千差万别，在动力框架上的处理方法也有所不同，因此也就引申出了形式迥异的动力学方程。但在基本作用力的认识上，它的构成、动力学机制及其数学描述是清晰的。

1. 气压梯度力

大气中任一微小的单位质量气块都被周围大气所包围，因而气块的各个表面都受到周围气压的作用。当气压分布不均匀时，气块就会受到一种净压力的作用。这种作用于单位质量气块上的净压力称为气压梯度力。

设单位质量气块为一个微立方体，取局地直角坐标系，作用于体积微元上的总净压力为 x、y、z 方向的净压力的向量和。

设空气密度为 ρ，则作用于单位质量气块上的净压力，即气压梯度力为

$$\vec{G}=-\frac{1}{\rho}\nabla p \tag{1-1}$$

$$\nabla=\frac{\partial i}{\partial x}+\frac{\partial j}{\partial y}+\frac{\partial k}{\partial z}$$

式中　∇——哈密顿（Hamilton）算子。

气压梯度力与单位距离上的气压差成正比，与空气密度成反比。

气压梯度力具有明确的物理意义。当空间气压不均匀时（如高压系统边缘、低压系统中心处等压线密集的区域等）产生气压梯度力。气压梯度力为矢量形式，它的方向由气压较高的区域指向低压一侧。

2. 地心引力

牛顿万有引力说明，宇宙间任何两个物体之间都具有引力，其大小与两物体的质量乘积成正比，与两物体之间的距离平方成反比。

在气象学应用范围内，单位质量气块的距地距离一般仅为数十千米，而地球半径超过 6000km，故气块受到的地心引力一般等值为海平面上的地心引力，所以通常作为常数处理。

地心引力是始终作用于大气的真实的力。

3. 摩擦力

大气是一种黏性流体，它同任何实际流体一样都受到摩擦的影响。由于黏性作用，单位质量气块在运动时，立方体的各个表面都与它周围的空气互相拖拉，相互受到黏滞力的影响。

设局地直角坐标系中风速沿 x 方向的分量 $u>0$，且在垂直方向 z 上呈线性增大，即$\frac{\partial u}{\partial z}>0$。

垂直方向上，上部流体层施于下部流体层一个沿 x 方向的作用力 f_{zx}，下部流体层施于上部流体层反作用力 $-f_{zx}$，这种作用力是因流体黏性引起的切变流中的黏滞力。实验表明，这种黏滞力与 u 的垂直切变和流体层间的作用面积成正比，即

$$f_{zx}=\mu A\frac{\partial u}{\partial z} \tag{1-2}$$

式中　μ——比例常数，称为动力黏滞系数。

这种黏滞力属于表面力。作用于单位面积上的黏滞力为 $u\frac{\partial u}{\partial z}$，称为切应力或雷诺应力。

为分析单位质量气块所受的净黏滞力，取微立方体，由$\frac{\partial u}{\partial z}>0$ 可知，作用于立方体微元上部的黏滞力应大于下部受到的黏滞力。因此，立方体微元在 x 方向上受到的净黏滞力（推导过程略）应为

$$F_{zx}=\frac{1}{\rho}\frac{\partial}{\partial z}\left(\mu\frac{\partial u}{\partial z}\right) \tag{1-3}$$

这种单位质量受到的净黏滞力称为摩擦力。

F_{zx}为风的 u 分量的垂直切变决定的黏滞力在 z 方向变化引起的 x 方向的摩擦力。同理，可以得出与水平 v 分量和垂直速度有关的摩擦力分量。

4. 惯性离心力

地球自转过程中，旋转坐标系中存在与地球相对静止的质点，则该质点的圆周运

动角速度与地球自转角速度（$\Omega=2\pi/24\text{h}=7.29\times10^{-5}\text{s}^{-1}$）一致。尽管质点的运动受地心引力作用，但并未由此发生加速运动，那么旋转坐标系中必然需要引入一个力与地心引力相平衡，它的大小应与地心引力相等而方向相反，这个力就是惯性离心力。

惯性离心力不是真实存在的，而只是由于站在非惯性坐标系内观察运动，并试图用牛顿第二定律来解释运动的结果。当我们站在旋转的地球上分析运动时，地表上每一个静止的物体都会受到相应惯性离心力的作用。

5. 地转偏向力

地转偏向力是影响旋转坐标系中大尺度运动特征的一个很重要的力。

对于旋转坐标系中处于静止状态的质点，只要引入惯性离心力就可以应用牛顿第二定律。但当单位质量气块在旋转坐标系中发生位移时，除引入惯性离心力外，还需要引入科里奥利力才能应用牛顿第二定律描述相对运动。气象上通常将科里奥利力简称为科氏力，或称地转偏向力。

地转偏向力具有以下重要特点：

（1）地转偏向力与地球自转角速度 Ω 相垂直，而 Ω 与赤道平面垂直，因此地转偏向力在纬圈平面内。

（2）地转偏向力与运动矢量相垂直，因而地转偏向力对运动气块不做功，它只能改变气块的运动方向，而不产生运动加速度。

（3）地转偏向力的垂直分量较小，气块的运动主要受其水平分量影响。对于水平运动而言，在北半球，地转偏向力使运动向右偏；南半球与北半球相反，使运动发生左偏。

（4）地转偏向力的大小与相对速度的大小成比例，当 $V=0$ 时，地转偏向力为零。

1.2.1.2 常见的大气运动坐标系

为了进行气象学理论分析以及数值天气预报，需要把矢量形式的运动方程展开成为标量分量方程。一般来说，三维运动可以用两种坐标系来描写：一种是笛卡尔坐标系；另一种是正交曲线坐标系（如柱坐标和球坐标系）。笛卡尔坐标系中的三个基本方向在空间中是固定的，而曲线坐标系中的三个基本方向是随空间点变化的，这是两者最重要的区别。

在气象学研究中，较为常见的大气运动坐标系包括球坐标系、局地直角坐标系、p 坐标系和 σ 坐标系等。针对不同的研究对象，坐标系的选择有所差异。任何一种坐标系的选取都有其明确的物理意义。

1. 球坐标系

通常在进行大气观测时，人们会以观测站所在位置的东西、南北和垂直于观测地面的方向作为参考方向。由于地球曲率影响，在不同经纬度位置上，上述“东西”“南

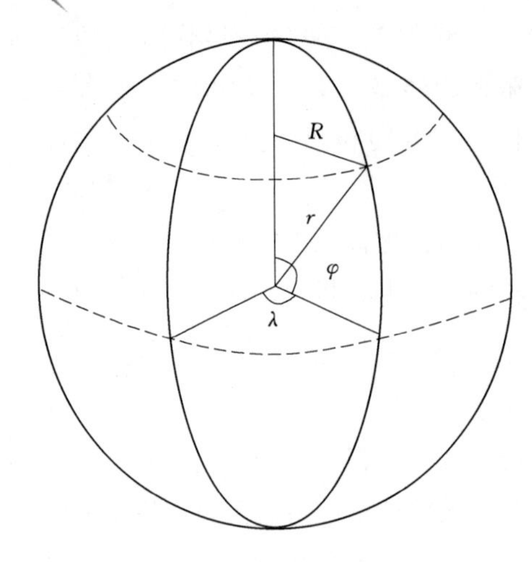

图 1-2　球坐标系示意图

北”和“垂直”三个方向是不同的。为此，在大气运动及其规律研究时，可采用球坐标系分析空间点的运动轨迹。

球坐标系示意图如图 1-2 所示，在球坐标系中，空间点 P 可用坐标 λ，φ，r 表示，λ 为该点的经度，φ 为该点的纬度，r 为自地心至该点的距离。

令 $\vec{i}$，$\vec{j}$，$\vec{k}$ 分别为该点沿纬圈指向东，沿经圈指向北，以及铅直方向上的三个单位矢量，则有

$$\vec{V}=u\vec{i}+v\vec{j}+w\vec{k} \tag{1-4}$$

式中　u、v、w——速度矢量 $\vec{V}$ 在 $\vec{i}$，$\vec{j}$，$\vec{k}$ 方向上的分量。

$$\begin{cases} u=r\cos\varphi\dfrac{\mathrm{d}\lambda}{\mathrm{d}t} \\ v=r\dfrac{\mathrm{d}\varphi}{\mathrm{d}t} \\ w=\dfrac{\mathrm{d}r}{\mathrm{d}t} \end{cases} \tag{1-5}$$

由球坐标系的形式可以发现，它用于描述大尺度的大气运动最为自然，但球坐标系下大气运动方程的形式相对复杂，因此除了考虑全球范围内的大气运动时必须采用球坐标系建立大气运动基本方程组外，其他情况通常采用经改进或简化的坐标形式。

2. 局地直角坐标系

局地直角坐标系实质上是简化的球坐标系，它部分考虑地球的球面性（保持球坐标系的标架方向），但忽略与地球曲率相关的力。该坐标系的原点在指定位置海平面上，即球面该点上的切平面。坐标系的三个自变量分别为 x、y、z，当大气质点由地球上某点位移至另一点时，坐标轴随切平面的变化而变化，因此被称为局地直角坐标系（又称 z 坐标系）。

局地直角坐标系既包含球坐标系的特点，也含有笛卡尔直角坐标系的特点。在局地直角坐标系中重力只出现在 z 方向，而笛卡尔直角坐标系中的重力一般在水平的 x、y 方向上也有分量。当研究高纬度地区或极地气候时，局地直角坐标系与笛卡尔直角坐标系差别明显，基本方程组的形式也不尽相同。

局地直角坐标系中的大气运动基本方程组同样是球坐标系基本方程组的简化形式，两者主要区别在于局地直角坐标系的运动方程中略去了球坐标系运动方程含地球曲率的各项。当研究范围设定为中纬度大气运动时，地球曲率变化的影响相对次要，局地直角坐标系下的基本方程组已经相当精确，因此是气象学中较为常用的坐标体系。

局地直角坐标的不足之处在于垂直分量 z 以几何高度表示，在应用时存在一定局限。为此，实际工作中提出了以气压 p 为垂直坐标的“p”坐标系。

3. p 坐标系

不同于局地直角坐标系，p 坐标系将描述大气运动特征的（x，y，z，t）改为（x，y，p，t），即采用等压面的形式分析温度场、风场等要素场的空间分布及其随时间的变化。

p 坐标系与局地直角坐标系间可以通过准静力平衡方程进行转换，建立 p 和 z 之间一一对应的函数关系。首先，p 是 z 的单调函数，这是建立 p 坐标系的数学条件。其次，对于大尺度与中尺度天气系统的动力学分析而言，大气具有静力平衡性质，气压 p 随高度单调递减，静力平衡是建立 p 坐标系的物理基础。

为了更加清晰地说明 p 和 z 之间的函数关系，这里给出适用于大尺度运动系统的准静力平衡方程，即

$$0=-\frac{1}{\rho}\frac{\partial p}{\partial z}-g \tag{1-6}$$

式中　g——单位质量气块所受到的地心引力与惯性离心力的合力。

利用准静力平衡方程，能够导出 p 坐标系下的大气运动基本方程组。

4. σ 坐标系

所有的数值天气预报模式都将大气分为很多层次，绝大多数的模式在垂直分辨率上超过 30 层。由于行星边界层靠近地面，较细的分层能够更加有效地实现地面加热、冷却等能量分布、动态调整的模拟。

尤其在针对新能源预测领域的风能模拟与预报中，风速、风向等预报产品需要贴近近地面风机轮毂高度，因此较细的分层是必要的。

为有效引入地形影响，数值天气预报模式中广泛采用 σ 坐标系。这里的 σ 表示地面气压与地形高度上各层气压的比值，即

$$\sigma=\frac{p-p_T}{p_s-p_T}=\frac{p-p_T}{\pi} \tag{1-7}$$

式中　p_s——场面气压，$p_s=p_s(x,\ y,\ t)$；

　　p_T——上边界面气压，$\pi=p_s-p_T$。

若取 $p_T=0$，则 $\sigma=\frac{p}{p_s}$，为最早倡导的 σ 坐标。因

$$\frac{\partial \sigma}{\partial z}=\frac{1}{\pi}\frac{\partial p}{\partial z}=-\frac{\rho g}{\pi}\quad(\pi>0) \tag{1-8}$$

σ 在铅直方向上单调递减，因此 σ 可作为铅直坐标变量，建立 σ 坐标系，并进一步推导出 σ 坐标系中的基本方程组。

σ 坐标系实际上是一种修正的 p 坐标系，它的突出优点是下边界面为 $\sigma=1$ 的坐标面，边界条件十分简单。

1.2.1.3　局地直角坐标系下的大气基本方程组

局地直角坐标系中基本方程组实质上是球坐标系中基本方程组的简化形式，适用于刻画中低纬大气运动特征。它不考虑单位矢量 $\vec{i}$，$\vec{j}$，$\vec{k}$ 的空间变化，近似地认为 $\frac{\mathrm{d}\vec{i}}{\mathrm{d}t}=\frac{\mathrm{d}\vec{j}}{\mathrm{d}t}=\frac{\mathrm{d}\vec{k}}{\mathrm{d}t}=0$，物理含义是将某一局部的球面近似地视作平面。

将球坐标系运动方程组中的含地球曲率项予以省略，得到局地直角坐标系下的大气基本方程组，即

$$\frac{\mathrm{d}u}{\mathrm{d}t}=-\frac{1}{\rho}\frac{\partial p}{\partial x}+fv+F_x \tag{1-9a}$$

$$\frac{\mathrm{d}v}{\mathrm{d}t}=-\frac{1}{\rho}\frac{\partial p}{\partial y}-fu+F_y \tag{1-9b}$$

$$\frac{\mathrm{d}w}{\mathrm{d}t}=-\frac{1}{\rho}\frac{\partial p}{\partial z}-g+F_z \tag{1-9c}$$

$$\frac{\partial\rho}{\partial t}+\rho\left(\frac{\partial u}{\partial x}+\frac{\partial v}{\partial y}+\frac{\partial w}{\partial z}\right)=0 \tag{1-9d}$$

$$C_{\mathrm{P}}\frac{\mathrm{d}T}{\mathrm{d}t}-\frac{RT}{p}\frac{\mathrm{d}p}{\mathrm{d}t}=Q \tag{1-9e}$$

$$p=\rho RT \tag{1-9f}$$

其构成为：式（1-9a）～式（1-9c）为分量形式的运动方程；式（1-9d）为连续方程；式（1-9e）为热力学方程；式（1-9f）为状态方程。

如前所述，p 坐标系与局地直角坐标系间存在转化关系，两者的水平轴一致，时间 t 与空间坐标无关，因此由准静力平衡方程，可建立 p 与 z 之间一一对应的函数关系，由此实现坐标系间基本方程组的转换。

p 坐标系中基本方程组的缺点是下边界条件的处理存在一定困难。p 坐标系的地表面不是一个常值坐标面，当地形发生起伏时，地表面各处的气压差异很大，且随时间变化而变化，因此难以处理地形对大气运动的影响。同时，由于采用了静力平衡假设，当处理小尺度运动特征分析时，p 坐标系下的基本方程组将不再适用。因此，下面将介绍一种适用性更为广泛，更为常用的 σ 坐标系大气方程组。

1.2.1.4　σ 坐标系下的大气基本方程组

σ 坐标系是一种与气压 P 相联系的（x，y，σ，t）坐标系。这个系统实际上是一种地形追随坐标，下边界条件的处理极为简单，便于引入地形的动力作用，有效避免了在大气格点与地面格点之间的界面问题。

完全 σ 坐标系的弊端是 σ 面与高山上的对流层顶经常相交，由此导致的温度梯度失真几乎无法应用平滑算法进行校正。在数值天气预报全球业务模式中，通常采用混合坐标系的方法克服上述问题，即从近地面的 σ 坐标到大气层顶的完全 p 坐标，其间做平缓变换。

目前，针对新能源预测业务应用的数值天气预报模式通常为采用 σ 坐标系大气基本方程组的中尺度区域预报模式。它们的特点是动力框架较为成熟，通常具有精确的数学模型，拥有丰富的次网格参数化方案，空间分辨率、时间分辨率相对灵活，能够较好地适应新能源预测业务的要求。

可直接给出 σ 坐标系下的大气基本方程组的数学表达式，即

$$\left(\frac{\mathrm{d}\vec{V}_h}{\mathrm{d}t}\right)_\sigma=-\nabla_\sigma\Phi-\sigma\alpha\nabla p^*-f\vec{k}\times\vec{V}_\mathrm{h}+\vec{F}_\mathrm{h} \tag{1-10a}$$

$$p^*\dot{\sigma}=-\int_0^\sigma\nabla_\sigma\cdot(p^*\vec{V}_\mathrm{h})\mathrm{d}\sigma-\sigma\frac{\partial p^*}{\partial t} \tag{1-10b}$$

$$\frac{\partial\Phi}{\partial\sigma}=-p^*\alpha \tag{1-10c}$$

$$\frac{\partial p^*}{\partial t}+\nabla_\sigma\cdot(p^*\vec{V}_\mathrm{h})+\frac{\partial p^*\dot{\sigma}}{\partial\sigma}=0 \tag{1-10d}$$

$$C_\mathrm{P}\left(\frac{\mathrm{d}T}{\mathrm{d}t}\right)_\sigma-\alpha\left(\sigma\frac{\mathrm{d}p^*}{\mathrm{d}t}+p^*\dot{\sigma}\right)=Q \tag{1-10e}$$

$$\alpha=\frac{RT}{\sigma p^*+p_\mathrm{T}} \tag{1-10f}$$

式中　σ——坐标系中垂直坐标，定义为 $\sigma=\dfrac{p-p_\mathrm{T}}{p_\mathrm{s}-p_\mathrm{T}}$；

$\vec{V}_\mathrm{h}$——水平风速；

t——时间；

∇_σ——σ 坐标系中的二维微分算子；

p^*——地表气压 p_s 与大气上界气压 p_T 的差；

f——科氏参数；

$\vec{F}_\mathrm{h}$——水平方向上的摩擦力；

$\dot{\sigma}$——σ 坐标系中的垂直速度，$\dot{\sigma}=\dfrac{\mathrm{d}\sigma}{\mathrm{d}t}$；

Φ——重力位势，$\Phi=gz$；

C_P——定压比热容，对于干空气一般为 $1.005\mathrm{J}\cdot\mathrm{g}^{-1}\cdot\mathrm{K}^{-1}$；

Q——外界对空气团的加热率。

坐标系下的大气基本方程组的构成为：式（1－10a）为水平运动方程；式（1－10b）为垂直运动方程；式（1－10c）为静力学方程；式（1－10d）为连续方程；式（1－10e）为热力学方程；式（1－10f）为状态方程。

将静力学方程代入水平运动方程中，可将水平气压梯度力项改写为

$$-\nabla_\sigma\Phi-\frac{\sigma}{P^*}\nabla P^*\frac{\partial\Phi}{\partial\sigma}=-\nabla_\sigma\Phi-\sigma\alpha\nabla P^* \tag{1-11}$$

这样则使得水平气压梯度力将难以计算的、复杂的下边界条件转化为水平气压梯度

力的计算精度问题，并可在数值天气预报中插值求解。通过 σ 坐标系边界特性垂直积分连续方程可得气压倾向方程为

$$\frac{\partial P^*}{\partial t} = -\int_0^1 \nabla_\sigma (P^* \vec{V}_h) d\sigma \tag{1-12}$$

式（1－12）表明地表面某一地点气压的局地变化率（$\frac{\partial P^*}{\partial t}$）等于该点之上单位时间整个单位截面积气柱内空气质量的辐散辐合 $-\int_0^1 \nabla_\sigma (P^* \vec{V}_h) d\sigma$。

垂直运动方程表明某 σ 面上的垂直速度 $\dot{\sigma}$ 由从 0 到 σ 气层单位时间、单位截面积气柱内空气质量的辐散辐合以及地面的气压倾向由这两个因子所决定。

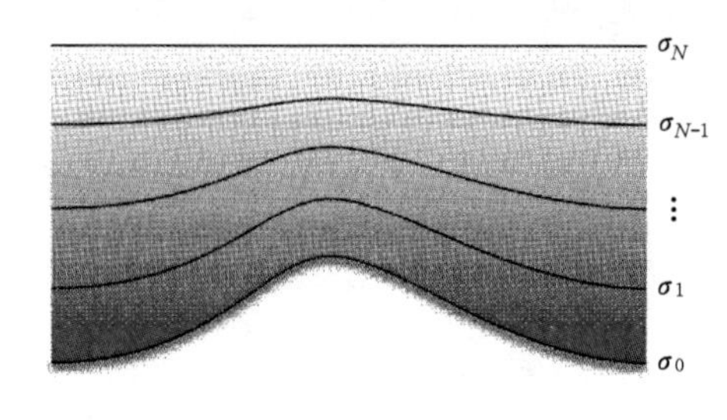

图 1－3　铅直方向上的等 σ 面示意图

铅直方向上的等 σ 面示意图如图 1－3 所示。σ 坐标系的优点是下边界面为 $\sigma=1$ 的坐标面，下边界条件极为简单，便于在数值天气预报中引入地形的动力作用。缺点是水平运动方程复杂，气压梯度力难以精确计算。其次，大气运动到了高层一般不再受到地形作用影响，但在 σ 坐标系下中高层大气运动仍然受地形作用。不过随着数值天气预报理论研究的进展和计算技术的进步，这个问题正在逐步得到解决。

1.2.1.5　大气运动的多尺度性

前面已提到过运动的尺度，这里“尺度”一词的含义为描述某一大气运动物理量的特征值，包含物理量的数量级和物理量的变化幅度，一般为带有数量级的典型值，从而便于度量和比较各个物理量的重要性。所谓大气运动的空间尺度是指运动系统的空间范围。一般情况下，大气运动系统的水平范围与铅直范围往往存在较大的差异，因此空间尺度又分为水平空间尺度和铅直空间尺度，简称水平尺度、铅直尺度。运动的时间尺度是指运动过程经历一个阶段所需的时间。

大气包含从湍流微团到超长波等各种尺度的运动系统，不同尺度的系统具有不同的物理性质。在分类上，一般采用经典的三段式分类方法，即大尺度、中尺度和小尺度三类（其空间尺度分别为 10^6m、10^5m、10^4m，时间尺度分别为 10^5s、10^4s、10^3s）。全球大气可视为不同物理属性、不同尺度特征大气运动系统的有机组合。有学者将全球大气运动比喻成一部由无数大小齿轮组成的机器，齿轮间相互啮合、影响，形成一套精密、复杂的动力系统。

大气运动基本方程组中包含影响大气运动的各种因子。对于不同尺度的大气运动，基本方程组中的各项在重要性上有所差别，起到的作用也不尽相同。为了解释某一尺度大气运动的本质特征，通常需要有针对性地估计基本方程组中各物理量实际尺度的大小

（特征值），从而略去贡献较小的次要项，实现方程组的简化。简化后的方程组便于数学求解，同时有助于说明各主要因子与该类大气运动间的关系或影响机理。

由上面的分析不难发现，多尺度性既是大气运动的一种重要特征，也是揭示大气运动中各类根本问题与秘密的钥匙。大气科学发展至今，有关大气运动规律的动力学、热力学研究已经取得诸多令人振奋的研究成果，但仍存在许多科学问题有待深入探讨，例如微小尺度大气运动观测与模拟方法、不同尺度大气运动影响机理与数值模型耦合等。数值天气预报技术始终处于高速发展中，人们对于这方面技术的发展充满期待。而客观上，随着全球观测体系的逐步完善，势必将推动观测事实的发现以及理论研究进展。作为理论与实践的集大成者，数值天气预报的发展潜力仍然十分巨大。

由大气运动基本方程组的分析可知，首先，任何一种数值天气预报模式及其数学内核都有其独特的适用条件与前提假设，它们始终都将对最终的风能、太阳能等资源模拟与预测产生影响。因此，理解大气运动的多尺度性问题，充分了解不同尺度大气运动的数学模型，对于数值天气预报产品的解释与应用具有重要意义。其次，不同尺度的大气运动规律研究使得观测分析方法不断推陈出新，数值模拟与求解计算方法、次网格尺度运动参数化方法也随之不断发展。上述工作既对数值天气预报的改进十分重要，也将在推动新能源预测的释用方法改进上发挥重要作用。

1.2.2 数值天气预报模式的次网格过程参数化

1.2.2.1 次网格尺度过程的气象学解释

大气是一种始终持续运动的连续介质。在数值天气预报中，大气运动的描述与模拟是将大气这种连续介质进行一定的数学处理，即采用离散方法对连续介质进行特定的数学处理，得到一定水平和垂直分辨率的空间“网格”，求解大气运动基本方程组，得出未来某一时刻的大气状态的理论计算值。

在大气的连续介质前提下，可以推论，无论数值天气预报的格距如何精细，仍存在一些接近或小于模式格距的大气运动或物理过程（称次网格尺度过程）无法被数值天气预报中的大气运动基本方程组确切描述。因此，离散方法的使用以及“一定水平和垂直分辨率”的空间离散性假设就变得尤为重要。次网格过程参数化就是在这一背景下诞生的科学问题。

这里需要说明的是，常见的离散方法大体上可以分为两大类：一是有限差分法、有限元法等；二是各种解析与离散相结合的方法，例如谱方法、变分法等。比较而言，有限差分法最为成熟，应用相对广泛。

形式上，有限差分方法要对计算区域进行空间上的规则分割。数值天气预报的网格模型与物理过程示意如图 1-4 所示，在数值天气预报模式中，地球表层的大气可以被视作由无数细小网格立方体组成，网格点之间的距离称为“格距”或“网格分辨率”，分割的交点称为“网格点”，它们在方向上又分为水平的和垂直的。大气运动基本方程组就是在这样的格点坐标系下进行计算的。

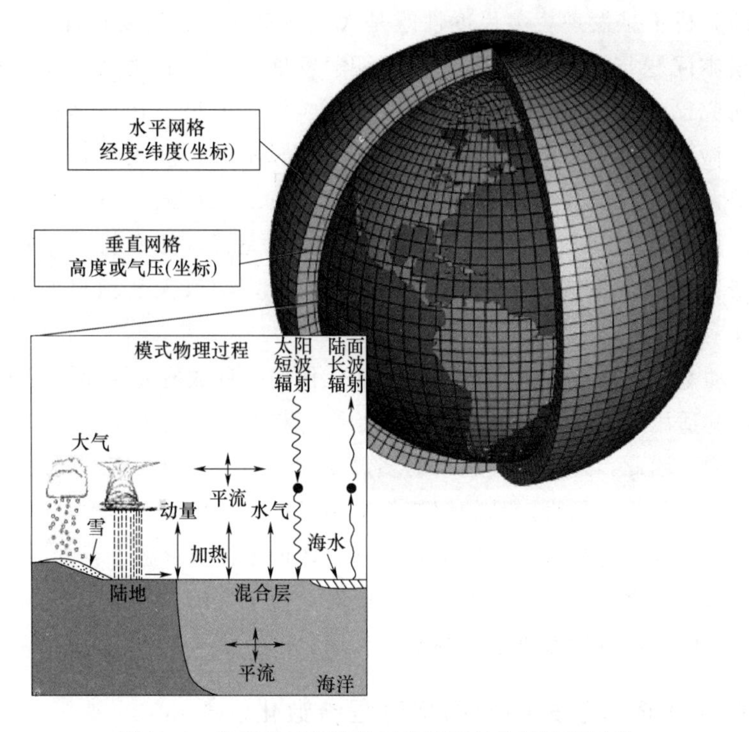

图 1-4　数值天气预报的网格模型与物理过程示意

理论上，无论哪种模式在网格分辨率的设置上均不可能是随意为之的。在不同科研目标下，分辨率的设置必然有其深刻的科学依据。一般情况下，每个应用数值差分方法的数值天气预报模式都存在着共性缺陷，就是那些小于网格的大气运动无法在模式中被显式分辨出来。这些不能被模式网格显式分辨的物理过程被称为“次网格尺度过程”，它们包括从几厘米到几公里的湍流运动，以及发生在分子尺度上的凝结、蒸发、摩擦和辐射等过程。

这些“次网格尺度过程”的作用十分重要。例如，大气运动过程中非常重要的湍流、对流、凝结和辐射过程等尺度较小的各类物理过程，它们一方面代表了大气中动能、热能的传递；另一方面也是表征天气系统特征的重要因素，因而对大气演变的作用十分显著。忽略它们将使得数值天气预报的结果变得难以接受。

1.2.2.2　次网格尺度过程的参数化

针对这些空间尺度更小、模式网格不可分辨的物理过程，一般需要采用适宜的物理过程参数化的方法来描述其时空演化，例如采用较大尺度的变量来描述它们对大气运动的统计效应。

在气象学研究中，不同应用目的、不同分辨率的数值天气预报模式的次网格过程参数化方法、目的是不同的。大气的典型尺度如图 1－5 所示，大气运动的典型尺度包括微尺度、对流尺度、中尺度和大尺度等。每一类典型尺度对应的天气系统都是客观存在的，它们的生命周期随着尺度增大而延长，对大气运动的影响也将更为直接。但是，数值天气预报模式（尤其指差分模式）并不能无限制地提高模式分辨率，因而部分小于分辨率网格的大气运动将无法被显式计算。

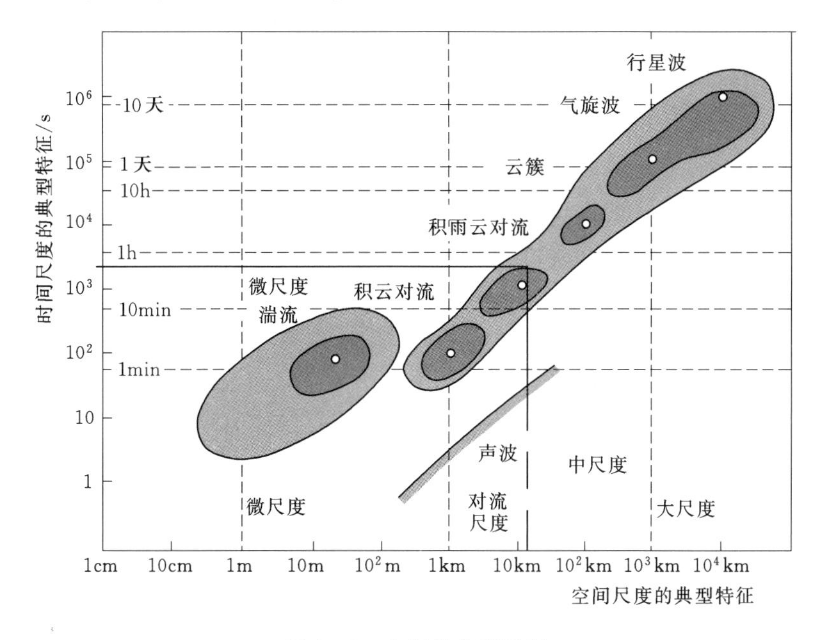

图 1－5　大气的典型尺度

总体而言，模式中低于网格尺度（不可分辨的）的水汽涡动通量散度项（或称湍流水汽输送项），以及发生在分子尺度的蒸发和凝结项，必须将其对较大尺度空间物理量场的影响进行显式表示，如果没有最低限度地包含这些最重要次网格过程的参数化，数值天气预报模式的积分过程将在很短的时期内不再逼真。有研究表明，这一失真的时期对风暴尺度的模拟而言低于 1h，对于大尺度运动积分时间而言一般为 1～2 天。

从国内外新能源预测的数值天气预报应用上看，目前为风电场、光伏电站提供精细化气象要素短期预测的数值天气预报模式主要为中尺度模式。中尺度模式的物理过程参数化主要涉及积云参数化、边界层参数化、辐射参数化等。

用于中尺度数值天气预报的辐射方案一般会考虑积云的倾斜遮光效应。特别是在计算与光伏发电短期预测相关的地表入射短波辐射时，如果网格的设置与积云高度相关，则遮光效应的作用就显得尤为重要。

从云的分类上看，一般而言低云对地表入射短波辐射（这里指太阳辐射通量密度，含义为单位面积上所接受的太阳短波辐射能量，单位为 W/m^2）的影响要高于高云对地表入射短波辐射的影响。在气象上，低云的定义是云底距地面 2km 以下的云层。其中，层云是云底很低，呈灰色或灰黑色的均匀云层，它对于直接辐射的影响效应十分显著。

物理上，底层的层云常常是通过云顶的凝结正反馈和强烈的辐射冷却形成并维持的。模型需要有足够高的分辨率、复杂而精密的云和辐射方案，以及适合的边界层参数化方案，才能给出准确的模拟结果。

1.3　数值天气预报的产品类别

中短期新能源预测以数值天气预报为基础，局地的风速、风向、总辐射、气温、相对湿度以及气压等数值天气预报产品已广泛应用于单站级新能源发电功率预测之中，并成为影响新能源发电功率预测的重要因素。因此，了解数值天气预报的产品类别、特点，对于新能源预测技术的进一步研究十分重要。

数值天气预报产品的定义是由观测获得的当前大气状态出发，借助于现代电子计算机，采用数值方法求解控制大气运动的流体力学方程组从而对未来天气变化做出的预报。其产品主要为格点形式，根据预报结果是否唯一分为确定性预报产品和集合预报产品。其中：确定性预报产品明确给出某一气象事件或要素唯一的预报结果，分为连续变量预报产品和分类预报产品；集合预报是针对大气运动的非线性、初值误差和模式误差而提出的一种数值预报方法，通过考虑不同误差的模式预报样本集合提供推断大气状态的概率密度函数随时间的演变及其所有可能的状态，其产品有集合平均、概率分布等。

常见的新能源预测一般不直接使用数值天气预报的产品作为预测模型输入，而是采用与连续变量预报相类似的产品制作方式，通过释用技术间接地将数值天气预报的气象要素时序预报信息应用于预测中。究其原因，首先是因为采用中尺度数值天气预报获得的模式预报信息网格分辨率相对较粗，而风电机组、光伏组件等一次设备的排布较为密集，数值天气预报产品首先需要适应新能源预测模型对于气象要素预报信息的空间分辨率要求。其次，数值天气预报产品还要适应新能源预测模型对于气象要素预报信息的要素种类要求，例如中尺度数值天气预报不能直接预报出光伏组件温度和风力机组周围的空气密度，需要通过气象要素之间的关系计算得出。最后，数值天气预报产品也需要适应新能源预测模型对于气象要素预报信息的时间分辨率要求，中尺度数值天气预报的时间分辨率较为固定（如15min），而新能源预测的时间间隔在短期和中长期方面并不完全一致，需要依据应用需求进行一定的改进。

1.3.1　连续变量预报产品

连续变量预报产品的定义是具有空间某相邻点物理量差值为任意小量性质的天气变量，如高度、温度及风等的预报产品。

一般典型的连续变量预报产品包括总辐射、10m风场、2m温度、气压、相对湿度等，但不同数值预报模式产品的时间、空间分辨率和预报精度略有区别，表1-1列出几种数值模式连续预报产品的对比。

表 1-1 几种数值模式连续预报产品的对比

名称	连续变量预报产品	水平分辨率	时间分辨率	垂直分层
ECWMF	2m 温度、总辐射、10m 风场、相对湿度、气压等	0.25° × 0.25°	3h	130 层
GFS	2m 温度、总辐射、10m 风场、相对湿度、气压等	0.25°× 0.25°	3h	64 层
WRF	总辐射、直接辐射、散射辐射，10/30/50/70m 风速、风向，温度、气压、相对湿度、降水	3km× 3km	15min～1h	41 层

欧洲中期天气预报中心（European Centre for Medium - Range Weather Forecasts，ECMWF，https：//www.ecmwf.int/）的中期数值天气预报业务系统为全球预报模式，水平分辨率平均达到 15km，垂直分 130 层，同化方案采用 4D VAR / ENKF。ECMWF 提供的连续预报产品主要包括 2m 温度、地面总辐射、10m 风场、相对湿度，以及大气垂直高度上的各层气压等物理量。

美国国家环境预报中心（National Centers for Environmental Prediction，NCEP，http：//www.emc.ncep.noaa.gov）的全球预报系统（Global Forecast System，GFS）也是全球预报模式，水平分辨率包括 1°、0.5°和 0.25°，垂直分 64 层，同化方案采用 Hybrid 4D EN VAR。NCEP 能够提供的连续预报产品与 ECMWF 基本相似。

ECMWF 的中期和 GFS 均为全球预报模式，两者发展至今已成为全球权威的全球中期预报结果，广泛应用于气象部门预报参考、天气研究工作等，也可为其他模式、模型（如中尺度模式）提供背景场。

中尺度天气（weather research and forecast，WRF）模式是由美国国家大气研究中心、国家环境预报中心等联合一些大学和研究机构共同开发的，具有先进的数值方法和资料同化技术，不断更新改进的物理过程方案，而且具有多重嵌套、易于定位的能力，广泛应用于科学研究和预报业务。它能够提供网格分辨率更为精细，更加适于风电场、光伏电站发电功率预测的格点预报产品。WRF 的连续变量预报产品主要有地面的总辐射、直接辐射、散射辐射产品，以及近地层垂直分辨率加密的风速、风向预报产品（如 10m、30m、50m 和 70m 等）。此外，WRF 还能够提供连续变量预报产品包括温度、气压、相对湿度、降水等，这些气象要素的预报信息对于新能源预测模型非常重要。

连续变量预报产品的关键问题是预报准确性、水平分辨率和时间分辨率。

预报准确性决定了连续变量预报产品的预报精度，预报准确性越高能得到预报精度越高的连续变量产品。水平分辨率决定了模式的水平网格大小，水平网格越小代表着模式能够识别的次网格过程越多，连续变量预报产品的预报精度则越高。时间分辨率决定了模式结果的输出尺度，时间分辨率越高，模式输出结果时间越密，连续变量预报产品的时间间隔越小。

新能源预测需要为电网调度机构、新能源电站等提供实用的次日发电功率预测，对气象要素的空间和时间分辨率均有较高要求，因而通常情况下会优先选用中尺度区域气象模式提供的连续变量预报产品。WRF 模式使用的是类似 GFS 提供的背景场数据，配合 WRF 的资料同化模块和参数化方案配置，可以提供空间分辨率为 3km×3km、时间分辨率达到15min的连续变量预报产品。

1.3.2　分类预报产品

分类预报产品是指在一定阈值条件下某一气象事件发生或不发生的预报产品。典型的分类预报产品包括高温、沙尘、雾霾、台风、强降水、暴雪等，一般由气象部门发布，表1-2列举几类常见的分类预报产品及其对风力发电和光伏发电的局地影响。分类预报产品主要通过卫星广播向全国各大区、省（自治区、直辖市）、地、县发布，也可通过传真和远程计算机网络调用的方式实现。目前发布和传输主要有两种方式：一种是传真方式；另一种是“文件”方式。

我国各级分类预报产品的重要用户就是本地气象台，主要通过中国气象局卫星通信系统播发、接受各类数值天气预报产品。此外，分类预报产品还提供其他重要部门应用，通常会通过同城专用网络的方式分发给这类用户。如国务院、国家海洋环境预报中心、水利部信息中心及国家地震环境预报中心等。

表1-2　分类预报产品及其对风力发电和光伏发电的局地影响

<table>
<tr><th>分类预报产品名称</th><th>特　征</th><th>局地影响</th></tr>
<tr><td rowspan="2">高温</td><td>日最高气温不小于35℃</td><td rowspan="2">1. 光伏组件温度升高，影响光伏运行效率；
2. 持续高温可能影响风电机组寿命</td></tr>
<tr><td>日最高气温不小于32℃，且持续3天以上</td></tr>
<tr><td rowspan="4">沙尘</td><td>浮尘：尘土、细沙均匀地浮游在空中</td><td rowspan="4">1. 对到达地面的太阳辐射造成散射、反射等，影响光伏出力；
2. 尘沙附着光伏组件表面，阻挡光伏组件接受太阳辐射，影响光伏运行效率；
3. 尘沙可能对风电机组组成损害，影响风电机组运行效率和寿命</td></tr>
<tr><td>扬沙：风将地面尘沙吹起，使空气相当混浊，水平能见度在1～10km</td></tr>
<tr><td>沙尘暴：强风将地面大量尘沙吹起，使空气很混浊，水平能见度小于1km</td></tr>
<tr><td>强沙尘暴：大风将地面尘沙吹起，使空气很混浊，水平能见度小于500m</td></tr>
<tr><td rowspan="2">寒潮</td><td>北方：24h降温不小于10℃，或48h降温不小于12℃，同时最低气温低于4℃</td><td rowspan="2">1. 可能产生阴雨天气，影响太阳辐射资源；
2. 低温和降雨可能使风电机组结冰，影响风机运行效率和寿命；
3. 大风可能达到切出风速，影响风机运行效率和寿命</td></tr>
<tr><td>南方：24h降温不小于8℃，或48h降温不小于10℃，同时最低温度低于5℃</td></tr>
<tr><td rowspan="3">强降水</td><td>暴雨：日降雨量不小于50mm</td><td rowspan="3">1. 阴雨天气影响太阳辐射资源；
2. 降雨、大风影响风电机组运行效率；
3. 强降水影响光伏组件、风电机组寿命</td></tr>
<tr><td>大暴雨：日降雨量不小于100mm</td></tr>
<tr><td>特大暴雨：日降雨量不小于250mm</td></tr>
<tr><td rowspan="6">台风</td><td>热带低压：最大风速10.8～17.1m/s</td><td rowspan="6">1. 阴雨天气影响太阳辐射资源；
2. 大风达到切出风速，影响风电机组运行效率，甚至损坏风电机组</td></tr>
<tr><td>热带风暴：最大风速17.2～24.4m/s</td></tr>
<tr><td>强热带风暴：最大风速24.5～32.6m/s</td></tr>
<tr><td>台风：最大风速32.7～41.4m/s</td></tr>
<tr><td>强台风：最大风速41.5～50.9m/s</td></tr>
<tr><td>超强台风：最大风速不小于51m/s</td></tr>
</table>

在新能源功率预测中，需要考虑沙尘、暴雪、寒潮、强降水、台风等重大天气过程的影响，另外，持续性高温、雾霾或扬尘也会不同程度地影响到风电场、光伏电站的运行效率。在西北地区以及新疆、甘肃、内蒙古沙漠部分和黄土高原等干旱和半干旱地区，每年春季产生大量沙尘造成辐射资源衰减，而上述地区的光伏装机容量大，易造成出力的大幅衰减，不利于电网安全；另外，沙尘通过大风天气过程输送到下游地区，易造成供电线路污闪。

在东南沿海的浙江、福建、广东等省份，台风活动可能使得局地的风资源变强，风力发电增益，但风电场位于台风路径附近时，强烈的台风湍流可能造成风电设备设施损毁。

在高纬度地区的北极地带、西伯利亚以及蒙古国等地经常会暴发南下的冷高压，造成我国沿途地区大范围剧烈降温、大风和雨雪天气，寒潮活动会使局地的风资源变强，但雨雪天气会造成辐射资源减少，另外大范围降温会造成风电场和光伏电站的运行效率明显下降，不利于新能源预测。

中国气象局对于我国境内气象事件的发布主要由气象部门通过广播、电视、网络、报纸、热线电话、客户端等多种渠道向社会传播。气象部门虽拥有全国最丰富的观测资料和最全的数值预报产品，但受制于其主要的服务对象和业务范畴，新能源预测的专业化服务尚未形成体系。另外，现有的《风电功率预测系统功能规范》（NB/T 31046—2013）、《光伏发电功率预测系统功能规范》（NB/T 32031—2016）标准对于分类预报产品在预测技术中的应用未明确要求，国内相关信息的研究与分析还存在不足。

新能源预测发展至今，仅局限于基于温度、风速、辐射等气象要素的功率预测已不能满足预测精度的需求，还需对复杂天气事件进行分类预报，利用相应的预测模型进行功率预测。

复杂天气事件分类预报产品应用于新能源发电功率预测，能在一定程度上提升功率预测精度，增强复杂天气条件下新能源场站发电量。

1.4 本章小结

本章主要介绍了数值天气预报的历史回顾、基本构成和产品类别等相关内容。目的是通过数值天气预报基本概念、基本事实的介绍，使读者能够较为清晰地了解到数值天气预报的技术特点与发展历程。

数值天气预报的发展依赖于数学、物理和计算机等学科技术的丰富成果。同时，全球性观测网络以及新型观测技术、遥感技术的应用为数值天气预报研究提供了丰富、翔实的数据基础，也为资料同化、次网格参数化等数值天气预报关键技术的研究提供了必要条件。然而，数值天气预报仅是高度复杂的大气运动非线性系统的一种近似，数值天气预报的误差问题始终存在。为此，本章介绍了大气的可预报性问题，以及集合预报、资料同化等数值天气预报关键技术。

作为经典物理学定律的成功应用，数值天气预报的构成可以视为经典物理定律的数学求解与观测事实的参数化统计相结合。可以说，每个数值天气预报模式都包括两个最为主要的部分即动力框架和次网格过程参数化。20 世纪初，关于数值天气预报的动力框架作为数学问题已经得到了很好的解决，但在次网格过程的参数化研究方面仍有待深入。对于数值天气预报业务化系统，资料同化技术以及适宜的次网格参数化方案可能是决定数值天气预报精度的关键。

本章从数值天气预报的产品类别入手，介绍了连续变量预报产品的种类、分辨率和应用，以及分类预报产品的种类、特征和对新能源的影响。但这些数值天气预报的产品并不是新能源预测模型的直接输入，通常需要通过释用技术将连续预报产品或分类预报产品处理成新能源预测模型能够利用的定制化数据，从而间接地将数值天气预报的气象要素信息应用于新能源预测。

参　考　文　献

[1] 曾庆存．数值天气预报的数学物理基础（第一卷）[M]. 北京：科学出版社，1979.

[2] Derber J C，Parrish D F，Lord S J. The new global operational analysis system at the National Met eorological Center [J]. Weather. Forecasting，1991，6：538 - 547.

[3] 张大林．各种非绝热物理过程在中尺度模式中的作用 [J]. 大气科学，1998，22 (4)：548 - 561.

[4] 全国科学技术名词审定委员会．大气科学名词 [J]. 中国科技术语，2009，11 (2)：16 - 20.

[5] 沈桐立．数值天气预报 [M]. 北京：气象出版社，2003.

[6] 吴美仲．动力气象学 [M]. 北京：气象出版社，2004.

[7] 寿绍文．中尺度气象学 [M]. 北京：气象出版社，2009.

[8] Rabier F，McNally A，Andersson E，et al. The ECMWF implementation of three - dimensional variational assimilation（ 3D - Var）. Ò：Structure function [J]. Quart. J. Roy. Meteor. Soc.，1998，124：1809 - 1830.

[9] 陈德辉，薛纪善．数值天气预报业务模式现状与展望 [J]. 气象学报，2004，62 (5)：623 - 633.

[10] 邹晓蕾．资料同化理论和应用 [M]. 北京：气象出版社，2009.

[11] Courtier P，Andersson E，Heckley W，et al. The ECMWF implementation of three - imensional variational assimilation（ 3D - Var ）. Part 1：formulation. [J] Quart. J. Roy. Meteor. Soc.，1998，124：1783 - 1807.

[12] 徐枝芳，徐玉貌，葛文忠．雷达和卫星资料在中尺度模式中的初步应用 [J]. 气象科学，2002，22 (2)：167 - 174.

[13] Bauer P，Thorpe A，Brunet G. The quiet revolution of numerical weather prediction. [J]. Nature，2015，525 (7567)：47 - 55.

[14] 邓崧，琚建华，等．低纬高原上中尺度模式的积云参数化方案研究 [J]. 高原气象，2002，21 (4)：414 - 420.

[15] 盛春岩，浦一芬，高守亭．多普勒天气雷达资料对中尺度模式短时预报的影响 [J]. 大气科学，2006，30 (1)：93 - 107.

[16] 刘奇俊，胡志晋．中尺度模式湿物理过程和物理初始化方法 [J]. 气象科技，2001，29 (2)：1 - 10.

[17] 唐晓文．基于 THORPEX 计划的天气可预报性研究 [D]. 南京：南京大学，2014.

[18] 王辉，刘娜，李本霞，等．海洋可预报性和集合预报研究综述［J］．地球科学进展，2014，29（11）：1212－1225．

[19] 穆穆，段晚锁，唐佑民．大气-海洋运动的可预报性：思考与展望［J］．中国科学：地球科学，2017（10）．

[20] 闫敬华．广州中尺度模式局地要素预报性能分析［J］．应用气象学报，2001，12（1）：21－29．

[21] 李泽椿．中国国家气象中心中期数值天气预报业务系统［J］．气象学报，1994，52（3）：297－307．

[22] 张人禾，沈学顺．中国国家级新一代业务数值预报系统 GRAPES 的发展［J］．科学通报，2008，53（20）：2393－2395．

[23] 尹金方，王东海，翟国庆．区域中尺度模式云微物理参数化方案特征及其在中国的适用性［J］．地球科学进展，2014，29（2）：238－249．

[24] 彭丽春，李万彪，叶晶，等．地表向下短波和长波辐射遥感参数化方案研究综述［J］．北京大学学报（自然科学版），2015，51（4）：772－782．

[25] 孙逸涵，程兴宏，柳艳香，等．不同参数化方案对风预报效果影响个例研究［J］．气象科技，2013，41（5）：870－877．

[26] 李艳，成培培，路屹雄，等．典型复杂地形风能预报的精细化研究［J］．高原气象，2015，34（2）：413－425．

[27] 马晨晨，余晔，何建军，等．次网格地形参数化对 WRF 模式在复杂地形区风场模拟的影响［J］．干旱气象，2016，34（1）：96－105．

[28] 穆清晨，王咏薇，邵凯，等．山地复杂条件下三种边界层参数化方案对近地层风模拟精度初步评估分析［J］．资源科学，2017，39（7）：1349－1360．

[29] 潘晓滨、何宏让等．数值天气预报产品解释应用［M］．北京：气象出版社，2016．

第2章 数值天气预报的类别与应用

数值天气预报包含很多种类别，共性特征都是在某一初值基础上通过逐步积分实现未来一定时期的天气或气候演变趋势计算。不同类别的数值天气预报在理论基础与工作原理上并不完全一致，因而在最终预报产品的特征上存在很大差别。对于新能源预测的开发者与应用者而言，在使用数值天气预报产品时通常需要明确不同模式之间的区别，以及各自的优势、特点。实际上，数值天气预报产品与新能源预测技术需求之间的匹配度并不十分令人满意，不同预报产品的再加工不仅十分必要，部分情况下甚至会是应用过程中的关键环节。

即使同一种数值天气预报模式，也可能存在“科研模式”与“业务模式”的区别，它们的用途往往存在很大差别。另外，模式的命名方式还意味着它们在研究目的、物理规则等方面是具有明确的着眼点的。因此当遇到某一种新颖的数值天气预报模式时，首先应当考虑它诞生的背景、拟解决的问题；其次才是它的产品特点与应用技巧。

一般而言，每个模式都有其针对的特定问题，这一现象的根源是天气、气候的复杂性。科学家通常是在一定的理论假设下对复杂问题进行简化和抽象，从而提出特定场景下的大气运动规律。数值天气预报技术发展至今，尚未出现涵盖所有已知尺度的大气运动规律的数值模式。

为了阐述不同类别数值天气预报与新能源预测的典型应用场景之间的联系，本章首先从预报的时间尺度、空间尺度等方面对常规的天气预报类别进行介绍。其次，以应用需求为前提，通过不同应用场景的介绍，阐述与之对应的或关系更为密切的数值天气预报模式，以及当前数值天气预报的性能发展概况。

2.1 数值天气预报的主要类别

针对新能源预测的各类应用场景，数值天气预报能够发挥的作用不尽相同。当新能源预测的时间要求不小于10天时，大多中尺度天气预报模式将很难保证风速、太阳辐射等要素的预报准确性。而当新能源预测的对象需要具体到某一风电机组或光伏阵列，需要气象要素预报的空间分辨率达到0.1km量级时，绝大多数的全球模式、中尺度模式都很难达到这一要求。

数值天气预报的分类较为复杂。由于科研或预测、预报业务目标不同，数值天气预报在发展历程中诞生了许多分支，它们之间既有区别也有联系。鉴于数值天气预报产品对新能源预测的重要性，对数值天气预报的分类进行归纳，总结它们之间的差异性以及

应用特点显然是必要的，并且可能会在未来新能源预测技术的发展中起到一定的促进作用。

以气候模式为例，气候模式是在天气预报模式基础上发展起来的，因而它在原理上与天气预报模式非常接近，但气候模式的主要特点在于能够模拟数年、数十年甚至更长时间尺度的气候变化，重点关注大气中能量等因素的收支及平衡问题；综合大气、海洋、两极等地球各个圈层的状况及其相互影响，因而不需要在三维空间中求解描述大气运动的偏微分方程组。而天气预报模式主要考虑短期、短时临近等时间尺度上的大气运动变化规律，不仅要求在求解大气运动偏微分方程组时计算误差低，还需要求解算法具有很高的计算效率。

不难发现，每种数值天气预报都是在一定的科学假设、数值计算方法等“理想”前提下建立起来的。同时，它们中任何单一的模式都无法充分涵盖大气、海洋流体运动的全部细节；而复杂的数值天气预报分类实际上也表明了大气科学及其相关学科领域科学研究中始终需要面对的难题，即人们不得不将完整的大气（或者说完整的地球物理体系）细分为若干相对独立的科学问题，而无法透彻地还原出大气运动的全部真相。本节将从数值天气预报分类、常见的天气预报模式、常见的气候模式，以及集合预报这几个方面进行介绍。

2.1.1 背景与目的

在数值天气预报出现之前，天气预报一般采用天气图分析结合预报员经验的方式制作。例如，在经典的锋面气旋理论中，温带中纬度地区的天气一般可通过“锋面气旋”“低压槽”和“高压脊”等常见天气系统的分析得出预报结论。锋面过程主要包括冷锋、暖锋和静止锋等几种类型，在我国各个气候区均十分常见。锋面过程会带来显著的天气转折，然而地面锋线的位置、移向、移速易受到地形等诸多因素影响，冷暖两侧发生的天气现象随时会发生改变，纯粹的理论推演并不足以给出确切的天气形势预判，多数情况下需要依赖于天气预报员的丰富经验。

大气运动具有鲜明的尺度特征。不同天气系统的空间尺度与生命周期如图 2－1 所示，大气运动的尺度特征中主要包含两项重要参数，即时间尺度与空间尺度，其中时间尺度是指完成某一种物理过程所花费时间的平均度量，空间尺度一般指研究某一种物理过程所采用的空间大小的度量。从图 2－1 中可以看出，空间尺度较小的大气运动生命周期也较短，如空间尺度为 2m 的微小尺度湍流、涡旋的持续时间大致在数秒至数分钟之间，而空间尺度达到 2000km 的中纬度锋面系统的生命周期则可以达到 3～10 天。相比较之下，缓慢而规律的天气尺度大气运动更适于传统的依赖主观经验的天气预报，但大气运动形势的有效估计并不等同于局地性的近地表大气现象（云、雨、雷电等）的准确预测。而部分尺度更小、生命周期更短的大气运动对于人类的生产生活影响很大，它们的预警、预报就更加无法依赖于主观经验了。正因如此，针对不同特点的大气运动研制相应的不同类别的数值天气预报模式，让天气预报的预见期更长、精细化程度更高、预报更为可靠，成为了气象科研领域的基本共识。

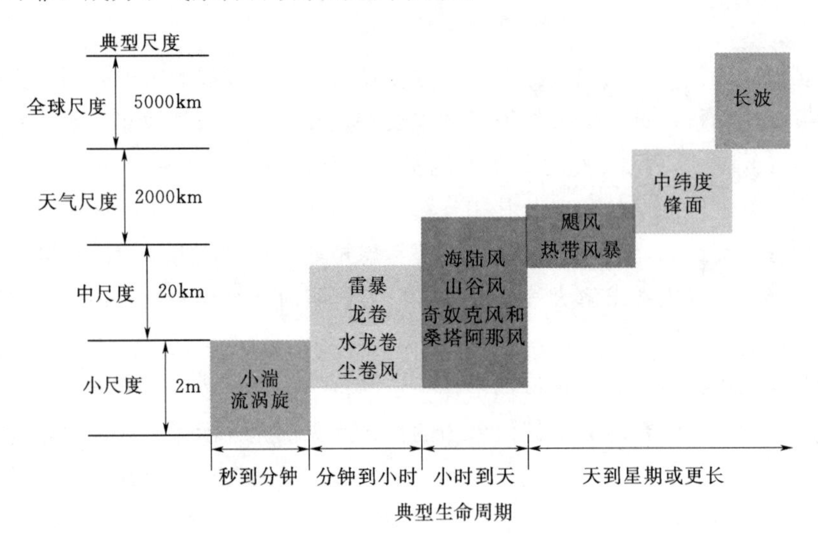

图 2-1　不同天气系统的空间尺度与生命周期

进入 21 世纪，数值天气预报因其独特的价值快速成长为天气预报业务中的主要参考。并且随着数值天气预报技术、雷达技术以及计算机技术的快速发展，天气预报的类别与形式也随之发生了许多重大改变。目前，常规天气预报主要按预报的时间特征来进行分类，分为临近预报、甚短期预报、短期预报、中期预报、延伸期预报，以及长期预报等很多类型，常规天气预报的时间尺度分类见表 2-1。尽管每一类型的天气预报目标与意义不同、技术方法差别显著，但当预报的时间要求延长至 1 天及以上时，其预报方法的建立将主要依赖于与该方法相适应的某一特定类别的数值天气预报。

表 2-1　　常规天气预报的时间尺度分类

序号	类别	定义	英文名称
1	临近预报	0～2h	nowcast
2	甚短期预报	2～12h	subshort - term forecast
3	短期预报	12～72h	short - range forecast
4	中期预报	3～10 天	mid - range forecast
5	延伸期预报	10～15 天	extended forecast
6	长期预报	10 天以上	long - range forecast

正因如此，对常规天气预报有了新的定义：所谓常规天气预报是指在数值天气预报的基础上，通过专业分析，结合预报员的经验制作出来的指导性的天气预报。它包含了某一行政区域未来一定时期内（即不同时间尺度上）的天气变化趋势，如温度趋势、风力等级、降水情况以及其他天气现象等。

由现阶段的定义可以了解到，常规天气预报实质上是客观预报（数学物理方程推演）与主观预报（专家经验）的有机结合，并在一定“会商”机制下在不同意见间进行

取舍，从而给出的天气预报，常规天气预报的制作示意图如图 2-2 所示。目前，与公众接触最为频繁的天气预报大多采用了上述这种制作方式。

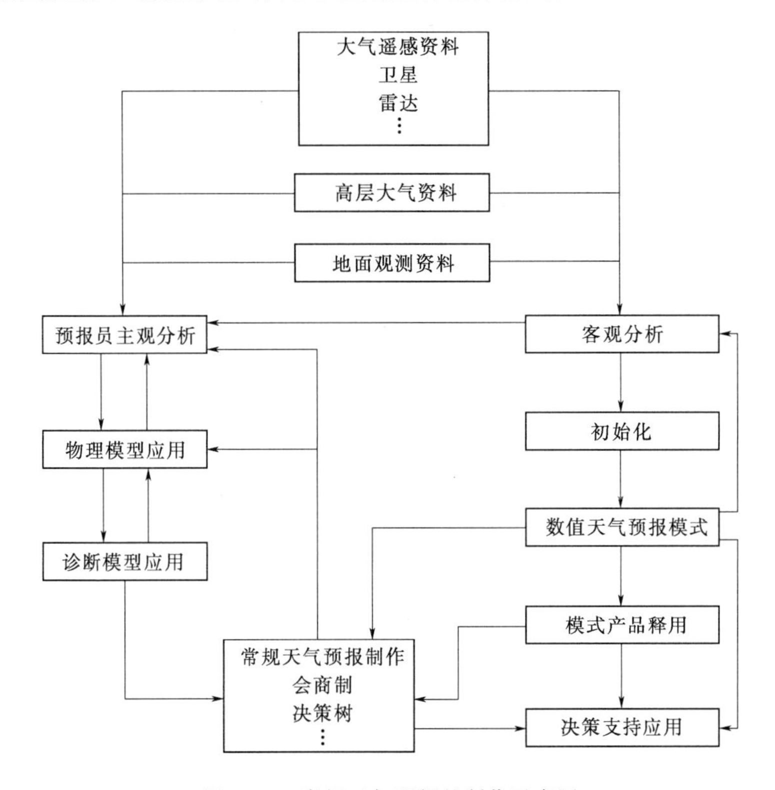

图 2-2 常规天气预报的制作示意图

除时间特征分类方法外，天气预报还可依据预报对象进行分类，例如公众非常关心的台风路径预报、沙尘预报、强对流预报以及暴雨、暴雪预报等。这些基于对象的分类主要包括了重大天气过程事件，或所关心的气象要素超过等级阈值的事件，它们预警或预报信息的时间尺度（有时也被称为预见期）是随着该类事件预报技术的提升而不断发展的。

为满足社会各界对天气预报的不同需要，预警预报信息的发布形式日趋多样化。形式上一般包括文字预报、图片预报、影音视频等，内容主要有气象灾害预警、流域面雨量预报、重大天气过程公报、中期天气趋势预报、省（市、县）天气旬（月）报等。但这些预报产品与新能源预测间的联系不够紧密，造成这一现象的主因是预报信息的时空分辨率不匹配。

新能源预测对天气预报的时间、空间分辨率要求较高，正因如此，许多从事新能源预测研究的机构最终采用了定制化的数值天气预报产品，以满足新能源预测技术的发展需求。另外，还有部分研究机构尝试通过自主研发，在常规数值天气预报产品的基础上开展精细化解释应用工作，以期通过适应、校核等策略，确保“数值天气预报”到“新能源预测”间各个环节的密切配合。

2.1.2 数值天气预报分类

事实上，要给出科学的数值天气预报类别划分方法比较困难，这可能也是众多文献、书籍中关于数值天气预报分类问题的描述并不完全一致的主要原因之一。

在较为宏观的划分上，数值天气预报可以按照数值方法、模拟区域、现象尺度来分类。数值天气预报的分类如图 2-3 所示，依据数值方法上的差别，数值天气预报可以分为谱模式、差分模式和有限元模式，依据模拟区域可分为全球模式、区域模式，依据现象尺度可分为气候模式、天气模式、中尺度模式和微尺度模式。

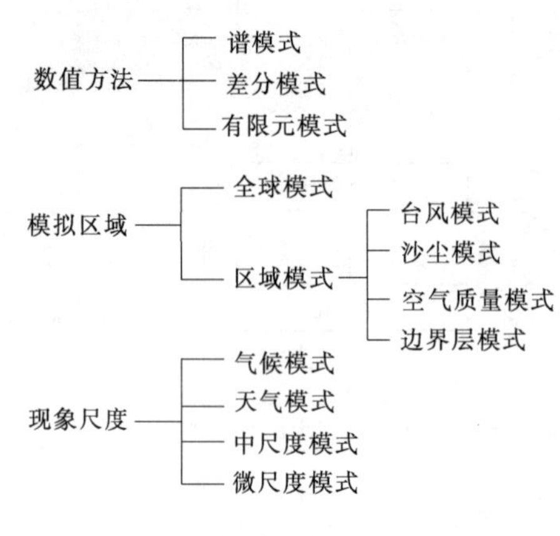

图 2-3　数值天气预报的分类

依据数值方法的分类是指大气运动偏微分方程组求解方法的不同。其中，谱方法求解偏微分方程的数值解要把因变量展开成某一基函数的截断级数，从而把因变量转化为其对应的谱系数，将偏微分方程转化为常微分方程；应用谱方法求解的大气模式就称为谱模式。差分方法（即格点法）采用差商代替微商，使得偏微分方程组变成差分方程组，进而利用代数方法来实现数值解求解；应用差分方法求解的大气模式称为差分模式。有限元模式则是指利用有限元法将偏微分方程问题变成相应的泛函极小问题，以变分原理为基础，吸收差分方法的思想而发展起来的新方法。

在上述几种类别中，差分法求解大气运动偏微分方程组是使用得最多也是最成熟的方法，在全球模式和区域模式中都有广泛的应用，而谱方法则主要应用于全球模式中，有限元法在数值天气预报中使用较少。

依据模拟区域的分类是指将模式的模拟、预报区域限定为全球或地球上的某一区域（通常指东亚、北美等较大范围的区域）。全球模式与区域模式框架下均可建立气候模式和天气模式，分别称为全球气候模式、全球天气模式、区域气候模式和区域天气模式。基于区域模式还能够建立台风模式、沙尘模式、空气质量模式以及边界层模式等。

现有边界层模式多采用区域中尺度模式与城市尺度模式、小区尺度模式的多重嵌套或耦合方案来实现，引入包含人为活动等影响效应的参数化方案，从而改进数值模式在多尺度物理过程耦合影响、能量与物质输送等方面的不足。这一部分工作与新能源预测中风电功率的精细化预测有很多相似之处，例如采用区域中尺度模式与微尺度模式结合，即 WRF＋FLUENT 等方式建立网格分辨率达到 10m 量级的数值模拟试验。城市冠层与风电场、光伏电站的共同之处在于它们都改变了原始的地表参数，并且人为地引入了新的热过程，形成了新的、有别于自然状况的地表拖曳过程和热量变化过程，可通过反馈机制作用于天气尺度环流，进而影响到未来的天气变化。因此可以说，边界层模式的研究与应用在理论上具有很强的指导意义，它的发展与完善可能对新能源预测技术

的进一步提高产生作用。

此外，依据现象尺度，数值天气预报还可分为气候模式、天气模式、中尺度模式和微尺度模式等。气候模式和天气模式分别用于气候预测和天气预报；中尺度模式针对海陆风、雷暴强对流等典型过程进行了针对性模式改进，有足够的水平与垂直分辨率去预报中尺度天气现象；微尺度模式有时也称建筑物尺度，相比于更加关注生命期介于几秒至几分钟、空间尺度为米或十米量级的湍流运动模拟，它通常可应用于大气环境分析、静止物的受力分析以及交通、建筑的安全性评估等领域。

通常情况下，数值天气预报的每个细分类别会依据着眼点与拟解决的科学问题的差异，选择适当的假设以及对应的物理规则。

技术上，几乎所有的谱模式（常见于全球模式）和多数差分模式（主要是水平网格距大于10km的差分模式）都采用了流体静力假设。原因是当大气数值模式的水平尺度与垂直尺度差别较大时，相对于更为重要的重力加速度，垂直加速度（浮力）的作用通常可以忽略不计。例如全球模式的视角为整个地球，而观测证实大气的厚度相比于地球半径是个很小的值，可以近似地看作苹果皮与苹果的关系。在这种情景下，重力加速度的作用将远大于垂直加速度，因此可以采用流体静力假设。这些采用流体力学假设的模式一般又被称为准静力平衡模式。

而在中尺度模式中，由于水平尺度与垂直尺度相当，因而必须考虑流体的非静力特征，量化诸如声波、重力波、强对流系统等因素对天气的影响。例如，在光伏发电功率预测中，数值天气预报需要能够尽可能准确地描述对流云的生成、运动及消亡，在这类情况下参考中尺度非静力平衡模式的预报信息就显得十分必要了。

此外，以预报对象或预报对象特征命名的数值模式（台风模式、气溶胶模式等）大多是在区域模式的基本框架上，增加了许多与预报对象相关但对于其他模式并无实际作用的关键技术，以达到针对对象模式预报技巧的提高。

在台风模式中，较为核心的技术要点包括卫星资料同化技术、台风涡旋初始化技术以及台风非对称模型构造技术等。其中，台风涡旋初始化技术需要在资料同化技术的基础上，对台风模型的温度垂直廓线等关键环节进行修改，进而提高区域模式的台风运动轨迹模拟能力。由于区域模式的每次预报都需要应用全球模式预报结果作为背景场，而全球模式中台风涡旋一般都比实际情况偏差较大，因此台风涡旋的初始化与定位定强研究十分必要。对于浙江、福建等沿海省份的风电场，台风路径预报的可靠性与台风风场模拟的准确性十分重要。其主要是因为台风活动对于沿海的风电产业具有两面性，它不仅会带来灾害性天气过程，影响到风电机组设备设施安全，从天气学的角度看，台风也是结束东部晴热高温天气，给漫长的“枯风期”带来风资源改善的必要条件。

气溶胶模式分为短期气溶胶模式（episodic model）和长期气溶胶模式（long-term episodic model）等。它们对大气气溶胶尺度、化学组成变化的模拟要比空气质量模式模拟气态污染物的变化规律复杂得多。例如，在空气质量模式中，在处理气体时通常情况下气体分子的大小并不重要。而气溶胶模式对于气体、粒子的理化特征及其相互影响等方面考虑得相对更加全面。要建立一个完善的大气气溶胶动力—化学模式，不仅要了解复杂的气溶胶物理、化学机制（如气溶胶与云的相互作用等诸方面研究尚不够充分），还要求各类气溶胶尺度分布的描述尽可能准确。同时，一个包含气象—气态—气溶胶的动力—化学模式对计算能力的要求也非常高。对于局地性的天气变化，尤其是相对微观的云物理等方面，这类模式的重要性毋庸置疑。在应用领域，气溶胶模式的研究对于光伏发电功率预测的发展也将起到一定的促进作用。对于较大规模的光伏电站与高密度分布式发电而言，未来一定时期的局地性云况变化趋势是影响有功功率变化的关键要素，研判乃至预测天气现象复杂多变的先决条件，将有力推动光伏预测技术的发展。

2.1.3　常见的天气预报模式

2.1.3.1　天气预报模式的性能特点

天气预报模式一般以区域数值天气预报理论研究和相关应用技术开发为主线，围绕着资料同化技术、模式精细化技术以及物理过程参数化方案等相关科学热点问题，开展短期的、高时空分辨率的预报产品研发、验证工作。

一般情况下，天气预报模式的使用者主要为气象预报员、气象科研工作者等。常见的用途是为气象预报员提供客观的预报参考，以便于制作面向公众发布的一定行政区域内的未来 1～3 天的天气预报（包含阴、晴、云、雨、气温、风力等）信息。

随着公众对天气预报需求的不断变化，天气预报模式的产品形式也得到了极大的丰富。“定点、定时、定量”是天气预报模式的一大特点，也是天气预报模式有别于气候模式的主要特征之一。

天气预报模式的预报产品主要包括网格化的气象要素预测产品（也称格点预报），例如一定网格分辨率条件下，每个空间格点上均有风速、风向、总辐射、气温、气压、相对湿度、降水等要素的预测值。因此在输出结果的空间形态上等同于一种上层平坦、下层随地形起伏变化的三维空间网格矩阵。天气预报模式预报产品的网格示意如图 2-4 所示。

不同的天气预报模式在网格分辨率与时间分辨率上略有差别，但一般都能够提供网格分辨率不低于 9km、时间分辨率不低于 1h 的预测产品。天气预报模式的时间尺度一般不超过 7 天，且随着时间的延长，预测精度呈下降趋势。

除网格化的预测产品外，天气预报模式还能提供给定经度、纬度、海拔的“点”预测值。“点”预测的时间分辨率、时间尺度均与网格上的气象要素信息一致，但在物理意义上略有差别。

经天气预报模式计算得到的格点预报实际上表达的是该模式分辨率下，某一网格内气象要素（风速、温度、气压等）的平均状态，而具体到某一指定位置的“点”预测则是表达了该位置的局地气象条件。在计算方法上，“点”预测需要能够应对“局地性微气象条件模拟与预测”这一客观需求。

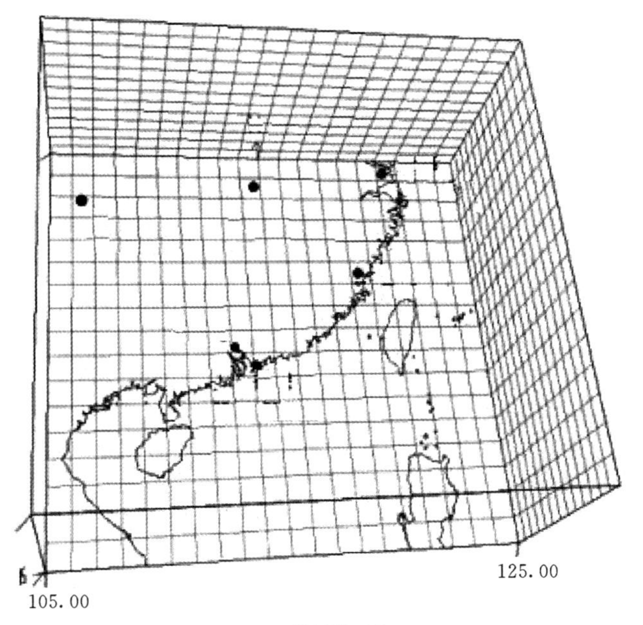

(a) 三维网格示意

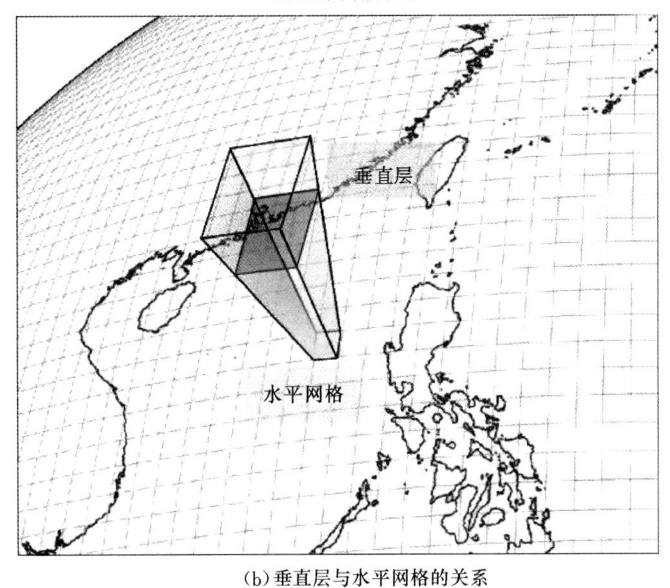

(b) 垂直层与水平网格的关系

图 2-4 天气预报模式预报产品的网格示意

这种由天气预报模式提供的“点”预测常见于给定测风塔位置的风矢量预测信息，是数值天气预报释用结果与新能源预测联系最为紧密的一种方式。

2.1.3.2 WRF 模式

WRF 模式是由美国国家大气研究中心、国家环境预报中心的环境模拟中心等联合一些大学和研究机构共同开发的新一代区域中尺度天气模式。它是在 MM5（Mesoscale

Model 5，MM5）的基础上发展而来，集 MM5、RAMS 和 ETA 等模式的优势为一体，具有可移植、易维护、模块化、可扩充和高效率等优点。

MM5 中尺度非流体静力模式是美国国家大气研究中心（National Center for Atmos Pheric Research，NCAR）和美国宾州大学（University of Pennsylvania，PSU）在原有的流体静力模式 MM4 基础上发展而来，同期较为著名的中尺度模式还包括美国国家环境预报中心（National Centers for Environmental Prediction，NCEP）的业务预报中尺度模式 ETA、科罗拉多州立大学（Colorado State University，CSU）的区域大气模拟系统 RAMS、英国气象局业务中尺度模式（United Kingdom Meteorological Office，UKMO），加拿大中尺度可压缩共有模式 MC2，法国中尺度非静力模式 MESO－NH 模式，日本区域谱模式 JRSM 等。

WRF 模式是非流体静力模式，可以满足中－β 尺度（20～200km）和中－γ 尺度（2～20km）强对流天气系统演变的模拟需要。另外，WRF 模式在优化发展方面具有很强的开放性，源码公开，研究人员的成果获得广泛认可后能够形成某一新增模块，从而与 WRF 研究、应用人员共享。

WRF 模式是一个完全可压非静力模式，控制方程组都写为通量形式，采用 Arakawa C 型跳点网格，有利于在高分辨率模拟中提高准确性。

WRF 模式采用高度模块化和分层设计，可分为驱动层、中间层和模式层。一般情况下，从事 WRF 模式应用的人员只需对模式层中的部分内容进行调整，例如修改涉及模式物理过程的 namelist 文件，从而进行区域的模拟、预报优化。因此，模式层在设计时即考虑到了其间物理过程和动力框架的高度灵活性、可拔插性，也为研发人员采用不同配置组合、模式性能检验以及集合预报试验等工作提供了极大便利。

WRF 模式有许多软件上的优点，如它不仅应用了继承式软件设计、多级并行分解算法，还有选择式软件管理工具、中间软件包（链接信息交换、输入输出以及其他服务程序的外部软件包）结构。在数值模式中比较重要的数值计算技术和资料同化技术在 WRF 中都得到了优化和加强，加上优秀的多重移动套网格性能，这样使得 WRF 能描述更加真实的天气物理过程。

从最原始的版本到目前的最新版本，WRF 模式已经经历了 V1.0、V2.0、V3.0、V4.0 四次大的升级，其功能和特性得到了大幅度的增强。

WRF V2.2 引进了新的前处理系统 WRF Preprocessing System（WPS），其中包含 Geogrid、Ungrib、Metgrid 等多个组件，并支持 netCDF、HDF、GRIB 等多种 I/O 格式。

WRF V3 使用 WPS 前处理系统代替了原有 SI 系统的功能，并且停止对以前版本输入文件的兼容性。在物理过程方面增加了 Morrison 2－moment、Goddard 微物理过程，New Grell 积云参数化方案，Unified Noah 陆面过程方案，ACM2 行星边界层方案等。相较于 V3.4 及以前的版本，V3.5 以及 V3.5.1 版本修正了大量物理过程参数化方案的问题，包括 CLM4、RUC、Noah、NoahMP 陆面过程，Grell－Freitas 深积云和浅

积云过程，ACM2、YSU、TEMF、MYNN 行星边界层过程，并增加了短波辐射传输方案中地表水平面直接辐射通量、地表法向直接辐射通量、地表水平面散射辐射通量的结果输出。

WRF 模式的最新版本为 2018 年 8 月发布的 V4.0 版本。

2.1.3.3 GRAPES 模式

中国气象局（China Meteorological Administration，CMA）新一代数值天气预报系统的英文名称是“GRAPES（global/Regional assimilation and prediction system)”——全球区域同化预报系统。该系统的研究开发计划由中国气象局于 2000 年组织实施，主要目的是充分吸收大气科学领域前沿进展与研究成果，建立中国新一代研究与业务通用的数值预报系统，同时，加强中国气象局业务部门与研究机构的联系，加快研究成果的业务转化。

GRAPES 在构成上主要包括变分资料同化系统、多尺度通用模式动力框架及物理过程的新一代全球/区域数值天气预报系统，以及模块化、并行化的数值天气预报系统程序软件。其中，GRAPES 采用了三维变分同化技术，主要关注卫星与雷达资料的同化应用，并向四维变分同化拓展，采用半隐式-半拉格朗日全可压非静力平衡动力模式，以及可自由组合的、优化的物理过程参数化方案。

GRAPES 模式主要以现有数值模式（WRF、HALF、T213L31 等）的物理过程参数化方案为参考，同时，结合数值天气预报研究的前沿进展加入了其他新的物理过程参数化方案，从而形成了适合 GRAPES 自身特点也更加灵活的参数化方案。

GRAPES 模式目前包含了微物理、积云对流、边界层、地表通量参数化和辐射过程等全套物理过程参数化方案，见表 2-2。

表 2-2　　GRAPES 物理过程方案

<table>
<tr><th>物理过程</th><th>具体方案</th><th>方案描述</th></tr>
<tr><td rowspan="3">微物理
（共 6 种，此处列出常用 3 种）</td><td>Kessler 方案（1969）</td><td>简单暖云方案，包括水汽、云水和雨三种物质，考虑雨的产生、下降和蒸发，云水的增长和自动转换由于凝结产生云水等微物理过程</td></tr>
<tr><td>Lin 方案（1969）</td><td>考虑水汽、云水、雨水、云冰、冰雹和雪在内的 6 种水物质，并考虑 24 种水物质相互作用和转化的物理过程</td></tr>
<tr><td>NCEP-3Class 方案</td><td>考虑水汽、云水/云冰（依据温度区分）、雨/雪（根据温度判断）3 种水物质，包括 8 种微物理过程</td></tr>
<tr><td rowspan="2">积云对流</td><td>Betts-Miller 方案（1986）</td><td>Betts 取“观测的准平衡状态线”或修正的湿绝热线作为深对流调整参考线</td></tr>
<tr><td>Kain-Fritsch 方案（1993）</td><td>认为大气中的对流有效位能可直接用于控制或调整积云对流发展过程，描述积云过程环境场的反馈作用</td></tr>
<tr><td rowspan="2">边界层</td><td>MRF 边界层参数化方案</td><td>主要是在不稳定状态下计算反梯度热量通量和水汽通量，在行星边界层中使用增加的垂直通量系数，而边界层高度由一个临界理查逊数决定</td></tr>
<tr><td>MYJ 方案</td><td>基于一个 1.5 级湍流闭合的边界层参数化模式，从 2 级闭合方案简化而来。在边界层内，以湍流动能作为预报量，对所有湍流阶量进行诊断，从而达到闭合边界层内动量方程的目的</td></tr>
</table>

续表

物理过程	具体方案	方案描述
地表通量参数化（陆面过程）	SLAB 方案	将土壤分为 5 层，每层均考虑向上、向下的热通量，并通过热平衡方程对每一层土壤的温度进行预报，无土壤湿度预报
	NOAH LSM 方案	包括了一个 4 层土壤的模块和 1 层植被冠层模块。不仅可以预报土壤温度，还可以预报土壤湿度、地表径流等
辐射过程	Simple 短板辐射方案	简单计算了由于晴空辐射和水汽吸收，以及由于云的反射和吸收引起的向下短波辐射通量
	Goddard 短波方案	计算了由于水汽、臭氧、二氧化碳、氧气、云和气溶胶的吸收，以及由于云、气溶胶和各种气体的散射产生的太阳辐射通量
	RRTM 长波方案	该方案的辐射传输应用与 K 有相关关系的方法（相关 K 方法，模式所考虑的分子种类包括水汽、臭氧、甲烷、NO_2 和卤烃，K 分布直接从 LBLRTM 逐线模式获得，它提供了 RRTM 需用的吸收系数）计算了大气长波谱域（10～3000cm^{-1}）的通量和冷却率
	GFDL 长波和短波辐射方案	使用了覆盖 7 个谱区域（0～2220cm^{-1}）的宽带通量发射率方法。方案首先计算各谱域中占优势气体的吸收率，然后通过一系列高度参数化的近似技术计算其他成分的吸收率
	ECMWF 长波和短波辐射方案	是 Morcrette 根据法国 Lille 大学辐射方案发展的更新版本。长波方案使用了覆盖 6 个谱区域（0～2820cm^{-1}）的宽带通量发射率方法，分别对应水汽的旋转和振荡旋转谱带中心、二氧化碳的 15μm 谱带、大气窗、臭氧的 9.6μm 谱带、25μm 窗区和水汽振荡旋转谱带的翼

注：此表来源于潘晓滨 等，2016。

2.1.4　常见的气候模式

2.1.4.1　气候模式的性能特点

气候模式与天气预报模式一样，需要依靠能够模拟大气和海洋的三维网格，在连续的空间间隔或网格格点上，运用物理定律去计算大气环境变量，模拟大气中气体、粒子以及能量的传递过程。但气候模式与天气预报模式的侧重点有很大差别，前者的模拟周期要长得多，因此很难涵盖像天气预报模式那样多的详细信息。

气候模式的研究内容主要是全球大气系统的能量收支、转换和平衡等，相比于天气预报模式对未来 1～3 天（或未来 1～7 天）大气运动的详细刻画更为宏观。

运用气候模式能够模拟全球几年、几十年或数千年的气候，为了验证模型的准确性，通常先模拟过去的情况，然后将实际观测信息与模型计算结果进行比较。气候模式必须考虑地球系统各圈层间的相互作用，研究重点是较长时间尺度及全球和各大洲等空间尺度上的大气变化宏观状态。

不同于天气预报模式，首先气候模式要求具有长时间积分的稳定性，因此动力框架的整体守恒性更重要。其次，气候模式具有向外源适应特征，需要对影响气候系统的外强迫变化和气候系统内部的反馈机制进行细致描述。

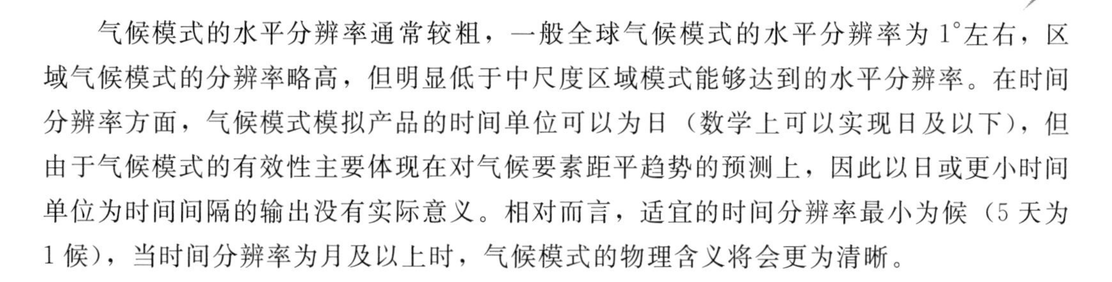

气候模式的水平分辨率通常较粗，一般全球气候模式的水平分辨率为1°左右，区域气候模式的分辨率略高，但明显低于中尺度区域模式能够达到的水平分辨率。在时间分辨率方面，气候模式模拟产品的时间单位可以为日（数学上可以实现日及以下），但由于气候模式的有效性主要体现在对气候要素距平趋势的预测上，因此以日或更小时间单位为时间间隔的输出没有实际意义。相对而言，适宜的时间分辨率最小为候（5天为1候），当时间分辨率为月及以上时，气候模式的物理含义将会更为清晰。

2.1.4.2 CESM 模式

全球气候系统模式（community earth system model，CESM）是由美国 NCAR 在20世纪研制的一系列 NCAR 全球模式基础上，于2010年7月推出的新一代公用地球系统模式，到2018年已更新到1.2.2版。

CESM 的前身为通用气候系统模式（community climate system model，CCSM），它是一个完全耦合的全球气候系统模式，主要用于研究地球的过去、现在和未来的气候状况。作为公认的权威气候模式之一，CESM 也是政府间气候变化专门委员会（Intergovernmental Panel on Climate Change，IPCC）发布评估报告所使用的主要气候模式之一。

CESM 由大气（atm）、陆地（lnd）、海洋（ocn）、海冰（ice）、陆冰（glc）五个分量模式以及控制各分量交互的耦合器（cpl）组成 CESM 整体结构如图2-5所示。其中每个模块都会包含若干独立模式，比如大气模块（也可称为 CESM 中的大气模式）包括 cam（active）、datm（data）、xatm（dead）、satm（stub）四种类型。其中，cam 是要参与运算的，同时也会读入数据并输出结果，这是整个 CESM 作为气候模式的主要部分；datm 是 data 模式，它负责读入数据，但是不参与运算；xatm 仅仅是在测试的时候使用。

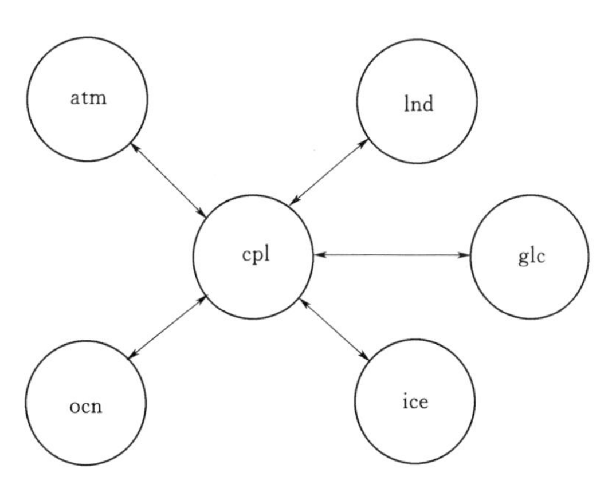

图2-5 CESM 整体结构

2.1.4.3 RegCM 模式

RegCM（regional climate model，RegCM）是 NCAR 开发的一种基于动力降尺度的区域气候模式。RegCM 具有分辨率高、对大地形模拟较精细等优点，能够较好地模拟区域气候的变化特征，在世界范围内应用广泛。

2010年6月 RegCM 的4.0版本（RegCM4）由意大利国际理论物理研究中心（The Abdus Salam International Centre for Theoretical Physics，ICTP）发行，

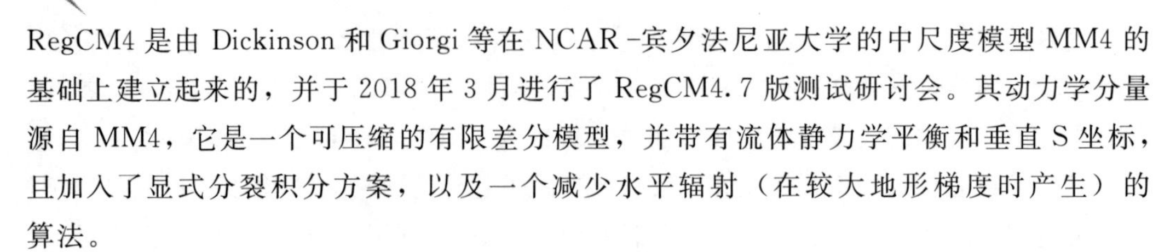

RegCM4 是由 Dickinson 和 Giorgi 等在 NCAR -宾夕法尼亚大学的中尺度模型 MM4 的基础上建立起来的，并于 2018 年 3 月进行了 RegCM4.7 版测试研讨会。其动力学分量源自 MM4，它是一个可压缩的有限差分模型，并带有流体静力学平衡和垂直 S 坐标，且加入了显式分裂积分方案，以及一个减少水平辐射（在较大地形梯度时产生）的算法。

RegCM4 模式的动力结构是采用 MM5 物理框架，它与 MM4 类似。相比于 RegCM3，最新版本的 RegCM4 成功实现了与化学模块、新的陆面模式 CLM3.5 的耦合，并且加入了新的混合方案，比如对流参数化方案 Tiedtke，边界层方案 UW - PBL 等。并且允许用户选择大陆和海洋的标识功能。其中的陆面模块 CLM3.5 是一种发展很成熟的陆面模式，它能较好地模拟在高原地区的陆面过程。

2.1.5　集合预报

2.1.5.1　集合预报概述

集合预报最初的目的是利用模式初值的不确定性，从一组相关性不大的初值出发而得到不同的预报值，并将这些预报值进行组织得到的数值天气预报。

集合预报中，通常会包括很多集合预报成员，它们之间的区别在于来源的数值模式不同、初始场不同或模式物理过程不同，一般情况下模式分辨率是相同的。这些集合预报成员同样都是经过检验，证实其同时具备科学性和有效性的数值天气预报模式，即好的模式产生好的集合预报。此外，集合预报系统中一般还包括一个与集合预报成员具有相同分辨率，但没有进行初始扰动和模式扰动的成员，这一成员通常被称为控制预报。

集合预报成员之间的不同点在于初始扰动或模式物理过程描述等方面的差异。理论上，如果模式足够好，预报的不确定性就将主要源自于初值误差。同时，假定初始扰动的设计方法足够科学，在概率上能够使得某一初值方案无限接近真实大气的初始状态，这时集合预报会得到非常明显的提升效果。

上述结论的理论基础为真实大气是一个高度非线性的动力系统，微小的初值差别会显著地影响到未来某一时刻的天气走势，导致预报失败。这一问题在数值天气预报模式中体现得非常明显。随着模式不断积分，初值的微小误差对模式的输出结果影响越发明显，最终致使模式结果失去意义。因此，集合预报技术中，如何给出一组合理的初值非常重要，是最终集合预报技巧超越确定性预报（在集合预报的研究中，确定性预报又称控制预报）的必要条件。

除考虑初值的不确定性外，还有一些集合预报研究是通过模式物理过程的再组织，即考虑模式物理过程描述等方面的差异，通过多个集合预报成员获取一组预报值。这一技术对集合预报的概念进行了扩充，同时也提供了许多新的有效的集合预报成员。

集合预报的意义主要在于预报技巧的提高。首先，从平均值的角度而言，即使用平

均值方法，集合预报的效果也要高于控制预报和其他集合预报成员；其次，集合预报的离散度要显著低于确定性预报，因而集合预报可以作为确定性预报可靠程度的量度；此外，集合预报更加适合于重大天气事件的概率预测，并且还具备一定的极端天气事件（一般指历史罕见的发生概率通常小于5%或10%的天气事件）的预报能力。

研究显示：集合预报平均值的准确性要优于控制预报。集合预报在延伸期的预报技巧要显著优于确定性的天气预报模式。另外，集合预报的应用特点还包括它能够用于确定某一天气现象发生的概率，因而具备了一定的极端天气事件预报能力。

2.1.5.2 集合预报的性能特点

世界各国各地区的数值预报中心都在致力于提供可靠、及时、准确的预报及预警，以满足人们日益增长的对环境信息的需求。在过去的十几年间，集合预报技术得到了发展，促进了极端天气和高影响天气预警能力的提高。Krishnamurti 等 1999 年提出了超级集合预报，它根据各集合成员过去的性能表现来分配不同权重系数，从而对各预报进行统计订正，以获得最好的决定性预报。2005 年启动的 TIGGE 计划主要目的是增强国际间对多模式、多分析集合预报的合作研究，并结合用户对预报信息的需求，将其应用到高影响天气（指小概率事件，但风险很高，其后果可能是灾难性的）预报中。

TIGGE（the THORPEX Interactive Grand Global Ensemble，TIGGE）的成员包括由澳大利亚、巴西、法国、韩国、加拿大、美国、欧洲中期天气预报中心、日本、英国和中国的 10 个业务或准业务全球集合预报系统（Global Ensemble Forecast System，GEFS），它们向 TIGGE 资料库提供预报资料，为研究比较各系统的预报技巧及构建最优的多模式集合提供了便利条件。

CMA 作为 TIGGE 资料的全球 3 个交换中心之一，充分利用获取的大量 TIGGE 资料进行科学研究，主要包括进行集合转换初值扰动技术和数值模式不确定性的研究，发展多中心多模式的超级集合预报的产品集成和应用技术，以及建立以集合预报技术为基础的气象水文风险预报模型。

此外，在 TIGGE 资料的实际应用中，对于北半球 500hPa 位势高度场，多模式预报较单个 GEFS 稍有提高，在对热带 850 hPa 温度场有明显提高。在 ECMWF、NCEP 和 UKMO 组成的三模式集合预报的预报效果评估中也发现，集合预报技巧显著优于单一确定性预报，其中提高最为显著的是海拔高度为 2m 的温度场预报。这些都说明 TIGGE 资料的应用研究能够帮助我们更好地理解目前各中心使用的扰动方法在集合预报中的表现，并提高多模式集合预报的效果。

2.1.5.3 典型集合预报数据资料

NCEP 和 ECMWF 于 1992 年 12 月分别建立了各自的 GEFS。加拿大气象中心（Canadian Meteorological Centre，CMC）的集合预报业务于 1998 年 2 月建成，也较早

地实现了集合预报业务应用。其中，NCEP 和 ECMWF 的 GEFS 是最权威也最具影响力的两个集合预报来源。

较为著名的集合预报系统还包括加拿大、墨西哥和美国于 2004 年建立的北美集合预报系统（north american ensemble forecast system，NAEFS）。NAEFS 是一个开放性的研究、业务体系，美国海军舰队数值大气海洋中心、英国气象局和中国气象局等机构正计划加入 NAEFS。

对于一个业务化的多个国家、多个模式共同参与的 GEFS，其主要进行的工作包括交换原始预报数据（例如，NAEFS 中加拿大和美国各 20 个集合成员的预报），对所有集合预报成员进行后处理，然后合并所有集合预报成员得出并共享最终的预报产品。

与大气观测类似，集合预报也已成为了全球性的科研、业务活动。国际 TIGGE 计划是一个全球各国和地区的数值预报业务中心的联合行动，它将全球最先进的数值预报中心集合预报产品集中到一起，示范并评价各个国家的集合预报系统对高影响天气的预报能力，实现全球集合数值预报产品的共享，促进全球数值预报技术和天气预报业务的进步。中国作为世界气象组织的重要成员于 2005 年参与世界气象组织的这一重大国际计划，以推动我国气象事业的发展和技术进步，并对国际气象事业发展做出贡献。2007 年，作为世界三大 TIGGE 国际存档中心之一，我国完成了归档中心建设任务，开始提供数据服务。

NAEFS 与 TIGGE 计划有着紧密的联系，这两个计划最终将合并为一个业务系统——全球交互式预报系统（global interactive forecasting system，GIFS），以提高对全球高影响天气的预报和预警能力。

1. NCEP 集合预报数据集

NCEP 的 GFS 建成之初，在每天协调世界时（coordinated universal time，UTC）00:00:00 仅由 1 组正负扰动对产生 2 个集合预报成员。目前集合成员数已增到 20 个，每天 00:00:00 UTC、06:00:00 UTC、12:00:00 UTC 和 18:00:00 UTC 起报，预报时效达 16 天，水平分辨率于 2010 年 2 月升级为 T190（约 70 km）。

增殖向量法（breed vector，BV）于 1992 年在 NCEP 投入业务使用，该方法在引入初始随机扰动后，经过 3～4 天的增殖循环产生具有极大增长率的扰动，然后通过重新尺度化使慢速增长型误差比重减小，得到最终的初始扰动场。BV 法的局限性在于，初始扰动方差是由不随时间变化的气候场分析误差限定的，另外扰动之间并未接近正交。

集合转换（ensemble transform，ET）和重新尺度化集合转换（ensemble transform with resealing，ETR）技术是对 BV 法的改进，最早是 Bishop 和 Toth 在目标观测研究中提出的。2004 年之前 NCEP 就开始了 ET 和 ETR 生成集合预报初始扰动的试验，2006 年 5 月 ETR 正式在 NCEP 投入业务使用。ETR 方法产生的初始扰动受业务资料同化（data assimilation，DA）系统提供的分析场误差方差限定，并以 DA 提供的分析场为中心，同时 GFS 也为 DA 提供预报场误差协方差，因此在 ET 和 ETR 方法中

GEFS 和 DA 具有一致性，这是原始的 BV 方法不具备的。另外各扰动之间接近正交，即相关性很小。因此 ET 和 ETR 方法弥补了 BV 正负扰动对方法中的一些不足，但却保留了 BV 法依流型变化、代表误差最快增长的非线性扰动及耗用计算资源少的优点。经过 ETR 转换之后的分析扰动具有如下性质：①各扰动之间以分析场为中心；②成员越多，各扰动间越接近正交；③具有最大的自由度；④具有依流型变化的空间结构；⑤如果集合成员数越多，初始扰动的协方差与 DA 提供的分析场误差协方差越一致。

2. ECMWF 集合预报数据集

ECMWF 起初每周进行 3 次业务预报（每周五、六、日的 12:00:00 UTC 起始预报），使用 T63 L19（水平分辨率约 219 km）对 32 个集合成员积分 10 天。到目前已经升级为包括 50 个集合成员，每天两次（00：00：00 UTC 和 12：00：00 UTC），使用可变分辨率 GEFS 模式进行 15 天预报，即 0～10 天预报运行高分辨率模式 TL639L62（约 30 km），10～15 天预报改用 TL319L62（约 65km）。

根据非线性动力学的有限时间不稳定理论，扰动在相空间的不同方向具有不同的增长率。基于这一原理，ECMWF 使用奇异向量法（singular vector，SV）来捕捉扰动增长最快的方向，由于这种 SV 生成在预报的初始时刻，为区别于其他 SV，以 SVINI（initial time SV）来表示。SVINI 是相对于初始模定义的，它是通过在最优时间内向前积分切线性模式，再向后积分伴随模式，得到在最优间隔内能够达到极大能量增长的扰动，因此初始模的选取和最优间隔的长度很关键，ECMWF 业务上使用总能量模作为初始模，最优间隔最初是 36h，1994 年后更新为 48h。得到的 SVINI 在相空间中再进行正交旋转及重新尺度化构造集合扰动成员。由于使用切线性模式和其伴随模式的次数是所需奇异向量数的 3 倍，需要耗费大量的计算资源，因此仅运行 T42 的低分辨率模式。对于热带外地区，两个半球是分别计算奇异向量的，否则会使夏半球的奇异向量过少。在热带地区，奇异向量对切线性模式中非绝热物理过程很敏感，如果计算整个热带地区的奇异向量，有时会生成在非线性预报模式中不增长的虚假结构，因此仅计算热带气旋附近区域的奇异向量。为了提高短期集合预报的技巧，1998 年 3 月 ECMWF 提出了演化奇异向量法，将 SVINI 与演化了 48h 的 SV 按一定的权重合并，这样在一定程度上代表了资料同化循环引起的初始不确定性增长，得到了很好的效果。

2010 年 6 月 ECMWF 开始采用集合资料同化—奇异向量法（ensemble of data assimilation - inital time SV，EDA - SVINI）。EDA 扰动（ensemble of data assimilation，EDA）由扰动观测场、海表温度场以及物理过程中的参数化倾向得到。因为演化的 SV 与 EDA 扰动都是用来估计资料同化过程中带来的初始不确定性增长，但 EDA 较前者效果更好，所以用其取代演化的 SV。EDA 扰动与未受扰动的分析场相加，可生成 10 个扰动分析场，然后分别与 5 个 SVINI 合并，可得到 50 个集合成员，其中由于 EDA 扰动的振幅比原来的演化 SV 大，因此合并时 SVINI 的振幅降低 10%。

3. GLDAS 数据集

NCEP/NCAR 在再分析数据集 NCEP/NCAR Reanalysis Ⅰ的基础上，对使用的数

值模式中的一些物理过程和参数化方案进行了修改，产生了再分析数据集 NCEP/NCAR Reanalysis Ⅱ。

全球路面数据同化系统（Global Land Data Assimilation System，GLDAS）是美国航空航天局戈达德空间飞行中心和美国海洋和大气局国家环境预报中心联合发布的基于卫星、陆面模式和地面观测数据的同化产品，它能提供多种驱动数据，这些数据来源于大气同化产品、再分析资料和实际观测。GLDAS 结合 Mosaic、Noah、CLM（the Community Land Model)、VIC（the Variable infiltration capacity）4 个陆面模式，可提供全球范围的陆面资料，空间分辨率为 0.25°×0.25°和 1°×1°，时间分辨率为 3h 和月尺度。

4. CMIP5 数据集

CMIP（coupled model intercomparison project，CMIP）计划是由世界气候研究计划（World Climate Research Programme，WCRP）耦合模型工作组（working group on coupled modelling，WGCM）于 1995 年建立的。WCRP 为了推动模式的发展，20 年来相继实施了大气模式比较计划、海洋模式比较计划、陆面过程模式比较计划和耦合模式比较计划等，而 CMIP 计划就是在大气模式比较计划的基础上发展起来的。

CMIP 计划自发展以来共经历了 CMIP1（1995 年)、CMIP2（1997 年)、CMIP3（2004 年）和 CMIP5（2008 年）四个阶段。CMIP1 主要是为了从耦合环流模式控制试验中汇集模式结果，试验中 CO_2、太阳参数和其他气候外强迫均保持不变。

在 1997 年早期，CMIP 计划进入了第二阶段 CMIP2，从 CMIP1 中选取了 17 个耦合模式，收集比较了在外强迫为理想情况下（大气中 CO_2浓度每年增加 1%）的大气、海洋、海冰及陆面资料。模式需要积分 80 年，在第 70 年时大气 CO_2 的含量将达到现在的 2 倍。2003 年后期，全球耦合模式工作组（working group on coupled modeling，WGCM）开始着手协调耦合模式的试验研究，并于 2004 年推出了 CMIP3。CMIP3 模式则主要收集由世界各地领先的模式中心提供的模式对过去、现在和未来气候模拟输出的结果，分析了模式本身的不确定性，为进一步改进模式提供了科学依据和基础，也为气候学家提供了统一下边界条件下的耦合大气环流模拟资料，有助于研究模式对初值敏感性的原因和机理。目前，CMIP3 已收集了工业化前气候模拟情景、接近真实气候强迫情景的 20 世纪模拟（20C3M)、以 20C3M 运行结束时的数据为初始场的 SERS A2 情景、A1 情景、B1 情景等多种情景试验。在 CMIP3 基础上，2008 年 WGCM 和国际地圈生物圈计划（International geosphere - biosphere programme，IGBP）的地球系统积分和模拟计划联合推出了新一轮的气候模式比较计划 CMIP5，目的是为了判断由于对碳循环及云有关的反馈了解不够而造成的模式差异的机制，研究气候可预报性并探索年代际尺度上对气候系统的预报能力，并探讨同样的气候强迫输入条件为什么会产生不同的模式结果。相比于 CMIP3 模式，CMIP5 仍然以 CMIP3 的全球海气耦合模式为模式基础，但是在物理参数化和模式分辨率、耦合技术和计算机能力方面有所改进，同时相当一部分模式还增加了动态植被模式和碳循环模式。

目前共有50多个模式参与CMIP5，对历史和未来全球气候进行了数值模拟试验。其中，对于未来的气候预估，提出了四种排放情景试验，称为“Representative Concentration Pathways”（RCPs）。情景试验从2006年积分到2100年，有部分模式积分到2300年。RCPs是按照2100年辐射强迫设计了四种试验，RCP2.6、RCP4.5、RCP6.0和RCP8.5分别意味着2100年辐射强迫为2.6W/m^2、4.5W/m^2、6.0W/m^2、8.5W/m^2（相对于工业化前，取公元1750年）。此外，CMIP6数据集的相关产品也在研发与推进之中。

各个模式对不同变量在不同地区的模拟能力都存在差异。因此要通过一些统计方法验证模式对要研究变量的模拟能力，由此挑选出具有较好模拟能力的模式，以保证预估结果的可靠性。

2.2 新能源功率预测的应用需求与应用场景

随着新能源发电产业规模的快速发展，新能源功率预测的应用需求与应用场景也发生了许多变化。在风电、光伏发电的预测系统、功能的有关标准制定之初，预测的时间尺度仅包括超短期和短期两类。而在随后的发展中，新能源预测的时间要求不断延长，预测结果的形式也在确定性预测的基础上扩展为概率（区间）预测。

此外，寒潮、雾霾、沙尘暴等特殊条件下新能源事件预测也得到了广泛关注。寒潮、台风、雾霾、暴雪、沙尘暴等天气过程在我国新能源富集地区较为常见，但应用数值天气预报进行短期预测具有较大技术难度；同时，寒潮、台风以及沙尘暴等过程对近地层气象要素的影响往往是范围性的，它们的发生、发展与区域新能源有功功率变化之间的关系十分复杂，因而对新能源预测精度的影响较大。在短期时间尺度上，选取适当的数值天气预报类别，改善重大天气过程预测技巧，显然对于提升新能源预测准确率具有重要作用。

结合新能源功率预测的应用需求，本节将依次介绍新能源功率预测的主要类别、定义，及其应用场景。在此基础上，根据新能源预测典型场景，给出适宜的数值天气预报方法，从而更为清晰地阐释数值天气预报产品的应用方式。

2.2.1 新能源超短期功率预测

新能源超短期功率预测指未来15min～4h的有功功率，且0～24h滚动预测。预测结果的时间分辨率为15min，更新周期同样也为15min。

新能源超短期功率预测大多采用统计方法建立预测模型，数据需求上更加依赖于风电场、光伏电站的实际监测信息（如风速、风向、总辐射以及有功功率等），而与数值天气预报产品的关系并不密切。

超短期功率预测对于电网实时平衡非常重要。首先，当电网接入大量新能源时，由于风能、太阳能资源的间歇性、波动性，新能源有功功率的日内实际波动很可能超出短

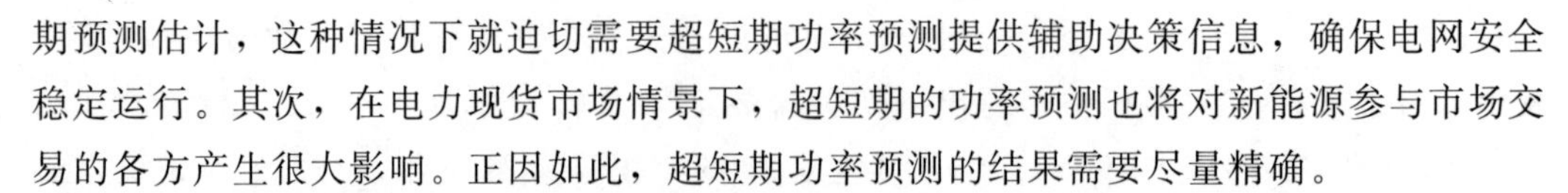

期预测估计，这种情况下就迫切需要超短期功率预测提供辅助决策信息，确保电网安全稳定运行。其次，在电力现货市场情景下，超短期的功率预测也将对新能源参与市场交易的各方产生很大影响。正因如此，超短期功率预测的结果需要尽量精确。

新能源超短期功率预测依赖于基础数据的准确性与传输可靠性，当风电场、光伏电站的气象要素监测设备发生异常，无法实时获取风速、风向、总辐射、直接辐射等气象监测要素时，超短期功率预测模型便很难准确地计算出未来有功功率在临近时刻内的演变趋势，这时可以考虑应用数值天气预报产品来实现超短期功率预测。

当局地气候条件过于复杂，风能或太阳能的短时统计规律难以准确建立时，可采用风电场、光伏电站气象要素监测数据与数值天气预报产品相结合的方式进行超短期功率预测，即利用历史同期的气象要素历史监测数据与数值天气预报产品建立适合的模型，修正数值天气预报的系统性误差，得到时间尺度上满足超短期功率预测要求、变化趋势估计相对准确的局地气象要素超短期预报信息，支撑超短期功率预测模型运行。

当超短期预测由4h延长至6h，在传统的统计方法中叠加数值天气预报影响就变得十分必要了。通常情况下，统计方法和人工智能方法均很难保证0～6h条件下预测误差缓慢增长。而从天气学角度分析，4～6h的时间窗口内完全有可能发生天气转折，而由晴转阴等天气变化带来的局地风资源、太阳能资源显著波动是无法由统计方法提前预知的，因此考虑数值天气预报的影响对于时间要求有所延长的超短期功率预测非常必要。

2.2.2　新能源短期功率预测

新能源短期功率预测是指预测时效为0～72h，时间分辨率为15min的新能源有功功率预测。预测结果的时间分辨率为15min，一般情况下每日更新1次，更新时间应早于电网发电计划制定的时间。

短期功率预测与超短期功率预测的不同点主要在于数值天气预报产品的应用，以及由此带来的时间、空间尺度改进。

基于历史数据规律挖掘的超短期功率预测大多仅能在非常短的时间内取得理想的预测效果，随着预测时间尺度延长，绝大多数的超短期预测方法都会暴露出预测误差显著增大等问题。其根源在于，在日内和短期两个时间尺度上，显著影响风电、光伏发电有功功率的各个气象要素大多具有间歇性变化特征，而这些变化特征的物理约束较为复杂，且这些物理约束之间大多是非常典型的非线性关系。正因如此，在短期功率预测中引入数值天气预报模型非常必要。

研究资料显示，丹麦Risø国家实验室开发的Prediktor预测系统、中国电力科学研究院研发的WPPS系统等国内外知名的新能源预测业务软件均采用了中尺度区域数值模式提供的数值天气预报产品实现短期功率预测。但由于风电场、光伏电站开发规模等原因，短期功率预测的应用需求存在诸多差异，典型场景的类别也呈现多种多样。

依据选址、装机规模、一次设备选型等方面的区别，短期功率预测的典型应用场景可分为陆上、沿海、山区等风电场，以及大型集中式地面光伏电站与分布式光伏电站

等。针对上述典型场景的中尺度区域气象模式，需要提供相应的气象预测产品。

1. 陆上风电场

我国陆上风能资源储量丰富，适宜风电开发的地区较多。尤其是“三北”及内蒙古自治区等内陆地区，受蒙古高压（也称蒙古一西伯利亚高压或亚洲高压）、季风环流等因素影响，在自然资源和土地利用条件等诸多方面均有利于风电规模化发展。

陆上风电开发一般会选择风能资源条件优良的高原、台地、峡（河）谷和山脊等区域，地形地貌条件的复杂性使得短期功率预测技术面临很多挑战。

对于风电场所处微区域的不同下垫面特征，数值天气预报产品的适用性差异很大。例如，平坦地形条件的气象要素预报效果会显著优于山地地形条件；植被多样化、边界层湍流较弱的区域气象要素预报效果优于下垫面属性单一、边界层稳定性差的区域。同时，中尺度区域数值模式的初始格点预报结果一般无法直接应用于短期功率预测模型，需要进行水平和垂直方向的二次加工，以满足功率预测模型的需求。

当考虑风受植被、建筑等障碍物以及大气稳定参数影响时，近地面层中风速的垂直变化 u_z 一般可表示为

$$u_z=\frac{u_*}{k}\left[\ln\frac{z-d}{z_0}+\psi(z/L)\right] \tag{2-1}$$

式中 u_*——摩擦速度；

k——Von Karman's 常数；

d——零平面位移高度；

z_0——地表粗糙度；

ψ——稳定项；

L——Monin - Obukhov 稳定参数；

z——u_z 的高度。

不同稳定稳定条件下的 $\psi(z/L)$ 可由 Businger et al. 的实验或经验公式计算。因此，如给定高度垂直分布即可使用模式的相关输出以及摩擦速度等，得到不同稳定条件下的风速分布。

上述模式初始结果向风电场所在经纬度、海拔转换的过程，即是数值天气预报产品的释用过程。释用算法的选取一方面需要依据短期预测模型的实际需求，另外还可以通过风电场的测风资料对算法的有效性进行检验。

除数值天气预报产品释用外，复杂地形条件下的精细化预报还可以采用中尺度区域模式动力降尺度等方法。例如，将中尺度区域模式 WRF 与 FLUENT 模型相结合，得出空间分辨率达到 1×10^2m 量级的风矢量空间分布，建立由单台风电机组预测组成的风电场短期功率预测模型。

2. 沿海风电场

沿海风电场受近海风能资源特性影响，场内的风电机组一般沿海岸线狭长分布，当

装机容量较大时，通常需要设置多座测风塔实现风电场内不同区域的风能资源实时变化监视。

近海风电场受海陆风变化影响显著，因此在应用数值天气预报的初始格点预报信息时，不仅要考虑模式输出结果中的陆面网格以及该网格上的风能资源变化特点，还要综合海面网格预报信息对沿海风电场局地风能资源变化的影响。因此，在计算短期功率预测模型所需的某一指定经纬度、海拔高度上的风矢量预报信息时，模式产品释用环节需要针对水平网格点选取方案开展大量试验验证，以准确地提取出影响局地风能资源变化的关键要素。

除此之外，沿海风电场短期功率预测还受到局地性气候及海陆风变化特征的影响。由于海陆温差的影响，沿海岸线的风向与垂直风廓线会存在明显的日变化，风电机组轮毂高度处的风速也随之发生变化。对于风电机组沿海岸线蜿蜒分布的大型沿海风电场而言，风能资源的空间分布不均匀性及其时间变化对短期功率预测精度的影响十分显著，需要在模式预报产品精细化释用以及短期功率预测模型等环节进行必要的优化，而这部分研发工作所针对的问题显然与陆上风电场短期功率预测并不一致。

3. 集中式光伏电站

集中式光伏电站的短期功率预测与陆上风电场短期功率预测相似性较高，区别在于：①下垫面属性的差异；②土地利用类型的特殊性及其导致的模式次网格参数化方案选取；③大气成分与大气现象的影响。

在我国，集中式光伏电站大多选择荒山、荒坡、盐碱地与滩涂等作为利用地进行开发，但极易受浮尘、扬沙和沙尘暴影响。研究表明，灰尘对于光伏发电量的影响可达到−5%～−3%，而强沙尘暴发生时，光伏电站的有功功率甚至可能为零。

温度折减也是集中式光伏短期预测需要考虑的关键因素之一。统计数据表明，晶硅电池的温度系数一般是−0.45～−0.35(%/℃)，非晶硅电池的温度系数一般是−0.2%/℃左右。而戈壁、荒漠地区的气温日较差（日气温最高值与最低值的差值），远大于东部半湿润地区，环境温度和光伏组件的变化趋势定量估计对于光伏电站效率模型十分重要。

因此，对于集中式光伏电站的短期功率预测而言，仅从光伏发电理论入手，研制精细化的地表入射总辐射与地表直接辐射预报信息并不足以实现目前和未来 0～72h 有功功率的准确预测。数值天气预报还需要能够给出与光伏组件温度变化关系密切的其他气象要素预报信息，包括地表环境温度、相对湿度、风速等。另外，还需要在中尺度区域模式中加入相应模块，实现沙尘等气溶胶颗粒物的短期预测。

4. 分布式光伏电站

我国分布式光伏电站主要集中于东部省份。截至 2017 年底，全国分布式光伏累计装机容量超过 1GW 的省份排名依次为浙江、山东、江苏、安徽、河北、河南、江西、广东，其中，浙江、山东分布式光伏累计装机容量已超过 4GW，江苏、安徽累积装机

容量超 3GW。

与西部大规模集中式光伏电站不同，中东部省份的气候更加湿润，云系变化频繁，年降水量介于 500～1500mm。因此在太阳辐射的影响因素方面与西北地区有显著区别。

云和降水一直是数值天气预报的难点问题。尤其在分布式光伏预测场景中，太阳辐射等气象要素预测信息的空间分辨率需要尽可能高，以便于分布式光伏有功功率变化规律的研究。因此，分布式光伏短期功率预测与数值天气预报支撑能力之间存在着显著的矛盾。

另外，京津唐地区和长三角地区是我国的人口密集区和主要负荷区。冬春交替时容易发生空气污染事件。针对上述问题，一般采用中尺度区域模式与空气质量模式耦合的方式，对大气污染颗粒物进行短期预测，从而实现大气中太阳辐射衰减过程的模拟和计算，得到大气污染物影响下的地表入射总辐射预测信息。

2.2.3 新能源中长期功率预测

新能源的中长期功率预测指时间尺度从 1 周到几个月的中期预测，以及时间尺度为年的长期预测。它们对于管理风电场和光伏电站，以及新能源送出线路的检修与维护十分重要。同时，有助于新能源投资机构了解未来的年度产量，进行长期电力交易。

建立一个新能源中长期功率预测模式，首要的条件是了解并掌握旬、月、年等尺度上的新能源资源变化规律以及不同时间尺度上丰、枯、平特点。然而，仅通过风电场、光伏电站建设以来配置的气象要素自动监测装置积累的历史资料，很难有效开展上述分析，得出可靠结论。而在这类应用场景下，气候模式或与之类似的研究方法或许能够发挥积极作用，通过一定的模式释用技巧对模式预报产品进行再加工，使其在时间、空间上满足应用需求。

对于数值天气预报而言，上述旬、月、年等尺度的预测时间要求实际上包含了 3 个问题，即延伸期预报问题、短期气候预测问题以及气候预测问题。

当中长期预测的时间要求为 14 天至月尺度时，与之对应的主要为气象学中的延伸期预报技术。

短期气候预测又称长期天气预报，目的是预测未来一个月至一年内的天气变化趋势。依据预测时间尺度，短期气候预测又分为月天气趋势预报、季度（或专题）天气趋势预报和年度天气趋势预报。短期气候预测在应用上通常以专题形式出现，例如预测一年中重要农事季节和主要农作物生长发育关键阶段的天气趋势、下一年度汛期主要流域降水概括（多、寡、平）以及是否可能发生大范围洪涝灾害等。技术方案方面，短期气候预测主要依据大气科学原理，综合运用气候动力学、统计学等手段，通过短期气候影响因子的研究对气候异常成因进行解释，从而对未来气候趋势进行预测。

气候预测是根据过去气候的演变规律，推断未来某一时期内气候发展的可能趋势。气候预测覆盖的时间范围非常大，从年际、年代际气候变化与气候场景预估（气候学时间尺度）到万年以上的冰期、间冰期气候变迁推定（地质学时间尺度），都属于气候预测的范畴。气候预测的技术实现大致可以分为两类：其一采用统计方法；另一类为数值预报方法。应用统计方法可以建立某一气候要素的时间序列模型，即利用一个或数个气候要素历史变化特征的影响因子建立气候预测方程，得到未来某一时期该气候要素的估计值（时段平均值）。统计学气候预测中，影响因子的选择通常包括太阳辐射影响、下垫面热力动力影响、大气环流影响和人类活动影响等非常复杂的非线性过程，它既是统计学方法预测气候的关键环节，也是统计学气候预测模型不够精准的主要原因。数值预报方法主要利用气候模式实现未来趋势推演。存在的问题是各国气候预报中心应用的模式并不完全相同，得出的分析结果通常差异较大。为此，基于超级集合预报方法，利用数学手段对各种不同模式预报结果（集合预报成员）进行再组织。集合预报本质上是带有概率属性的，部分情况下会对集合预报成员进行加权平均，给出确定性时间序列预测。新能源中长期预测场景与气象预报的尺度关系如图 2-6 所示。

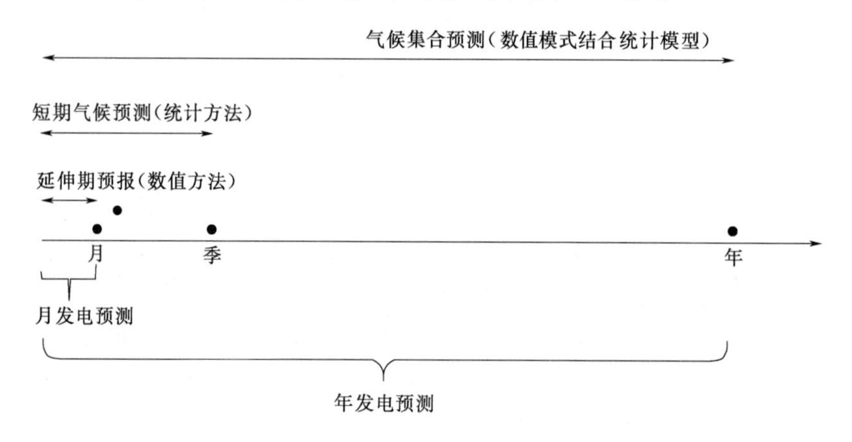

图 2-6　新能源中长期功率预测场景与气象预报的尺度关系

2.2.4　新能源概率预测

新能源概率预测（以下简称概率预测）也称不确定性预测或区间预测。概率预测在早期短期、超短期功率确定性预测的基础上加入概率分布信息，因而在形式上不同于以往确定性预测所给出的单一曲线，而是增加了更多的涉及风能、太阳能变化不确定性等内容的发电偏差风险估计。

概率预测的建模思路与确定性预测不同，一般情况下可大致划分为两种不同的技术路线与实现方式：一是基于历史数据统计的方法，即在风电场、光伏电站历史运行数据、功率预测数据等资料的统计分析基础上，归纳误差分布特性；二是考虑新能源预测的气象敏感因子等约束条件，对历史误差资料进行分类，并考虑了气象敏感因子的预测技巧与不确定性对概率预测的影响。

基于历史数据统计的概率预测方法主要包括分位数回归模型、Gaussian 分布模型、径向基函数神经网络模型、奇异谱分析模型等，共性特点是对历史数据的时间长度、数据质量要求较高。图 2-7 给出了基于分位数回归模型的风电功率预测不确定性分析曲

线。如图 2-7 所示，首先，通过不确定分析能够得到某一时刻功率预测值的可能波动区间（上下限）及其置信水平（90%、85%等）；其次，波动区间随预测功率值变化，当概率估计可信时，能够为电网调度人员提供更为客观的系统备用留取依据，从而促进新能源接纳空间的合理制定，降低调度决策风险。

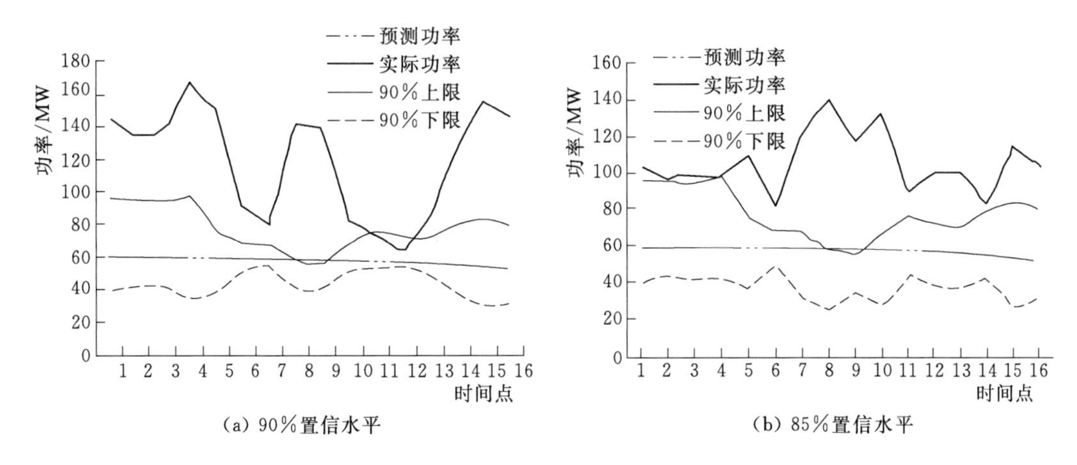

图 2-7　基于分位数回归模型的风电功率预测不确定性分析曲线（阎洁等，2013）

除历史数据统计方法外，还可以采用考虑物理条件约束的方法建立新能源概率预测模型。例如，考虑不同风过程对确定性预测误差分布的影响、典型风速段内不同风向对确定性预测误差分布的影响、不同垂直风廓线特征对确定性预测误差分布的影响等。

这一技术思路的背景是，当天气背景发生转折时，数值天气预报产品的准确性会发生一定变化，进而造成确定性预测的误差呈现出特定的分布型；通过数值天气预报产品释用，能够对不同天气背景情况下新能源预测气象敏感因子的预测准确性进行评价，并通过统计方法，确定新能源预测的气象敏感因子预测误差分布与确定性预测误差分布之间的联系；最终将不同物理约束条件的影响代入概率预测模型。

2.2.5　新能源事件预测

随着世界各国风电、光伏发电的大规模发展，新能源在电力系统中的渗透率不断提升，新能源的短时大幅波动可能性及其潜在危害日益得到普遍重视，并由此衍生出新能源事件预测的概念。

新能源事件预测（也称为爬坡事件预测或爬坡预测）目前主要包括风电功率爬坡预测与光伏发电功率爬坡预测两大类。当风电、光伏发电的装机容量达到较高比例时，某一时间窗口发生大的功率波动现象即可称为一个“事件”。事件预测一般会包含为三项关键要素，即爬坡方向的预测（包含上升和下降两个基本类型）、持续时间预测和变化幅度预测。其中，爬坡方向用于表征功率骤变的发展趋势，持续时间和变化幅度用于衡量事件的严重程度，持续时间越短、幅度越大，则说明事件越严重。

事件的定义可以归纳为对某一时间窗口内功率变化值大于预先给定阈值的现象进行

预测的方法，可以表示为

$$\frac{|P(t+\Delta t)-P(t)|}{\Delta t}>T_r \tag{2-2}$$

式中　Δt——某时间窗口；

$|P(t+\Delta t)-P(t)|$——Δt 两端功率增加或减少的幅度；

T_r——预先给定的功率变化幅度阈值。

对风电、光伏发电爬坡事件的定义方法并不完全一致。例如，关于事件的定义还可以应用 Δt 时间窗口内，功率的最大值和最小值之间的差值与某给定阈值的关系来进行事件识别，并证明了这一定义在实际应用中的重要意义。

在新能源事件预测的技术方法方面，新能源的事件预测是一种基于高影响因素的预测方法，通过时间序列分析，对事件的时间窗口特征、变化幅度和变化方向等进行典型定义，从而在事件识别方法的基础上开展事件分类及与之对应的关键影响因素研究。

根据美国 AWS Truewind 公司等的研究结果，气象条件的剧烈变化能够引起风电功率短时骤变，从而引发爬坡事件发生。同时，在气象条件相近的情况下，由于地形因素，区域内不同风电场的功率变化特点可能不同，因此，事件预测并不能仅依赖于数值天气预报产品提供的气象要素预报信息。在新能源事件预测模型研究方面，较为常见的方法包括人工神经网络法、支持向量机法、分类回归树法以及贝叶斯法等。另外，也有快速资料同化更新的数值天气预报应用于新能源事件预测中，以及中尺度区域模式与边界层模式耦合方法应用于局地风速序列异常变化中。

依据上述研究进展不难推断，大范围、高强度的气象要素异常变化能够引发区域内多个风电场、光伏电站有功功率的强烈波动。因此，诸如寒潮、台风、沙尘暴、雾霾等极端天气事件的预报将变得越发重要。例如，在区域性的新能源短期预测中，不能仅从单个电站的角度对可能发生的事件进行评估，还应关注寒潮等较大规模的系统性天气过程在整个调度区域中的移动速率、影响范围以及影响程度，这一工作对于我国“三北”地区具有十分明显的现实意义。而台风活动则既可能造成东南沿海的福建、浙江、江苏等省份的风电机组同时率增大、正向爬坡事件发生概率增加，又可能导致大面积的风电机组停运，从这一角度上看，面向新能源预测的数值天气预报模式需要在台风移动路径预报、近地层风场结构估计以及台风极大风速预测等方面开展大量的理论与应用研究工作。

2.3　数值天气预报的性能

在数值天气预报的诞生初期，其性能存在着很大的局限。一方面是由于当时的理论研究尚不够深入，人们对于大气的认识有限，尤其对某些天气过程是否具有显著可预报性的问题知之甚少；另一方面，当时全球范围内普遍缺乏对大气状况的日常观测，尚未建立全球性的气象观测资料共享网络，客观上，科学家们及时、有效地获取大气状态的

初值情况非常困难。同时，由于当时的计算机还处于较低的发展水平，即使在美国，所能够提供的最优秀的计算机也无法满足数值天气预报对于偏微分方程求解的需求。

时至今日，天气预报相关领域的理论研究、高性能的超级计算机和全球性的共享气象观测网经过了几十年的发展完善，使得当前数值天气预报的发展水平已大大超乎了人们以前的想象。科研人员不仅能够通过计算机制作全球性的气象趋势预报，甚至一些局部的，生命期短至几分钟、几小时的强天气精细化预警也已成为气象业务预报的新的组成部分。

随着数值天气预报技术的应用越发多元化，关于数值天气预报的性能分析与评价方法也得到了显著发展。本节主要介绍数值天气预报的性能发展概要，并以欧洲中期天气预报中心为例简要介绍较为常见且具有一定普适性的数值天气预报评价指标，从而对近年来全球数值天气预报的总体情况给出概要性介绍。

2.3.1 数值天气预报的性能发展概要

19 世纪末至 20 世纪上半叶，气象学家通过理论论证，提出了物理学中的部分运动学、热力学等定律能够被用来制作天气预报。首先，他们的科学实验证明了对大气状况的预报可以被视作数学物理的初值问题，未来的天气可以通过偏微分方程的向前积分，得出未来的天气系统演变趋势。其次，实验分析也给出了偏微分方程求解所需要的运算量。最后，美国气象学家 E. N. Lorenz 在使用计算机模拟未来天气时发现，对于天气系统而言，初始条件的微小改变会显著影响运算结果。E. N. Lorenz 在 1963 年的一篇名为《决定论的非周期流》的论文里根据大气运动规律，提出了一个简化的数学模型。如今，这一数学模型已成为混沌理论的经典，也是“巴西蝴蝶扇动翅膀在美国德克萨斯引起飓风”一说的肇始。

在具体的时间、空间性能上，数值天气预报技术已经演变成为每天可以求解从初始时刻到未来 72h 至未来数周（甚至数月之后）、每个时间步长有着数亿个空间格点、综合考虑空间尺度从几百米延伸到几千公里的动力学、热力学、辐射和化学过程的一组非线性微分方程组，提供广至全球、细至某一县乡局部，时间尺度覆盖几秒到几周的天气变化预报。经过近几十年的努力，最初的科学猜想已经变为了现实。

从有效预报的评价来看，美国国家环境预报中心数值天气预报性能的发展经历了几个重要的历史时期，如图 2-8 所示。数值天气预报的预报技巧（指将实际预报与随机预报或持续性预报作比较以衡量预报方法好坏的一种指标）在过去半个世纪间取得了非常显著的进步。例如，20 世纪 80 年代中期 72h 预报的准确程度已经与 70 年代初的 36h 预报相当，这意味着人们可以在精度水平不变的条件下实现更长时间的天气预报。

图 2-9 展示了欧洲中期天气预报中心过去 40 年间数值天气预报的发展情况。如图 2-9 所示，首先，ECMWF 的 3～10 天预报技巧大约每 10 年可以提高 1 天（而今 144h 的预报技巧已接近于 10 年前 120h 预报的准确程度）。其次，受益于气象卫星数据等资料的高效实用，ECMWF 在南半球（洋面为主，观测站点稀少）的预报技巧也已经达

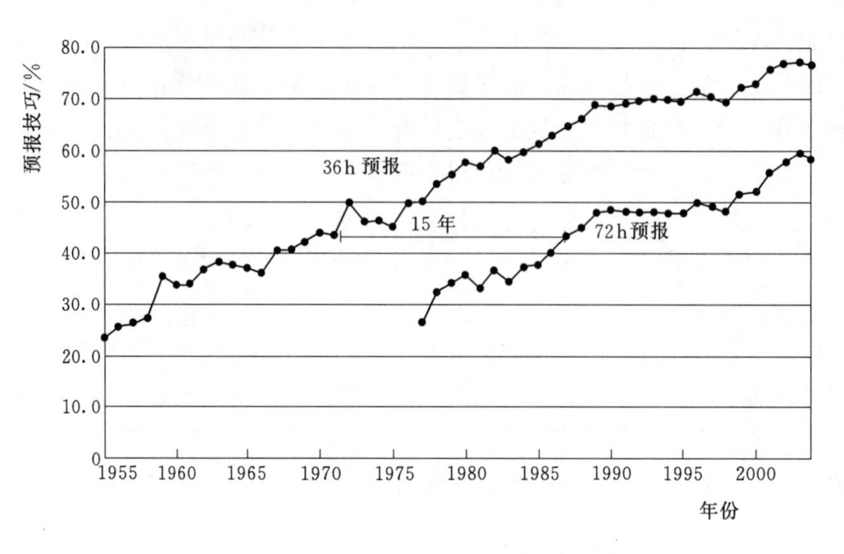

图 2-8　美国国家环境预报中心数值天气预报发展

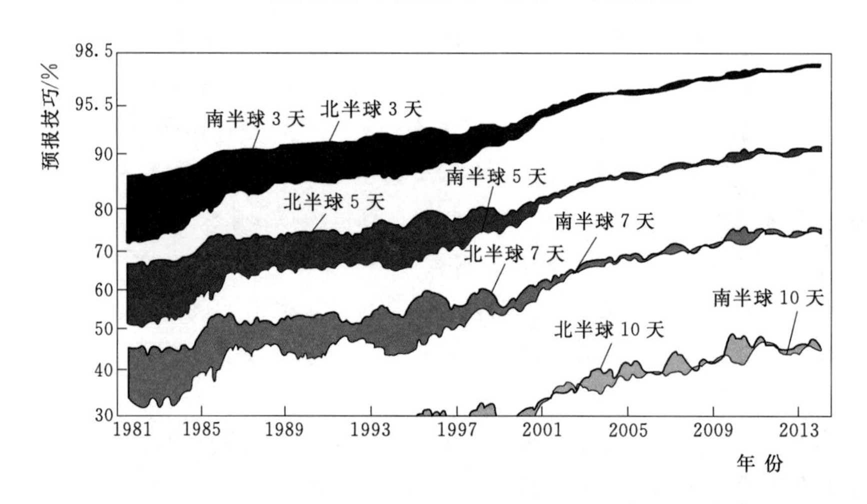

图 2-9　欧洲中期天气预报中心数值天气预报发展

到与北半球几乎相同的水平。

上述进步的取得主要得益于全球观测系统的建立与完善，以及数值天气预报动力框架和模式次网格参数化的不断进步。

全球观测系统（the global observing system，GOS）由在陆地和海洋、飞机、环境卫星及其他平台上进行观测的设施组成，是为提供全球范围的可靠气象观测资料，为制作天气分析、预报和警报以及为世界气象组织计划、相关国际组织计划，进行气候监测和环境活动提供在地球表面及外空进行的大气和海洋表面状态而设立的。由 GOS 提供的气象、环境全球同步观测是改进和优化全球模式的必要前提，同时也是资料同化技术发展的先决条件。通过资料同化技术，数值天气预报能够获得更加准确的初始条件，从而大幅提高模式的模拟、预报精度。

动力框架的完善则主要表现在各国业务预报模式已由多尺度多模式动力框架阶段进

入多尺度一体化模式动力框架阶段，至 20 世纪 90 年代，数值天气预报的动力框架部分已相当成熟，并转化为一个纯粹的数学求解问题。

在模式的次网格过程参数化研究方面，20 世纪 60 年代中期一批有影响力的参数化方案相继提出并成功应用于许多数值天气预报模式，此后的参数化研究也一直受到重视。次网格过程的参数化对于数值天气预报精度改善至关重要。但目前仍有许多大气运动的物理机理未被人类所认识，还有部分物理过程的参数化方案还不够完善。总体而言，次网格过程参数化方案的研究将对未来的数值天气预报发展起到最直接的促进作用。

2.3.2 常见的数值天气预报评价指标

观测实验、数值模拟和理论研究是大气科学研究的三类主要技术手段。其中，观测实验的作用不仅在于发现科学事实，为理论研究提供基础，还包括了数值模拟的检验与评价。大气科学中，数值模拟技术研究的重要检验标准是能否针对某一重要的天气过程，给出有效并尽可能准确的预测；同时，这一相对精确的预报水平在一定时间段内是稳定的。

不难看出，关于天气预报的准确性问题，包含了空间（能否准确预报强天气落区）、时间（强天气的持续时间与时序特点），以及历次同类天气过程的准确性稳定水平。因此，如今的数值天气预报已经发展出一套相对成熟的评价指标体系，用于定量地评估一系列的天气过程、天气现象的预报可信度。值得一提的是，这一评价指标体系不仅是通过统计学方式给出的，而且也在一定程度上反映了经典物理学定律及由其所获得的理论知识的应用，在科学领域具有重要而深远的意义。很明显，这一体系的成功既对数值天气预报发展有所促进，也对新能源预测的评价与应用产生了积极的影响。

以 ECMWF 为例，通过对近年来公开发布的 ECMWF 的预报性能分析，对数值天气预报的性能检验方法与技术体系给出概要性介绍。

ECMWF 是一个包括 34 个国家支持的国际性组织，是当今全球独树一帜的国际性天气预报研究和业务机构。其前身为欧洲的一个科学与技术合作项目。1975 年 ECMWF 正式成立，总部设在英国。ECMWF 于 1979 年 8 月 1 日开始正式发布中期数值天气预报，主要为其成员国提供中长期的数值预报产品，也为发展中国家和不发达国家预报极端天气提供支持。ECMWF 的数值天气预报水平在世界上处于超一流水准的位置，世界各国的天气预报业务中心大多引进了他们提供的数值预报产品。

在评分技巧方面，ECMWF 技术咨询委员会规定了一组（包括 2 个主要评分和 4 个补充评分）能够突出不同方面预报技巧的评分指标，用于检验其预报系统的整体性能。

两个主要评分包括：①针对高分辨率确定性预报，北半球副热带 500hPa 位势高度的距平相关达到 80%，该检验基于分析资料；②针对集合概率预报，北半球副热带 850hPa 温度的连续分级概率评分（continuous ranked probability score，CRPS）达到 25%，该检验基于再分析资料（reanalysis data）。这套再分析资料称为 ERA－Interim，是 ECMWF 继 ERA40 之后推出的一套新的再分析资料。这套数据集通过四维资料同化系统同化了数值天气预报、地面观测、卫星观测等信息，具有空间分辨率高、时间跨度长等优点，通常被用作为历史观测信息的替代品。在很多研究中，再分析资料可视为真实数据。

四个补充评分指标分别为：①高分辨率确定性预报 24h 累积降水在副热带的 SEEPS 评分达到 45%，该检验基于气象观测站点的实际降水观测资料；②集合概率预报 24h 累积降水在副热带的 CRPS 评分达到 10%，该检验基于气象观测站点的实际降水观测资料；③高分辨率确定性预报的热带气旋第 3 天位置误差；④预报第 4 天 10m 风速的极端天气预报指数（extreme forecast index，EFI）技巧，该检验基于欧洲区域气象观测站点的实际观测资料。

由此可见，检验一个数值天气预报模式是否准确有效至少会包括大气环流的准确性检验（又称形势场检验）、关键预报要素检验（降水、气温等）、重要天气系统检验（热带气旋等）以及极端天气检验。这些检验之间主要为递进关系，逻辑严谨并相辅相成，最终构成业务化体系不断迭代发展的标志与依据。

2.4　本章小结

本章主要介绍了数值天气预报的类别、新能源预测的应用需求与应用场景以及数值天气预报的性能发展概况等内容。

数值天气预报技术的研究覆盖面较广，发展至今已经形成了一套非常严谨、复杂的科学体系。然而，从新能源预测的研发与应用的角度看，过于专业化、繁复的模式类别不免容易令人混淆。而今，新能源预测技术的应用场景越来越复杂，应用需求也日趋严苛。已有研究成果，如统计学方法、人工智能法在新能源预测中的应用局限日益显现。长远来看，新能源预测技术与数值天气预报技术的联系将会越来越紧密，新能源预测在时间尺度、空间尺度以及预测技巧方面的提升将使得更多类别的数值天气预报方法被引入到新能源预测技术框架里来。

在数值天气预报的各个类别中，与新能源预测技术联系最为紧密的主要是中尺度区域模式以及由中尺度区域模式发展起来的各类面向特定天气现象、天气过程的模式。中尺度区域模式是新能源短期预测的基础与必要前提，但随着新能源短期预测概念的扩展，中尺度区域模式的预报时效也开始面临挑战。尤其是当新能源短期预测的时间要求为一周乃至更长时，中尺度区域模式将难以保证预测精度，这时需要考虑引入气象延伸期预报等概念，依据应用场景提出改进的短期预测技术方案。

气候模式可实现未来几个月、几年甚至更长时期的气候演变趋势模拟，理论上可以满足风电场、光伏电站全生命周期内不同阶段的电量估计，但气候模式通常分辨率较粗，且不同国家给出的气候趋势估计往往差别显著。为此，应用集合预报方法对不同来源的气候模式结果进行综合，可以获得比单一模式更为优越的分析结果。

新能源概率预测和事件预测的研究略晚于更为常规的短期、超短期预测，但它们的应用前景和实际价值已经获得了广泛的肯定。本章在总结新能源概率预测、事件预测阶段性成果的同时，还讨论了数值天气预报产品的应用可能性。其中，集合预报以及寒潮、台风、沙尘暴、雾霾等重大天气过程预报产品的应用价值最为直观。

最后，本章还对数值天气预报的性能发展进行了总结。近年来，数值天气预报的技巧显著提升，全球性观测资料与模式关键技术共享使得全球范围内数值天气预报业务系统不断取得突破，有力地推动了数值天气预报产品在能源等领域的商业化应用。尽管大气科学领域存在诸多科学难题亟待解决，但现阶段数值天气预报成果的应用价值尚未得到充分利用，数值天气预报产品的理解与深化应用仍有可能在新能源预测技术发展中发挥积极作用。

参 考 文 献

[1] Bauer P，Thorpe A，Brunet G. The quiet revolution of numerical weather prediction. [J]. Nature，2015，525 (7567)：47 - 55.

[2] 陈德辉，薛纪善．数值天气预报业务模式现状与展望 [J]. 气象学报，2004，62 (5)：623 - 633.

[3] 陶祖钰，熊秋芬，郑永光，等．天气学的发展概要——关于锋面气旋学说的四个阶段 [J]. 气象学报，2014，72 (5)：940 - 947.

[4] 杜正静，何玉龙，熊方，等．滇黔准静止锋诱发贵州春季暴雨的锋生机制分析 [J]. 高原气象，2015，34 (2)：357 - 367.

[5] 陈泽宇，胡隐樵，言穆弘，等．半拉格朗日、半隐式欧拉方程组大气数值模式研究 [J]. 大气科学，2000，24 (6)：804 - 820.

[6] 王澄海，隆霄，杨毅．大气数值模式及模拟 [M]. 北京：气象出版社，2011.

[7] 杨学胜，陈德辉，张红亮，等．非静力中尺度模式的现状及发展趋势 [J]. 气象，2004，30 (1)：3 - 7.

[8] 颜鹏，李维亮，秦瑜．近年来大气气溶胶模式研究综述 [J]. 应用气象学报，2004，15 (5)：629 - 640.

[9] Willoughby H E，Rappaport E N，Marks F D. Hurricane Forecasting：The State of the Art [J]. Natural Hazards Review，2007，8 (3)：45 - 49.

[10] Monteiro C，Bessa R，Miranda V，et al. Wind power forecasting ：state - of - the - art 2009. [J]. Office of Scientific & Technical Information Technical Reports，2009，32 (2)：124 - 130.

[11] 王启光．数值模式延伸期可预报分量提取及预报技术研究 [D]. 兰州：兰州大学，2012.

[12] 李俊，纪飞，齐琳琳，等．集合数值天气预报的研究进展 [J]. 气象，2005，31 (2)：3 - 7.

[13] 夏凡，陈静．基于 T213 集合预报的极端天气预报指数及温度预报应用试验 [J]. 气象，2012，38 (12)：1492 - 1501.

[14] 孙国武，信飞，孔春燕，等．大气低频振荡与延伸期预报 [J]. 高原气象，2010，29 (5)：1142 - 1147.

[15] 金荣花，马杰，毕宝贵．10～30 d 延伸期预报研究进展和业务现状 [J]. 沙漠与绿洲气象，2010，4 (2)：1 - 5.

[16] 陈官军，魏凤英．基于低频振荡特征的夏季江淮持续性降水延伸期预报方法 [J]. 大气科学，

2012，36 (3)：633-644.

[17] 孙照渤．短期气候预测基础 [M]. 北京：气象出版社，2010.

[18] 魏凤英．我国短期气候预测的物理基础及其预测思路 [J]. 应用气象学报，2011，22 (1)：1-11.

[19] 魏凤英，韩雪，王永光，等．中国短期气候预测的物理基础及其方法研究 [M]. 北京：气象出版社，2015.

[20] 智协飞，林春泽，白永清，等．北半球中纬度地区地面气温的超级集合预报 [J]. 气象科学，2009，29 (5)：569-574.

[21] 林春泽，智协飞，韩艳，等．基于 TIGGE 资料的地面气温多模式超级集合预报 [J]. 应用气象学报，2009，20 (6)：706-712.

[22] 张昭遂，孙元章，李国杰，等．计及风电功率不确定性的经济调度问题求解方法 [J]. 电力系统自动化，2011，35 (22)：125-130.

[23] 阎洁，刘永前，韩爽，等．分位数回归在风电功率预测不确定性分析中的应用 [J]. 太阳能学报，2013，34 (12)：2101-2107.

[24] 基于风过程方法的风电功率预测结果不确定性估计 [J]. 电网技术，2013，37 (1)：242-247.

[25] 王勃，刘纯，张俊，等．基于 Monte-Carlo 方法的风电功率预测不确定性估计 [J]. 高电压技术，2015，41 (10)：3385-3391.

[26] 崔明建，孙元章，柯德平．基于原子稀疏分解和 BP 神经网络的风电功率爬坡事件预测 [J]. 电力系统自动化，2014，38 (12)：6-11.

[27] 别朝红，安佳坤，陈筱中，等．一种考虑时空分布特性的区域风电功率预测方法 [J]. 西安交通大学学报，2013，47 (10)：68-74.

[28] Lobo M G，Sanchez I. Regional Wind Power Forecasting Based on Smoothing Techniques，With Application to the Spanish Peninsular System [J]. IEEE Transactions on Power Systems，2012，27 (4)：1990-1997.

[29] 王宇，钟琦．欧洲中期天气预报中心（ECMWF）2014 年预报性能 [J]. 气象科技进展，2015 (4)：68-69.

[30] 赵天保，符淙斌，柯宗建，等．全球大气再分析资料的研究现状与进展 [J]. 地球科学进展，2010，25 (3)：242-254.

[31] 谢潇，何金海，祁莉．4 种再分析资料在中国区域的适用性研究进展 [J]. 气象与环境学报，2011，27 (5)：58-65.

[32] 高路，郝璐．ERA _ Interim 气温数据在中国区域的适用性评估 [J]. 亚热带资源与环境学报，2014，9 (2)：75-81.

[33] 潘晓滨，何宏让，王春明. 数值天气预报产品解释应用 [M]. 北京：气象出版社，2016.

第3章　新能源功率预测方法与数据需求

新能源功率预测包括超短期预测、短期预测、概率区间预测、区域预测、事件预测，以及中长期发电量预测等不同类别。与单纯以数据为基础的预测研究不同，新能源功率预测不仅要考虑局地气象条件、地形等外部环境的影响，还要深入了解新能源发电的原理和风电场、光伏电站的运行特点。同时，新能源功率预测与电网运行或电力交易的实际需求相对应，预测方法既要能够揭示现象特征，又要衔接应用需求。

短期和超短期预测是目前新能源功率预测中应用最为广泛、技术相对成熟的两类。其中，短期预测的关键问题是如何有效地利用数值天气预报产品，在考虑数值天气预报不确定性和风电场、光伏电站转化效率等因素的前提下，给出未来1～3天的确定性预测；超短期则重点研究历史运行数据的短时波动规律，当区域内新能源装机足够大且风电场、光伏电站的空间位置较为分散时，新能源的空间平滑效应会使得区域新能源运行数据的时序变化趋于平缓，更有利于得到相对可靠的预测模型。

概率区间预测、事件预测、中长期预测等预测形式的出现，对新能源功率预测研究提供了新的动力，单纯依靠历史资料的预测模型已无法满足实际应用，因而使得许多新颖的技术思路应运而生。例如，不同风过程或不同天气状况下的概率区间预测方法以及台风、雾霾等复杂条件下的事件预测方法等研究工作，进一步地丰富了新能源功率预测的内涵。总体而言，通过数值天气预报的深层次应用，能够提升新能源功率预测的实用化水平。

本章首先对新能源功率预测的典型技术路线、时间与空间要求等内容进行概要性分析，然后对比预测方法的差别，阐明数值天气预报产品与新能源功率预测应用之间的联系。之后通过对新能源短期预测方法及数据需求、复杂条件下的新能源短期功率预测等内容的讨论，给出数值天气预报在新能源功率预测中的应用场景，从而较为清晰地阐述当前乃至未来一定时期新能源功率预测对于数值天气预报产品深层次应用等方面的实际需求。

3.1　新能源功率预测方法概述

风力发电和光伏发电受局地环境、气候影响大，具有随机性强、波动性强、惯性差等特点。如我们所知，风力发电和光伏发电不仅对于风能资源和太阳能资源的变化十分敏感，实际运行中还会受到局地气象条件、自然环境等不同类别因素的影响。通常情况下，不同类别的新能源功率预测中各个类别影响因素的作用不尽相同。例如，风速、风

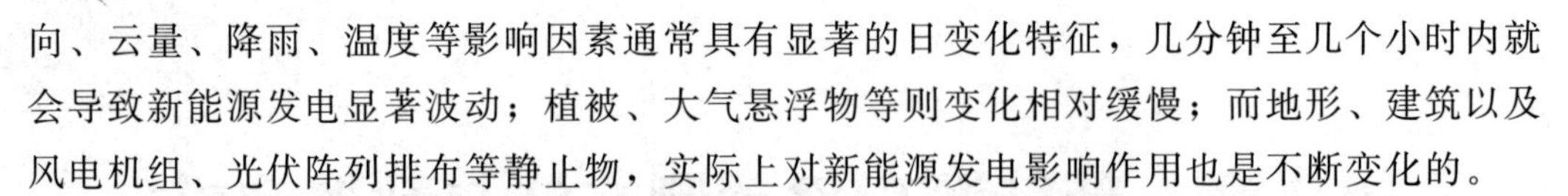

向、云量、降雨、温度等影响因素通常具有显著的日变化特征，几分钟至几个小时内就会导致新能源发电显著波动；植被、大气悬浮物等则变化相对缓慢；而地形、建筑以及风电机组、光伏阵列排布等静止物，实际上对新能源发电影响作用也是不断变化的。

新能源功率预测方法间的主要区别取决于上述复杂影响因素的处理与应用技术。部分情况下，新能源功率预测的分类并不在于统计模型与物理模型的区别，而是实质上某一预测模型能够同时处理多少影响因素变量。然而，部分因素的影响机理过于复杂，将其引入新能源功率预测模型会对预测建模造成干扰。另外，如局地性的短时降水等现象的预报效果尚且不尽如人意，其对新能源发电的影响很难提前预知。因此，新能源功率预测方法的实质在于历史信息的充分挖掘，进而针对特定的预测对象，给出具有长期普适性的预测模型。

3.1.1　典型技术路线

在建立风力发电或光伏发电预测模型时，通常需要进行细致的风能资源、太阳能资源时空特征分析研究，结合历史同期的风电场、光伏电站运行信息及自然环境，对不同条件下风电场、光伏电站的运行规律进行量化归纳，进而建立预测模型。在预测模型的输入信息方面，一般情况下优先考虑输入信息的重要性，其次为输入信息的可预测性和预测效果，最终交由检验环节对输入层的参数类型进行筛选与确定。上述实质上是对影响新能源发电的因素进行逐一诊断，保留其中部分影响因素，并组成形式为数组或矩阵的预测模型输入层。

由影响因素的预报时效特点，风力发电和光伏发电预测主要包括短期预测、超短期预测等。其中，短期功率预测将有助于电网调度部门统筹安排常规电源和新能源发电计划，有效降低电力系统的旋转备用容量和运行成本。超短期功率预测则主要应用于调度计划实时调整，控制发电机组运行状态，有效减轻高渗透率新能源接入对电力平衡的不利影响。它们的技术路线差别较大，其中超短期预测一般以统计方法为主，而短期预测则与数值天气预报的联系更为紧密。

取决于新能源短期预测的尺度要求，一般情况下，使用中尺度数值天气预报的功率预测物理模型要优于仅考虑时间序列特征的统计模型。因此，绝大多数面向电网调度机构的新能源短期预测采用了物理模型为主要技术的实现途径。有些情况下，预测模型采用了物理与统计相结合的方法。

技术路线方面，新能源短期功率预测典型技术路线示意图如图3-1所示，典型的新能源短期功率预测技术路线一般包含三个输入部分：①风电场、光伏电站的实时监测部分，包括数据采集与监控系统（supervisory control and data acquisition，SCADA）提供的风电场、光伏电站实时运行监测数据，以及风电场、光伏电站实时气象要素监测数据等；②中尺度预报部分，由中尺度数值模式提供的定制化局地风能、太阳能资源短期预测产品，以及其他与风电场、光伏电站运行相关的气象要素短期预测产品；③地形、环境部分，包括地形、地貌信息以及风电机组、光伏阵列排布特点等。

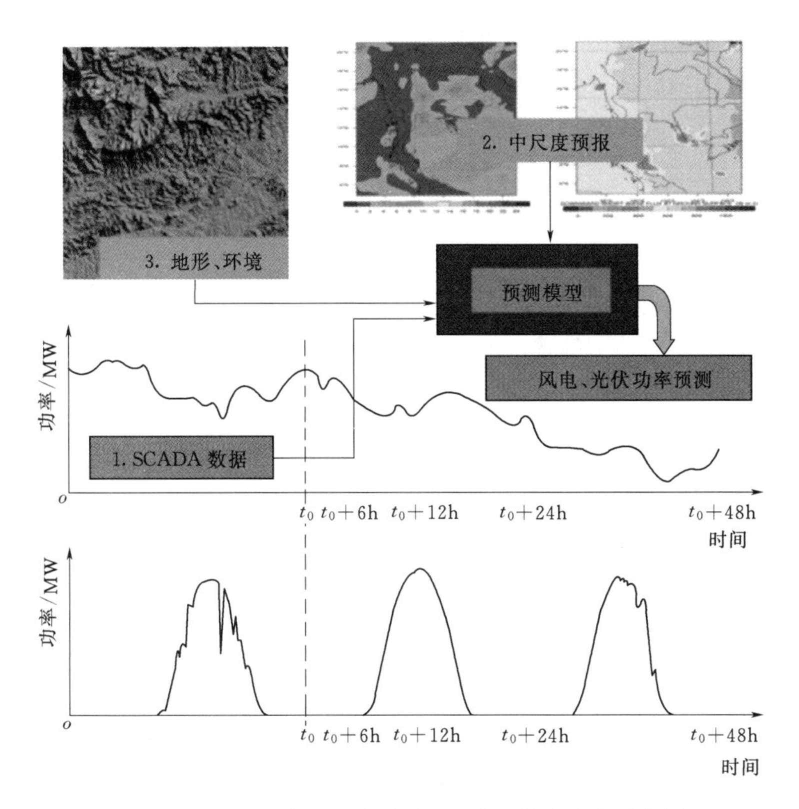

图 3-1 新能源短期功率预测典型技术路线示意图

风电场、光伏电站有功功率与历史同期气象要素资料之间的统计关系是预测模型的建模基础，用于量化地分析风电场、光伏电站的实际风能、太阳能资源转化能力。

实际工作中，关于风电或光伏发电短期预测的优化工作，需要注意或值得探讨的环节主要如下：

(1) 风电机组或光伏逆变器输出功率的时空非均匀性分析及预测。

(2) 风、总辐射等预测模型输入的误差时序规律分析。

(3) 风电场、光伏电站功率预测误差的时序规律分析。

(4) 风电场、光伏电站短期功率预测误差自适应校正。

(5) 风电场、光伏电站短期功率预测多模型应用。

需要指出的是，在风和总辐射等预测模型输入量中，气象要素的短期预测误差分析应与数值天气预报产品研发及释用充分结合，从而借助统计或动力释用方法，给出不断更新、优化的气象要素分析产品；短期功率预测误差的自适应校正则应与风电、光伏发电功率预测系统的研发相结合，实现短期功率预测结果的动态更新；而应用不同来源的数值天气预报产品和差异化短期预测模型也非常必要。

相比于短期预测和超短期预测，新能源的区域预测、概率区间预测、事件预测和中长期预测等研究与应用起步略晚，建模方法通常情况下也略为复杂。区域预测方法和概率区间预测方法可以看作单个风电场、光伏电站确定性预测的提升和补充，能够针对某

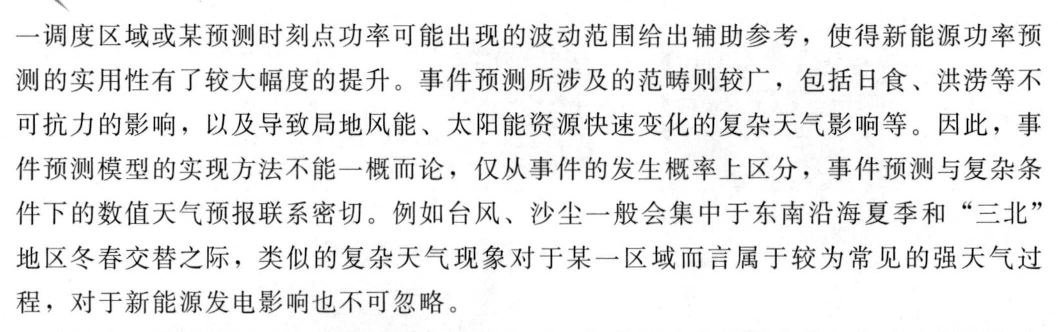

一调度区域或某预测时刻点功率可能出现的波动范围给出辅助参考，使得新能源功率预测的实用性有了较大幅度的提升。事件预测所涉及的范畴则较广，包括日食、洪涝等不可抗力的影响，以及导致局地风能、太阳能资源快速变化的复杂天气影响等。因此，事件预测模型的实现方法不能一概而论，仅从事件的发生概率上区分，事件预测与复杂条件下的数值天气预报联系密切。例如台风、沙尘一般会集中于东南沿海夏季和“三北”地区冬春交替之际，类似的复杂天气现象对于某一区域而言属于较为常见的强天气过程，对于新能源发电影响也不可忽略。

因此，从新能源功率预测的技术发展来看，新能源功率预测中的短期功率预测方法和实现步骤更具代表性，短期功率预测方法的进一步发展将对其他类别的预测方法起到重要的推动作用。

3.1.2　时间与空间要求

新能源功率预测的时间尺度分类主要包括超短期功率预测、短期功率预测和中长期功率预测等。其中，超短期功率预测的时效为自预测发布时间起未来 15min～4h 的有功功率预测，短期功率预测的时效多数情况下为次日 0h 至未来 72h 的有功功率预测，两者所要求的时间分辨率均为 15min。部分情况下，短期功率预测的时效会延长至未来 4～7 天，极少部分情况可能会将短期功率预测的时效延长至 7 天以上。

新能源的中长期预测一般指时间尺度从 1 周到几个月的中期预测，以及时间尺度为年的长期预测。在新能源中长期预测中，预测结果的时间分辨率也会有所变化，一般会由短期、超短期功率预测中的 15min 时间分辨率变更为小时、天、月等，预测对象也会相应地变化，例如由有功功率的预测转变为月度或更长时间尺度的电量预测。

在空间方面，新能源功率预测的最小单位为单个风电场、光伏电站。通常情况下，电网调度机构的新能源功率预测系统还要求能够实现其调度管辖范围内全体风电场、光伏电站的有功功率预测，因此，新能源功率预测系统需要具备一定的灵活性，可对预报对象的空间范围进行配置，形成新能源区域预测。

新能源的区域预测一般包括两种主要形式：①调度管辖范围内全体风电场、光伏电站的有功功率预测；②由部分风电场、光伏电站组成的指定区域的新能源有功功率预测。两者在预测方法上一般没有本质差异，但由于所需处理的风电场、光伏电站数量差别很大，使得新能源发电的空间平滑效应也有了很大变化，因而在建立预测模型的细节上可能存在一定的不一致。另外，由于区域预测涵盖的风电场、光伏电站装机容量不同，其确定性预测的评价方法也不可能完全一致，因而在预测结果的进一步校正等环节会由于空间要求的差异而有所变化。

3.1.3　数值天气预报与新能源功率预测的关系

数值天气预报为新能源功率预测提供了重要的气象要素预报信息，在现有的短期、超短期预测方法中，均可以看到数值天气预报所发挥的作用。从应用角度看，无论是风

电场、光伏电站的功率预测，还是调度端的新能源功率预测，数值天气预报已成为新能源功率预测的关键数据源，越来越受到关注。其中，短期功率预测与数值天气预报产品的关系更为密切，其原因有以下方面：

（1）超短期功率预测通常情况下仅采用历史数据，通过历史数据的规律分析，建立预测模型，所采用的方法主要包括持续法、ARMA 法、线性回归法、卡尔曼滤波法、人工神经网络法以及自适应模糊逻辑法等。受方法自身因素以及风能、太阳能变化特性等因素的综合影响，超短期功率预测的误差随预见期延长而显著增大。综合国内外文献可知，超短期功率预测的有效预报时长一般不超过 6h。

（2）为使新能源功率预测与电力调度、电力市场交易等需求相适应，短期功率预测的时间要求为预测结果时间序列长度能够达到 72h。借助数值天气预报，新能源功率预测能够达到这一性能要求。

（3）针对短期功率预测的时间要求，风电场、光伏电站所在区域不仅风能、太阳能会发生显著变化，其他影响发电功率的因素也可能发生较大变化。其中，具有代表性的物理参数包括空气密度、环境温度、相对湿度、假相当位温、垂直风切变等。风电场、光伏电站内采集的历史数据中一方面无法将上述信息全部囊括；另一方面，采用统计方法、人工智能模型等方式并不能给出上述信息的准确预测。

因此，新能源功率预测中，短期功率预测极大地依赖于数值天气预报产品。换言之，数值天气预报产品的性能水平与应用技巧，也将极大地影响到新能源功率预测的最终应用。

鉴于上述分析，将主要围绕新能源短期预测方法、新能源短期功率预测的数据需求等主题，较为详细地阐述数值天气预报在新能源短期功率预测中的应用。

3.2 新能源短期功率预测方法

新能源功率预测技术旨在提高新能源场站或区域功率的可预见性。新能源发电预测已逐步发展成为电力系统调度运行中的重要组成部分，在缓解电力系统调峰、调频压力，提高新能源消纳等方面发挥重要作用。其中，短期功率预测是日常发电计划制定与调度决策的重要依据，预测精度要求较高，需要尽可能清晰、准确地预报未来 72h 新能源场站或区域的功率变化趋势。本节将对风电、光伏短期功率预测的基本原理和方法以及短期功率预测评价体系进行介绍。

3.2.1 风电短期功率预测的原理与方法

风电功率预测是指根据风速及相关因素的历史数据和当前状态，定性或定量地推测其此后的演化过程。按照模型输入的区别，风电功率预测可以分为基于历史数据的统计外推模型和基于数值天气预报的预测模型。统计外推模型通过归纳历史数据的统计规律外推得到未来一段时间的功率预测值，已有研究表明，统计外推模型的预测误差随着预见期延长而显著增大，无法满足长达 72h 的短期预报时效要求。而借助于数值天气预报的预测模型能够有效地延长功率预测的预见期，逐步发展成为主流的风电短期功率预测方法。

国外的风电功率预测研究开始于 20 世纪 80 年代，已经形成了相对成熟的预测方法和技术，并且开发了相应的风电功率预测系统。其中，丹麦 Risø 国家实验室开发的 Prediktor 预测系统是全球第一款基于物理模型的业务化风电功率预测软件，其数值天气预报系统采用高分辨率的有限区域模型，结合地心自转定律和风速对数分布图，获取某一点的地面风速，利用 WAsP 软件通过考虑风电场附近障碍物、粗糙度的变化等因素获取更高分辨率的风速预测结果。德国奥尔登堡大学开发的 Previento 预测系统综合考虑了当地粗糙度和地形因素，并利用制造商提供的风电机组功率曲线，将预测风速映射得到输出功率。西班牙的 LocalPred 预测系统则采用 MM5 中尺度模式与流体力学软件相结合的方式预测气象场，再利用统计方法进行预测风速的修正，得到精度较高的预报风速场。美国 TRUEWIND 公司开发的 EWind 工具则基于气象模式系统采用统计方法和物理方法进行预测。此外，比较著名的风功率预测系统还有德国 ISET 开发的 WPMS 预测系统，丹麦的 WPPT 和 Zephyr 预测系统，以及英国 GarradHassan 公司开发的 GH Forecaster 系统，以及法国的 AWPPS 系统等。

相比之下，国内的风电功率预测研究起步较晚，但已有不少系统投入了实际生产运行。其中，中国电力科学研究院开发的 WPFS 风力发电功率预测系统已投入运行多年，在我国大多数省份均取得了实际应用，该系统以数值天气预报数据、测风塔数据、场站运行数据为基础，采用多种统计方法，可以实现未来 72h 的风力发电功率预测。中国气象局公共服务中心研发的 WINPOP 风电功率预报系统也已在河北、甘肃等地风电场正常运行。此外，国内华北电力大学、清华大学、湖北省气象服务中心、南瑞集团等单位开发的风力发电功率预测系统也得到了实际应用。

常规的短期功率预测需求主要包括单个风电场的功率预测、区域风电场集群预测以及概率区间预测等，可以从单站预测、区域预测和概率区间预测三个方面分别介绍风电短期功率预测的一般原理和方法。

3.2.1.1　单站预测

常用的短期风电功率预测就技术而言主要分为物理方法和统计方法，物理方法以数值天气预报（numerical weather prediction，NWP）提供的预报结果为基础，通过分析风电场区域的微尺度特征，处理得到风电场区域内的精细化气象预报信息，最后结合风电机组的功率特性曲线，得到风电场的短期功率预测结果。统计方法以历史数据为基础，包括 NWP 生产的气象要素时间序列数据、历史气象数据和风电场实际采集功率时间序列数据，运用数理统计方法，建立气象要素与功率之间的映射关系，结合未来风电场 NWP 短期预报结果，实现风电场短期功率预测。

无论是物理方法还是统计方法，数值天气预报数据均是风电短期功率预测模型的重

要输入。将数值天气预报提供的风速、风向、气温、气压等气象要素的0～72h预报值进行精细化释用，输出高精度的局地预报结果，则是保证预测精度的关键环节。这种局地预报结果往往要求是可以指定到任意经纬度点的，一般与代表性的风电机组或风电场测风塔所在位置相关联。

1. 物理方法

（1）基本思路。采用物理方法进行风电短期功率预测，主要包括以下步骤：

1）收集风电场地理信息、风电机组电气特性、风电场内风电机组排布等基础信息，采集风电场历史运行功率数据。

2）利用中尺度数值天气预报模式，获取风速、风向、气温、湿度、气压等气象要素的初始预报值。

3）结合风电场基础信息，对数值天气预报结果进行进一步解释应用，推导得到各台风电机组轮毂高度处气象要素预报结果。

4）基于风电机组性能参数、风电场气象数据及运行数据，建立风电转化模型。

5）将风电场气象要素量化结果输入风电转化模型，经过系统误差修正，得到风电场短期功率预测结果。

图3-2描述了基于物理方法的短期风电功率预测算法流程。可以看出，对数值天气预报产品的进一步解释应用是物理方法的一个关键环节。这是由于数值天气预报的预报信息是由全局模型生产的覆盖风电场区域的网格点数据，受分辨率限制，无法详细描述风电场内的气象要素变化特征。一方面，通过数值预报产品的统计释用技术，获取更

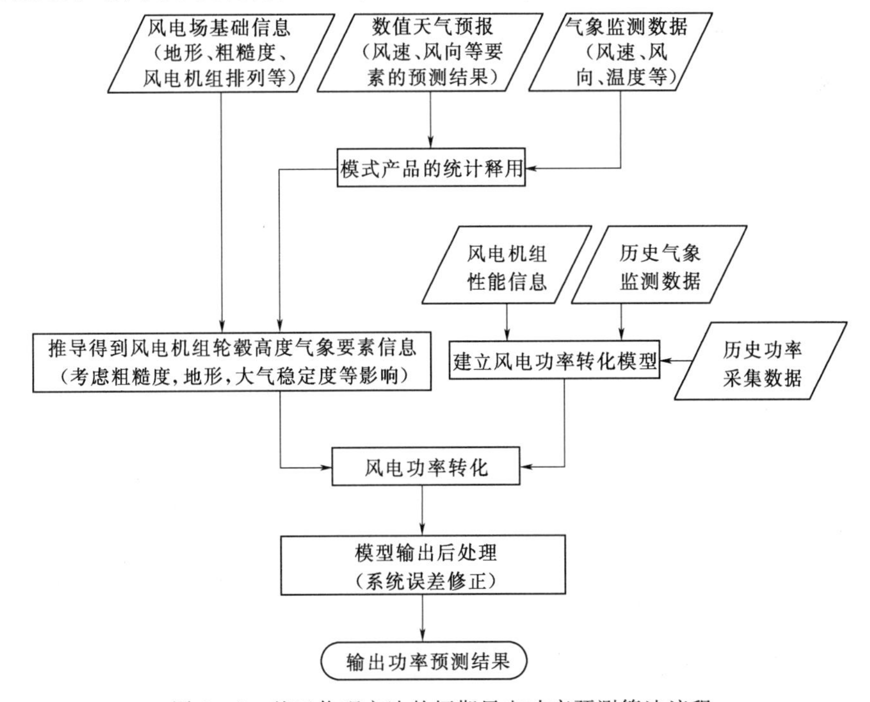

图3-2　基于物理方法的短期风电功率预测算法流程

为精确的客观定量要素预报结果；另一方面，通过必要的降尺度技术，推导得到风电机组轮毂高度处的气象要素预报结果。

风能通过风电机组转化为电能，风电转化模型的建立是短期风电功率预测的另一个关键环节。标准工况下风电机组输出功率随风速的变化曲线称为风电机组标准功率曲线，但是实际运行中的运行功率曲线与标准功率曲线有明显区别。因此，通常在建立风电转化模型时，会结合风电机组性能信息、历史气象监测数据、机组运行功率数据等信息，通过一定的统计方法建立符合实际特征的风电转化模型。

最后将推导得到的各台风电机组处的气象要素预报结果作为输入，代入风电转化模型，经过必要的后处理，得到每台风电机组的功率预测结果，进而累加形成风电场全场的功率预测结果。

（2）主要影响因素。基于物理方法的风电场短期功率预测的特点在于，结合一定的物理原理，建立合理的物理模型来表征部分影响因子对风电场内风速分布的影响，从而实现数值天气预报结果的降尺度处理。现有研究表明，影响风电场内风速分布的因素主要包括地表粗糙度、地形变化、尾流效应等。这些因素在风电场内的变化特点如下：

1）数值天气预报模式中默认下垫面粗糙度分布均匀，由均匀粗糙度下的风廓线来体现风速在近地面的垂直变化。而实际风电场的下垫面一般是非均匀的，粗糙度在到达风电机组位置前可能经历数次变化，粗糙度的变化引起边界的变化，形成多个内边界层，原有的风廓线已不适用。以来流风速经历两次粗糙度变化为例，此时风电机组位置的风廓线由三部分拼接而成，粗糙度变化下的边界层示意图如图 3-3 所示。

2）下垫面地形的波动起伏会对边界层的气流产生扰动，NWP 模式下未考虑地形起伏的影响，而实际许多风电场往往地形条件复杂且变化明显。图 3-4 显示了受到地形变化影响的中性大气对数风廓线变化情况。来流经过山坡时，在迎风面下部风速减弱，且产生上升气流；在山顶附近，流线密集，风速明显增强；而到达背风面后，风速则迅速减弱，且产生下沉气流。针对地形变化对风电场区域流场的影响，一方面可以采用基于势流理论的解析方法来进行分析；另一方面也可以采用计算流体力学方法动态模拟风电场的流场分布。

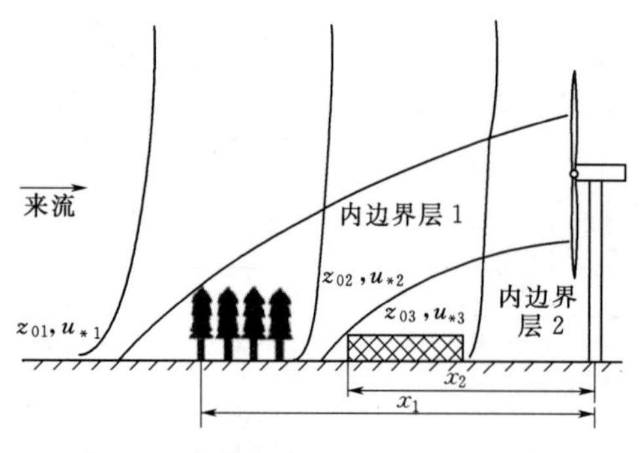

图 3-3　粗糙度变化下的边界层示意图

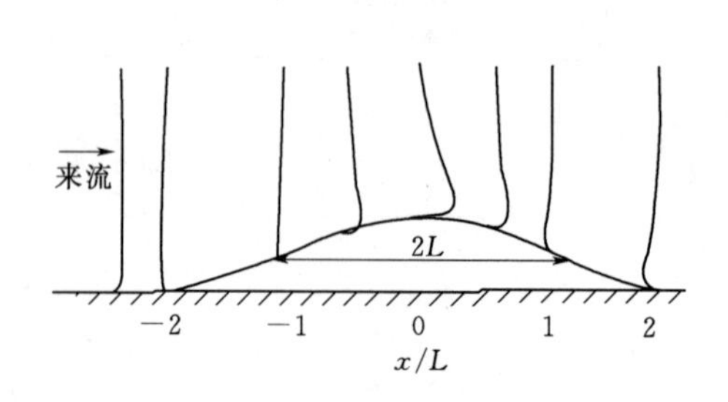

图 3-4　地形扰动下的风廓线变化示意图

3）风电机组将风能转化为机械能，当风流经风电机组后，风能会有一定程度减弱。

在风电场层面，上风向的风电机组吸收风能后，会使得到达下风向的风电机组风速减弱且产生强烈湍流，风电机组间距离越近，影响越明显，此现象称之为尾流效应，尾流效应示意图如图3-5所示。U代表风电机组迎风面入流全风速，r为风电机组桨叶直径，受风电机组影响，风速U在风电机组尾流区发生显著减弱，减弱后的风速V的大小与r及其与风电机组距离x相关，而在局地非尾流区，入流风速仍维持全风速U。尾流效应对风速的影响与风电机组的排布，风电场的地形特点以及风能转化效率等因素有关。目前，一般采用尾流模型来描述风电机组尾流结构，常用的尾流模型有Jensen模型、Larsen模型等。

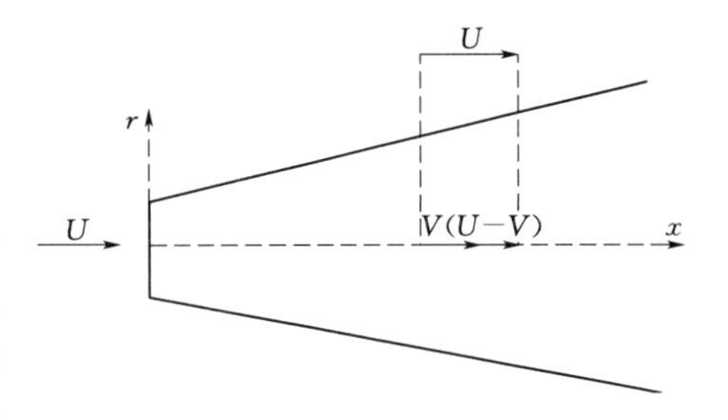

图3-5 尾流效应示意图

(3) 常用的实现方法。基于物理方法进行风电场功率预测的重点在于诸多影响因素物理模型的建立。可以通过建立适当的数学模型，通过解析求解来实现。随着计算流体力学（computation fluid mechanics，CFD）的发展，一种数值天气预报与计算流体力学相结合的风电场短期功率预测方法得到了广泛的应用。

该方法通过风电场气象要素量化建模，动态模拟风电场内的流场变化过程。实现NWP输出数据到各台风电机组轮毂高度风速、风向的精细化模拟。再结合风电机组功率曲线，计算每台风电机组的功率预测结果，累加形成全场功率预测结果。

风加速因数变化分布图如图3-6所示，该图反映了利用CFD软件计算得到的一定区域内风加速因数的变化分布。可以看出，受地形、地表粗糙度、大气稳定度等因素的影响，风速在局部会发生加强或减弱的情况，在山地地形下尤为明显。利用CFD流场模拟技术，可以克服NWP直接输出结果在局地分辨率低的缺陷，获取风电场内任意位置风电机组轮毂高度处的风速预报结果。

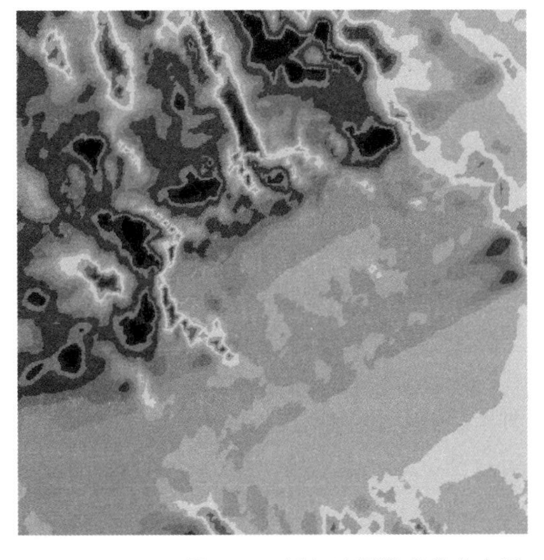

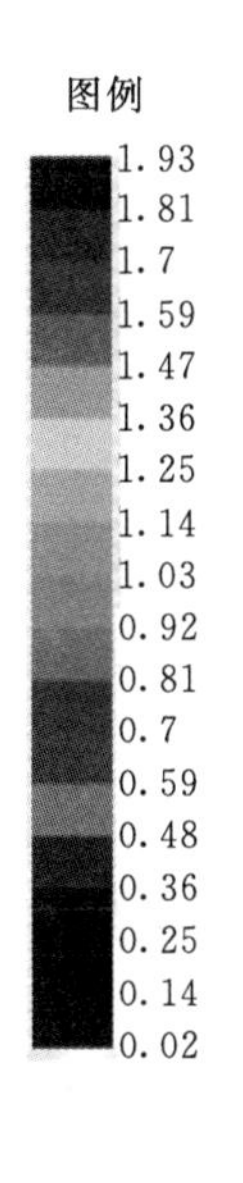

图3-6 风加速因数变化分布图

华北电力大学李莉等（2013）提出了一种基于 CFD 流场预计算的短期风速预测方法，较好地实现了 CFD 方法在短期风速预测中的应用。预测过程分为两个部分：第一部分建立风电场的流场特性数据库，针对可能出现的风电场来流条件进行 CFD 模拟，利用计算获得的流场数据，建立风电场流场特性数据库；第二部分以 NWP 预测风速、风向数据为输入，通过查询相近的来流条件来调用其对应的流场分布数据，并通过插值计算获取各台风电机组轮毂高度处的风速和风向数据，实现风速、风向的短期预报。

CFD 的核心思想是将连续的物理方程模型在空间和时间上进行离散化处理，进而通过迭代计算求得满足精度要求的“近似解”。

风电场的 CFD 模拟的一般步骤如下：

（1）确定以风电场为中心的计算区域，建立风电场及周边区域的地形和粗糙度的等高线几何模型。

（2）划分空间网格，网格数量受到计算能力限制，通常在靠近风电机组位置的网格较为密集，外围网格较为稀疏。

（3）设置入口边界条件，通常按照空气的来流方向确定计算区域的入口位置，这里指速度入口边界条件，通常以风廓线的形式体现。

（4）流场计算，求解 N－S 方程获取流场分布数据，该过程通常借助商业 CFD 软件完成，目前大多采用有限体积法进行求解。

（5）按照来流方向、风速的不同，改变入口边界条件，模拟不同来流条件下的稳态流场，即可建立包含不同来流条件下的风电场流场特性数据库。

（6）在此基础上，以 NWP 预报网格点的风速和风向数据时间序列为输入，匹配对应的流场分布数据，同时定位风电场中各风电机组的位置，采用恰当的插值方法得到风机轮毂高度处的风速、风向预报值，通过“风-功”转化曲线，计算预报时刻各台机组的输出功率预报值，经过全场累加，即可求得风电场的输出功率预测结果。

2. 统计方法

除了上述的物理方法外，风电场短期功率预测建模还可通过统计方法进行。统计方法通过分析、提取电站功率影响因素，直接建立影响因素与风电场输出功率之间的映射关系，实现风电场短期功率预测。

基于统计方法的短期风电功率预测算法示意图如图 3－7 所示，可以看出统计模型的整体思路较为简单，以数值天气预报的风速、风向、温度等气象要素预报数据与功率、风速、风向等监测数据为基础，通过一定的统计分析模型（如多元线性回归、神经网络、支持向量机等），建立预报要素与功率之间的映射关系，直接输出风电功率预测结果。

统计模块通常可以包含一种或多种不同类别的线性和非线性统计模型。其中包括传统的统计方法，这类算法通常可以建立起清晰的模型结构，例如多项式拟合、多元线性回归等。还有一些模型，可以把它看作“黑匣子”处理，这类模型包括了大多数以人工智能为基础的模型，例如人工神经网络模型，支持向量机模型等。此外，还有一类模型

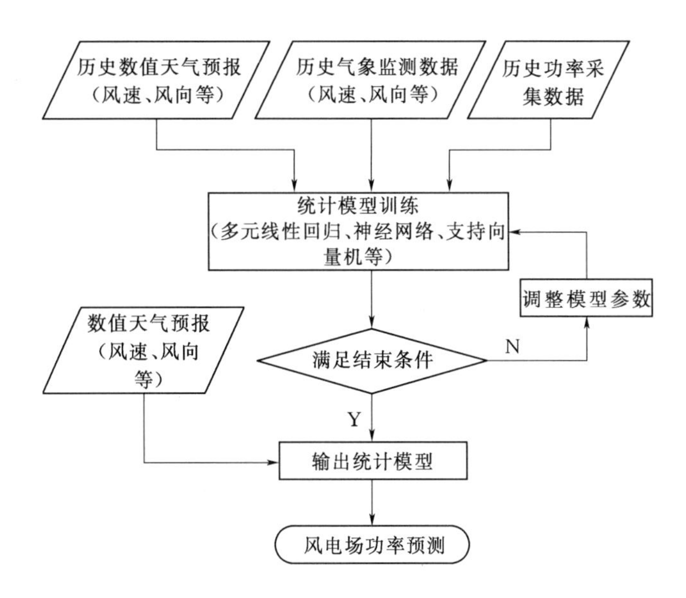

图 3-7 基于统计方法的短期风电功率预测算法示意图

可以看作“灰匣子”来处理，这类模型在分析历史数据时考虑了一些先验经验，例如日变化特征等。

目前比较常用的有多元线性回归模型、人工神经网络模型和支持向量机模型。

（1）多元线性回归模型。实际风电场输出功率往往受到多个因素的影响，多元线性回归方法通过将这些影响因素作为自变量，建立多个自变量与因变量（功率）之间的线性关系，来解释因变量的变化。假设风电场输出功率为随机变量 y，x_1，x_2，…，x_k 为影响风电场输出功率 y 的影响因子，则线性回归模型可以表示为

$$y=b_0+b_1x_1+b_2x_2+\cdots+b_kx_k+e \tag{3-1}$$

式中 b_0——常数项；

b_1，b_2，…，b_k——回归系数；

e——随机误差。

在这里的解释变量 x_1，x_2，…，x_k 是确定性变量，不是随机变量，样本容量的个数应大于解释变量的个数，同时要求随机误差项均值为 0、方差为常数，即 $e\sim N(0,\sigma^2)$。

为了保证回归模型良好的解释能力和预测效果，要求自变量之间具有一定的互斥特性，而自变量与因变量之间呈现密切的线性相关。然而由于输出功率与解释变量之间并不一定呈线性关系，这里可以将解释变量或者功率进行预处理后再利用多元回归进行建模，如 x_i 可以是原始变量的平方，y 可以为功率的自然对数等。风电场输出功率通常受风速、风向、气温、湿度、气压等气象要素以及风电场内相关电气量的影响，可以将这些影响因素处理后作为模型的解释变量。以风速为例，由风力发电原理可知，风电功率与风速并非呈线性关系，因而需要对风速变量进行预处理，以风速的三次方作为解释变量。

确定了解释变量后，便可以建立多元线性回归预测模型，实现短期风电功率预测，一般步骤如下：

1）获取 n 组样本观测数据（x_{1i}，x_{2i}，…，x_{ki}，y_i），其中 $i=1$，2，…，n，k 表示解释变量的个数。

2）多元回归模型的参数估计，常用方法是在误差平方和最小的情况下用最小二乘法或者极大似然估计方法进行求解，得到多元线性回归方程的表达式。

3）对模型作假设检验，确定模型的实用价值。

4）以数值天气预报的气象要素预报值作为输入，即可得到给定预测点的预测结果，实现风电短期功率预测。

（2）人工神经网络模型。人工神经网络（artificial neural networks，ANN）是一种模仿动物神经网络行为特征进行分布式并行信息处理的数学模型，具有自适应、自组织、自学习的能力，在预测领域应用较为广泛。

人工神经网络主要考虑网络拓扑结构、神经元的特征、学习规则等内容。人工神经网络的数学模型有很多，其中代表性的模型有感知机模型、BP（back propagation）模型、自组织映射、Hopfield 网络模型、玻尔兹曼机、自适应共振理论等。按照连接的拓扑结构可以分为前向神经网络和反馈神经网络，前向神经网络中各个神经元接收前一层的输入，并输入到下一层，网络中没有反馈，而反馈神经网络中神经元存在反馈，信息反复传递。

神经元是构成神经网络的最基本单元，对于每一个人工神经元来说，它可以接受一组来自系统中其他神经元的输入信号，每个输入对应一个权，所有输入的加权和决定该神经元的激活状态。假设神经元 i 的输入分别用 x_1，x_2，…，x_n 表示，对应的联接权值依次为 ω_{i1}，ω_{i2}，…，ω_{in}，用 net 来表示该神经元所获得的输入信号的累积效果，称为网络输入，表示为

$$net_i = \sum_j w_{ij} x_j \tag{3-2}$$

神经元在获得网络输入后，应该给出适当的输出。按照生物神经元的特性，每个神经元有一个阈值，当该神经元获得输入信号的累积效果超过阈值时，它处于激发态；否则，应该处于抵制态。因此，网络训练需要采用有一定阈值特性的连续可微响应函数，这就是激活函数，即

$$y_i = f(net_i) \tag{3-3}$$

式中　y_i——该神经元的输出。

函数 f 同时也用来将神经元的输出进行放大处理或限制在一个适当的范围内。典型的激活函数有符号函数、阶跃函数、S 型函数等。S 型函数应用较多，其特点是导数可以用函数本身来表示，表达式为

$$f(x)=\frac{1}{1+e^{-x}}, f'(x)=f(x)[1-f(x)] \tag{3-4}$$

BP 神经网络是一种应用较为广泛的神经网络模型。模型分为三层，包括输入层、

输出层和中间层（隐层）。输入信号经过隐层、输出层计算处理，将得到的输出值与期望值进行比较，将误差反向传播，修改各层的连接权值，利用调整后的连接权值重新计算输出误差，重复迭代，直到误差达到预设收敛标准或者迭代次数溢出，从而获得最终的网络权值。BP 神经网络结构如图 3-8 所示。

应用 BP 神经网络进行风电短期功率预测的具体步骤如下：

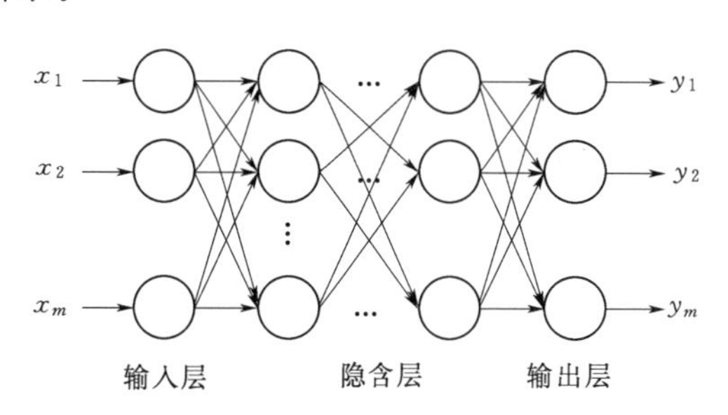

图 3-8 BP 神经网络结构

1）输入因子的选择，与多元线性回归方法类似，此方法要求输入因子与预报对象有着较强的关联性，输入因子的数量会影响神经网络学习的速率；按照选定的输入因子，建立训练样本集，要求参与学习训练的样本要尽量丰富，且具有代表性。

2）网络训练，网络训练是预测过程的重要环节，首先构造神经网络结构，确定网络层数，隐层节点数，同时设置网络的初始权值、收敛精度。完成初始设置后，逐条输入样本，通过迭代训练，确定最终的网络权值。

3）获取数值天气预报的气象要素预报数据，以此为输入，即可获得对应时刻的风电功率预测值。

（3）支持向量机模型。支持向量机（support vector machine，SVM）算法也是基于历史数据进行训练学习的一种建模方法。该方法基于结构风险最小化原理，即将函数构造成函数子集的序列，使各子集按 VC 维的大小排列（VC 维是衡量算法学习能力的一个重要指标，是统计学习理论的核心，最初由 Vladimir Vapnik 和 Alexey Chervonenki 提出），然后在每个子集中寻找最小的经验风险，在子集之间折中考虑置信范围和经验风险，以取得实际的最小风险。支持向量机方法具有较好的泛化能力，通常用于解决高度非线性分类和回归问题。

支持向量机在风电功率预测领域的应用主要是为了建立预报要素与功率之间的非线性映射关系，支持向量回归机（support vector regression，SVR）的应用更为广泛。

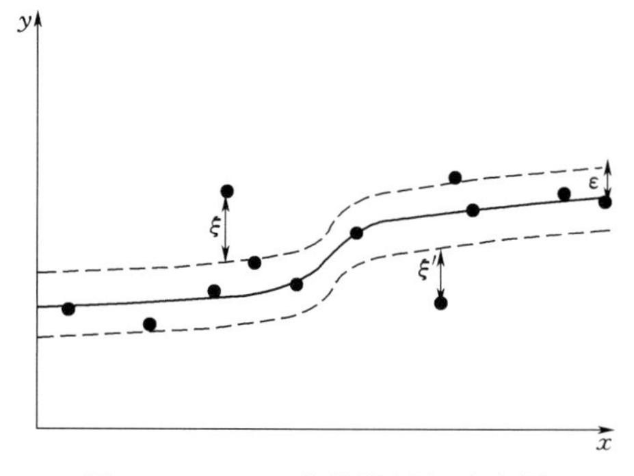

图 3-9 SVM 非线性回归示意图

SVR 算法的基础主要包括 ε-不敏感函数（ε-insensitive function）和核函数算法，目的是寻找和优化回归泛化边界，依赖用于忽略错误的损失函数的定义，这些错误数据落在距真实值的某一范围之内。这类函数通常被称为显示密集损失函数。图 3-9 展示了一个带有显示密集带的 SVM 非线性回归示意图。实线表示由训练样本学习得到的回归模型曲线 $f(x)=\boldsymbol{w}^{\mathrm{T}}x+\boldsymbol{b}$，虚线表示通过损失函

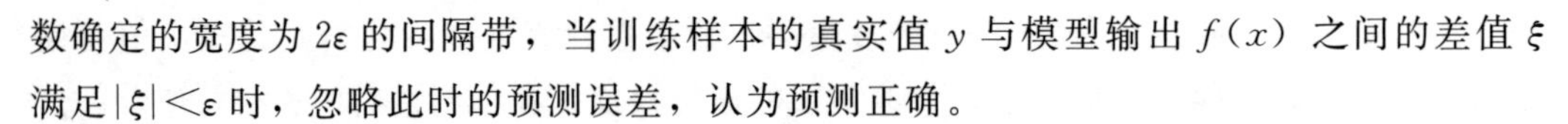

数确定的宽度为 2ε 的间隔带，当训练样本的真实值 y 与模型输出 $f(x)$ 之间的差值 ξ 满足 $|\xi|<\varepsilon$ 时，忽略此时的预测误差，认为预测正确。

设训练样本集为：$(y_1,x_1),(y_2,x_2),\cdots,(y_n,x_n),x\in R^n,y\in R$，回归函数可以表示为

$$f(x)=[w\cdot\phi(x)]+b \tag{3-5}$$

回归的精确性由损失函数确定，这里采用 ε-不敏感损耗函数 $L_e(y)$ 为

$$L_e(y)=\begin{cases}0 & |f(x)-y|<\varepsilon\\ |f(x)-y|-\varepsilon & \text{其他}\end{cases} \tag{3-6}$$

支持向量回归通过 ε 在高维特征空间中进行线性回归分析，同时通过最小化 $\|w\|$ 降低模型复杂度，可以通过引入松弛变量确定 ε 不敏感损耗函数区域之外的训练样本集误差。根据最优化原理，最终求解得到的逼近方程为

$$f(x)=\sum_{i=1}^{L}(-\alpha_i+\alpha_i^*)K(x,x_i)+b \tag{3-7}$$

式中　L——支持向量数；

$K(x, x_i)$ ——核函数。

目前常用的核函数形式主要有以下三类，它们都与已有的算法有对应关系。

1）多项式形式的核函数，即 $K(x,x_i)=[(x\cdot x_i)+1]^q$，对应 SVM 是一个 q 阶多项式分类器。

2）径向基形式的核函数，即 $K(x,x_i)=\exp\left\{-\frac{\|x-x_i\|^2}{\sigma^2}\right\}$，对应 SVM 是一种径向基函数分类器。

3）Sigmoid 核函数，如 $K(x,x_i)=\tanh[v(x\cdot x_i)+c]$，tanh 表示双曲正切函数，则 SVM 实现的就是一个两层的感知器神经网络，只是在这里网络的权值和网络的隐层节点数目都是由算法自动确定的。

与其他统计方法类似，运用支持向量机模型进行风电短期功率预测，首要任务是预测因子的选取，例如将风速、风向、气温、气压、湿度作为预测因子，定义输入因子矩阵为

$$\boldsymbol{x}=(x_1,x_2,x_3,x_4,x_5)^{\mathrm{T}} \tag{3-8}$$

以风电场输出功率 P 为输出因子，根据历史样本建立逼近方程。结合数值天气预报的预测时刻输入因子，即可得到风电场的功率预测结果。

3.2.1.2　区域预测

随着国内风电的快速发展，单一风电场的功率预测已经不能完全满足电网调度机构的应用需求。风电功率预测主要是为风电并网服务的，而电力系统调度以及电力市场交易更关心的是一个区域的风电总功率值。因此，区域短期功率预测具有较强的实用性。

最简单的实现区域预测的方式是累加法。该方法通过将区域内所有风电场的预测结

果进行简单累加求和，得到区域预测的结果。该方法使用的前提是区域内每个风电场均具有功率预测功能，因此该方法只适用于条件完备且规模较小的风电场群的预测。由于直接采用风电场的预测数据，因而该方法的精度依赖于单个场站的预测精度，误差叠加会造成区域预测的较大偏差。

由于直接累加的局限性，人们开始探索新的区域预测方式。Lobo G Miguel 等（2012）提出了一种基于统计外推的区域预测方法。该方法通过将数值天气预报数据与历史数据库中的气象数据进行相似度匹配，选择相似度较高的历史数据集合作为匹配对象，将对应的历史功率数据作为未来功率的预测值，经过平滑处理实现区域的功率预测。该方法无需对单个电站进行预测，但是依赖于大量的历史数据，可能会出现未来时刻天气预报数据与历史气象数据匹配度不高的情况，影响预测精度，在实际生产中应用较少。

统计升尺度算法是采用较为广泛的一种风电场区域预测方法。一般思路如下，根据风能资源特征、电网拓扑等规则划分子区域，分析每个风电场输出功率与全区域风电场群输出功率间的相关性，分析每个风电场功率预测的精度，选取与区域输出功率相关性高且功率预测精度较高的风电场作为代表风电场。运用数理统计方法分别计算各个代表风电场的权重系数，最终通过加权计算区域风电场群的功率预测结果。该方法对历史数据的依赖度不高，且可以避免单一场站预测效果对整体预测结果的影响，预测精度和适应能力较好。

统计升尺度算法有以下步骤：

1. 子区域划分

由于风电场的分布较为分散，受到大气环流和局地效应的影响，不同位置的风电场的功率变化特征存在一定的差异性。因此，在进行大区域集群预测时，通常需要划分多个子区域，将条件相近的风电场归为一类进行预测。通常依据风能资源条件、地形条件、并网节点、行政区域等多因素进行划分，子区域内风电场条件越相近，升尺度预测的准确性越高。

除了直观的划分方式，还可以结合一定的统计分析方法实现更加客观的集群划分。王勃等（2018）提出了一种基于模糊聚类的风电场集群划分方法，克服了风电场出力差异没有明确界限的问题。该方法以风电场功率序列为基础，采用模糊聚类分析方法，通过计算不同功率序列间的距离，以集群内距离最小化、距离间集群最大化为优化目标，实现对风电场集群的划分，然后结合电网拓扑结构等条件进行微调。

2. 代表风电场选取

由于单站功率预测质量参差不齐，为避免单站预测误差影响区域预测结果，在运用统计升尺度方法进行预测之前，以单站与区域输出功率的相关性和单站预测质量为依据，选择合适的样本场站。

首先计算各个电站输出功率与区域输出功率的相关性系数矩阵，选取相关性高的电

站作为初选样本场站，相关系数计算公式为

$$R_{FA}=\frac{\sum_{t=1}^{n}[(P_{Ft}-\overline{P_F})\cdot(P_{At}-\overline{P_A})]}{\sqrt{\sum_{t=1}^{n}(P_{At}-\overline{P_A})\cdot\sum_{t=1}^{n}(P_{Ft}-\overline{P_F})^2}} \tag{3-9}$$

式中　R_{FA}——F 场站实际的输出功率与区域实际总输出功率的相关系数；

t——时间；

n——数据个数；

P_{Ft}——F 场站在 t 时刻的实际输出功率；

P_{At}——在 t 时刻的区域实际总输出功率；

$\overline{P_F}$——F 场站时间段内所有实际输出功率样本的平均值；

$\overline{P_A}$——时间段内区域总实际输出功率样本的平均值。

对历史预测和实测数据进行分析，利用预测相关系数、均方根误差、平均相对误差、上报率等预测精度指标，剔除初选样本场站集内预测结果不可靠、预测精度不高的场站。

3. 升尺度预测

在选取代表场站的基础上，采用统计学习模型建立样本风电场预测功率与区域预测功率之间的映射关系。常用的方法是权重系数法，即利用历史数据计算各代表风电场与区域功率的权重系数，例如多元线性回归方法、陈颖等（2013）提出的基于相关系数矩阵的权重计算方法。此外，还可以利用人工神经网络、支持向量机等方法建立代表风电场与区域功率之间的非线性关系，实现升尺度预测。

以多元线性回归模型为例，建立区域功率与代表风电场功率之间的线性回归方程，一般采用最小二乘法确定其权重系数，可以表示为

$$P=\beta_0+\beta_1P_1+\cdots+\beta_nP_n \tag{3-10}$$

式中　P——区域功率；

β_i——第 i 个样本场站的权重系数；

β_0——常数项；

P_i——第 i 个样本场站的输出功率值。

以各代表风电场的预测功率为输入，代入式（3-10），即可得到区域功率预测结果。如果划分了子区域，则采用上述方法计算子区域的预测结果，最后通过子区域的预测结果累加得到整个区域的风电场集群功率预测结果。

结合具体的案例分析统计升尺度预测方法，以某地区风电场集群 3—4 月的数据为基础，进行代表风电场的选取和权重系数计算。选取输出功率相关系数大于 0.75，预测合格率大于 0.75 的风电场作为代表风电场，采用多元线性回归方法确定权重系数，对该区域 5 月的功率进行预测。该区域风电场群 2018 年 5 月基于统计升尺度方法的预测结果如图 3-10 所示。

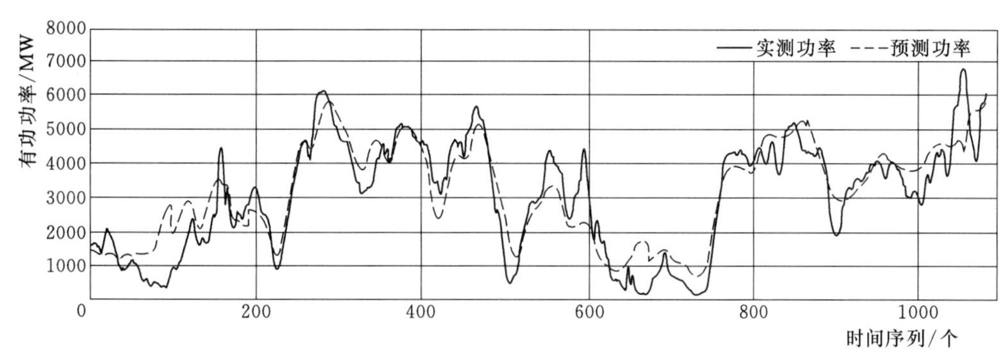

图 3-10 基于统计升尺度方法的预测结果

从总体上看，该区域 5 月预测合格率为 92.74%，符合预测相关标准的精度要求，预测效果良好。在出现大的趋势性变化时，该预测方法表现出较好的跟随特性，例如从第 227 时刻点开始，经历了连续 12h 的功率爬升，该区间内平均绝对误差仅为 279.12MW，预测合格率达 96.6%。极大绝对误差出现在第 1131 时刻点，平均绝对误差达到 2901.92MW，这段时间功率出现连续波动，预测跟随效果变差。

由分析结果可以看出，统计升尺度方法表现出较好的预测性能，能够满足区域风电场集群预测的精度要求，且由于该方法无需所有风电场都具备较高的功率预测水平，因而比累加法更容易实现。

3.2.1.3 概率区间预测

风电功率预测最初的研究主要集中于点预测，即确定性预测，其预测结果以具体的数值体现。尽管目前确定性预测已经能达到较高的精度，但是由于风的不确定性以及模型自身特点，预测误差无法避免。从电力系统需求考虑，传统的点预测无法完全满足电网规划、调度运行等方面的需求，对风电功率的波动范围、概率分布等信息的需求推动了风电功率概率预测的发展。

不同时间尺度的概率预测结果适用于不同的应用场景。数分钟到数小时的超短期概率预测适用于风电机组动态实时控制、静态稳定分析、电力市场现货交易等领域，24～72h 的短期概率预测则在日前经济调度，安排旋转备用，促进风电消纳以及电力市场日前交易等领域发挥较大的作用，72h 以上的中长期概率预测则是制定中长期发电计划，安排检修计划，进行风电场选址的重要参考依据。概率预测能够提供比点预测更为丰富的不确定信息，是风电功率预测发展的一个重要方向。

按照最终获得信息的区别，概率预测主要分为两类，分别是区间预测和密度预测。区间预测给出某一置信度条件下的置信区间，反映未来预测时刻点功率可能出现的波动范围。密度预测则是预测未来某一时间点风电功率的概率信息，即反映未来某一时间段风电功率的累计分布函数或概率密度函数，描述风电功率在预测时刻取某个值的可能性。

概率预测模型的建立通常有两种方式：一种是参数化的建模方式，该类模型通常假定风电功率预测误差满足某种已知的概率密度函数，将概率预测问题转化为参数估计问题，这种建模方式需要误差分布满足特定的条件，因而具有较大的局限性；另一种是非参数化建模，非参数化建模无需对误差分布进行假设，而是通过数据分析直接计算出误差分布函数，随着计算能力的提升，非参数估计方法的应用愈加广泛。

由于数值天气预报误差是功率预测误差的主要来源，气象条件对预测误差的分布有较大的影响。通过对不同气象条件下的风电预测误差分别建模，能够更加准确地描述预测误差的分布特征，条件建模的一般步骤如下：

(1) 选取分类条件：通常选择预测误差或者对风电功率预测误差影响较大的要素作为分类依据，例如风速、风向、风的波动特征等要素。

(2) 子集划分：按照分类要素的特征进行分类。例如，王铮等（2013）按风的波动特征划分子集，总结了5类风过程，包括低出力风过程、小波动风过程、大波动风过程、双峰出力风过程和持续多波动风过程。

(3) 预测结果的不确定性估计：针对每个条件子集进行不确定性建模。这一部分的建模方法有很多，常用的有分位数回归方法、核密度估计方法等。

分位数回归方法可以实现对预测误差的所有分位数进行估计，描述预测对象波动区间的概率分布。下面对分位数回归算法进行介绍。

假设 y 为功率预测误差的随机变量，其分布函数表示为 $F(y)=P(Y\leqslant y)$，则 Y 的 τ 分位数定义为

$$Q(\tau)=\inf\{y: F(y)\geqslant\tau\} \tag{3-11}$$

其中，$0<\tau<1$。

可以看出，存在比例为 τ 的部分小于分位数函数 $Q(\tau)$，比例为 $1-\tau$ 的部分位于分位数函数 $Q(\tau)$ 之上。

定义“检验函数”为

$$\rho(u)=\tau u I_{(u\geqslant0)}+(\tau-1)uI_{(u<0)} \tag{3-12}$$

式中　$I_{(u)}$——指示函数，当 $u\geqslant0$ 时，$I_{(u\geqslant0)}=0$，当 $u<0$ 时，$I_{(u<0)}=1$。

假设 X 表示功率预测误差的影响因素，一般线性条件分位数函数为：$Q(\tau|x)=x'\beta(\tau)$。对于随机变量 Y 的一个随机样本 $\{y_1, y_2, \cdots, y_n\}$，通常 τ 分位数的样本分位数线性回归要求满足的条件为

$$\min_{\beta\in R}\sum\nolimits_i\rho\tau[y_i-x'_i\beta(\tau)] \tag{3-13}$$

对于任意的 $0<\tau<1$，通过求解 $\arg\min\limits_{\beta\in R}\sum\limits_i\rho\tau[y_i-x'_i\beta(\tau)]$ 得到对应的参数估计值，从而得到不同分位数条件下的分位数回归模型，结合点预测的结果，即可获取未来预测结果的波动区间信息。

除了以上介绍的分位数回归方法，核密度估计（kernel density estimation，KDE）方法是一种比较常用的概率预测方法。核密度估计方法属于非参数估计方法的一类，其

一般表达式为

$$\hat{f}_x(x)=\frac{1}{Nh}\sum_{i=1}^{N}K\left(\frac{x-X_i}{h}\right) \tag{3-14}$$

式中　N——样本总数；

h——带宽或平滑参数；

X_i——第 i 个样本；

$K(\cdot)$——核函数，目前比较常用的核函数有均匀核函数、高斯核函数、三角核函数等。

利用对应区间的功率样本，通过核密度估计方法和曲线拟合，可以求取对应区间的预测误差概率密度函数及预测误差累计概率分布函数。

（4）功率预测的不确定性可以采用置信水平和置信区间来进行描述，置信水平 $1-\alpha$ 下的置信区间表示实测功率落在该置信区间的概率为 $1-\alpha$，其中 α 表示显著性水平，取值在 0 到 1 之间，给定置信水平下的置信区间越窄，表明功率预测结果的可信度越高。

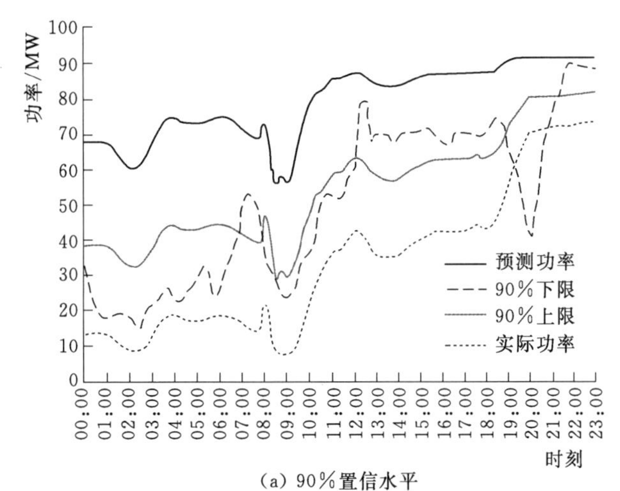

(a) 90%置信水平

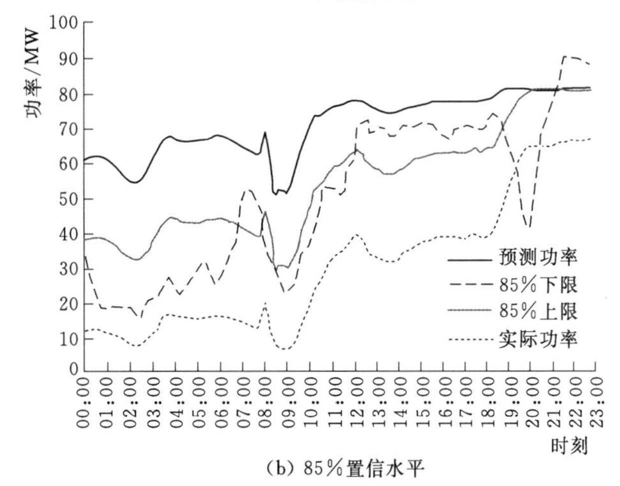

(b) 85%置信水平

图 3-11　功率预测不确定性分析曲线图

针对风电场概率区间预测问题，阎洁等（2013）利用分位数回归方法对某风电场进行预测不确定度分析，功率预测不确定性分析曲线图如图 3-11 所示。图 3-11 反映了某日在 90%以及 85%置信水平下的功率预测不确定性分析曲线。该风电场采用基于 BP 神经网络的短期预测方法，该日预测均方根误差为 14.58%。可以看出，大部分的实测功率均落在所给出的功率置信区间带内。

表 3-1 给出了实测样本位于置信区间外的有效性分析结果，超限比例基本符合置信水平的设定，表明该预测模型的有效性，可以为应对功率随机波动提供重要的不确定性分析信息。

表 3-1　　**有效性分析**　　%

置信水平	单上限超限比例	单下限超限比例	未超限比例
90	6.30	4.00	89.61
85	17.4	4.30	78.30

3.2.2　光伏短期功率预测的原理与方法

国际上最早进行太阳辐射预测的是美国科学家 Jensenius 和 Cotton，他们在 1981 年提出了利用模式输出统计（model output statistics，MOS）来建立太阳辐射测量值和预测值之间的回归模型，预测未来 6～30h 的太阳辐射，这一方法的基础是适宜实验区域的数值天气预报系统和可靠的太阳辐射地面观测。然后，科学家将地面观测、云类和云高等数据应用于太阳辐射预测中，并采用神经网络等方法降低均方根误差。上述思想对太阳辐射短期预测技术的发展起到了引领作用。

对于未来 6h 以上至几日的光伏发电短期功率预测，较为可靠的方式是基于数值天气预报的物理模型或物理—统计模型。研究表明，在中尺度数值天气预报模式 MM5 中，晴空情况下通常可以得到非常准确的太阳辐射预测值；但在阴天情况下，MM5 模式的均值误差可达到 129%，其原因在于均值误差对于云况变化及其所造成的影响十分敏感，而 20 世纪末至 21 世纪初期，MM5 模式自身的发展水平决定了该模式对于云况的模拟存在显著局限性。

进入 21 世纪，国际上关于云物理、对流参数化等相关科学研究不断取得新进展，在大气数值模式研究中，关于云的模拟与预测精度随之逐步改善。例如，European Centre for Medium - Range Weather Forecast，ECMWF 和 the Globe Forecast System，GFS，在针对次日太阳辐射的预测上已可将均值误差控制在 19%左右，且对未来 1～3 日预测水平基本稳定。这一结论说明数值天气预报对太阳辐射的预测能力已经达到了一个较为可信的水平。

关于如何提高模式太阳辐射预测精度的问题，一般观点认为这一问题既包括了如何有效遏制预测误差随预见期延长而显著增大，即预测误差的时序变化幅值问题，还包括提高太阳辐射预测值的水平分辨率，这就要求未来的数值天气预报不仅要关注天气尺度云系的生消、运动与变化，还要在模式中引入个体空间尺度更小、生命周期更短但对直接辐射、散射辐射影响显著的云类，以及边界层大气悬浮颗粒物等因素，从而切实提高对太阳辐射的预报能力。

研究显示，大气科学研究中试图在模式中引入更多物理因素，以提高整体预测水平。例如，Breitkreuz 尝试将气溶胶影响因子引入了 ECMWF 模式，并发现在晴空条件下，预报未来 2～3 日的太阳总辐射，其均方根误差将会从 11.5%下降到 7.2%。但遗憾的是由于天空云况的分析过程非常复杂，NWP 在云物理机制和模式分辨率方面均受到一定限制，生命期较短的云通常会导致太阳辐射预测偏离常规水平。鉴于光伏发电短

期功率预测的工程化要求，研究人员尝试采用MOS法建立误差纠正函数，例如Bofinger和Heilscher在2006年将太阳天顶角、晴空指数等因素与ECMWF模式相结合，进行德国某地中云条件下的太阳辐射预测，试验显示使用MOS法能够将未来24h的预测均方根误差下降5%。

国际能源署太阳能供热制冷委员会（International Energy Agency Solar Heating and Cooling Programme，IEA SHC）在2005年启动了一项由美国、德国、法国、加拿大、西班牙、奥地利、瑞典以及欧盟委员会共同参与的五年项目（IEC SHC Task 36：Solar Resource Knowledge Management），旨在调研各国太阳辐射预测的技术水平和技术可靠性。由于此项测试评估工作涉及欧洲、北美的不同地区，气候差异对预测准确率的影响非常显著。以均方根误差为标准，误差范围介于20%～30%和40%～60%的情况均可能出现，因此在总结中格外强调了太阳辐射预测与特定区域的关系，预测技术方案应与实际地理、气候区域的特点相适应这一根本问题。

上述讨论主要集中于太阳辐射这一光伏发电关键因子的预测方法，隐含了大气中气溶胶、云等物质对太阳辐射的影响。实质上，光伏发电短期功率预测技术中还包含了光伏电站系统效率的短期预测，这一点与风力发电的短期功率预测技术存在显著区别。

光伏发电短期功率预测技术的研究不仅限于科学、准确地预测太阳辐射，也包括计算各种条件影响下的光伏电站太阳能转化效率。在太阳能转化效率研究中，一般需要考虑特定辐照度等级下光伏电站输出功率的离散性问题，通常针对迫使离散性增强的因素进行具体分析，从而实现模型优化。除光伏组件匹配性损失、逆变器效率损失外，组件效率特别是组件温度的预测也对发电预测模型的适用性产生影响。

目前，较为常见的光伏电站太阳能转化效率模型大多考虑太阳辐射、环境温度、风速、湿度的影响关系，采用因子分析法结合多元回归或神经网络进行预测模型建立。但对于沙尘和降雪等组件表面附着物的研究则较为罕见。

3.2.2.1　单站预测

根据建模方法和建模原理，单站短期光伏发电功率预测模型主要分为物理方法和统计方法两种。物理方法主要利用气象要素数值天气预报，基于光伏发电原理及光伏电站结构，对其各组成部分的转化效率进行建模。统计方法则基于历史气象数据和光伏电站运行数据，直接建立预测模型输入因子与光伏电站发电功率之间的关系。

1. 物理方法

影响光伏电站输出功率的因素有太阳总辐射、光电转换效率、逆变器转换效率及其他损耗，光伏组件倾斜面上的太阳总辐射可以通过地表水平面太阳总辐射、组件的经纬度、安装倾角等计算得到，光伏组件转换效率是衡量组件将太阳能转换为电能的能力。

实际运行中，太阳总辐射与光伏组件发电功率呈近似线性关系。在一定温度范围内，光伏组件温度升高会降低光电转化效率，一般采用负温度系数来表示。光伏逆变器效率是指逆变器输出交流电功率与输入直流功率的比例，逆变器瞬时效率变化对功率预测误差影响较小，可以用预测结果后进行校正的方法消除该影响。而组件的匹配度、组件表面积灰、线损等因素对光伏发电效率的影响，一般可以根据电站具体情况估算折损系数。

基于物理方法的光伏发电短期功率预测如图 3-12 所示，主要步骤如下：

(1) 搜集光伏电站地理信息、光伏组件安装方式、安装面积、光伏组件参数、逆变器参数等信息。

(2) 利用 NWP 预报地表太阳总辐射、温度等气象要素。

(3) 结合光伏组件安装方式和地表水平面太阳总辐射，计算光伏组件倾斜面太阳总辐射。

(4) 根据环境温度，计算组件转化效率的温度修正系数。

(5) 基于光伏组件总面积、倾斜面太阳总辐射、光伏组件转化效率、逆变器效率计算光伏发电功率，估算线损，修正光伏发电功率预报。

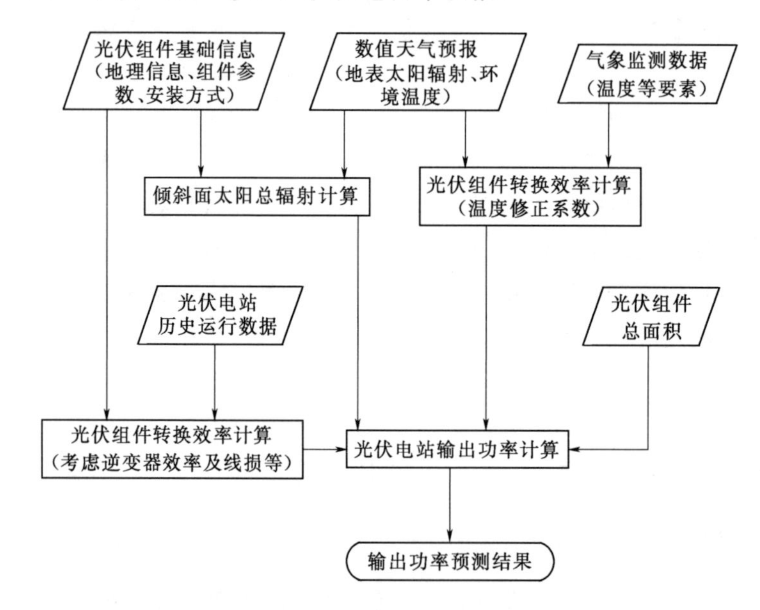

图 3-12　基于物理方法的光伏发电短期功率预测模型

光伏发电短期预测功率主要与光伏组件面积、到达光伏组件的太阳总辐射、光伏组件转换效率、逆变器效率及线损等因素有关，其中到达光伏组件的太阳总辐射可由 NWP 太阳辐射预报和光伏组件倾斜角等信息计算，光伏组件转换效率又受到高温、沙尘、积雪等外部环境影响。

沙尘、积雪等不是中尺度数值模式的常规预报产品，一般需要采用沙尘气溶胶耦合模式、雪水当量转换等方式推算。高温对光伏组件转换效率有直接影响，组件温度的升高可导致电池开路电压减小，在 20～100℃范围温度每升高 1℃电压减小 2mV，总体上组件温度每升高 1℃，输出功率的降幅约为 0.35%，不同的光伏组件对温度的敏感程度稍有不同，通常可采用大数据拟合等方法率定两者关系。

单站光伏发电短期功率预测物理方法有以下关键环节：

（1）组件转换效率温度修正系数。太阳能组件在一定温度范围内，随着温度的上升，短路电流略微上升，开路电压显著减小，转换效率降低，太阳能组件的电压—电流特性和温度—输出功率特性如图 3-13 所示。

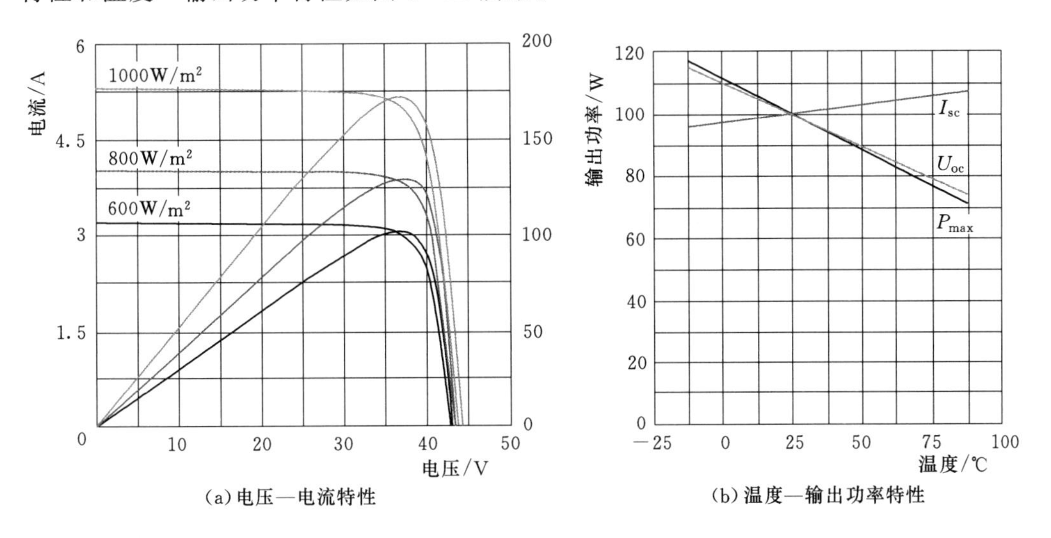

图 3-13 太阳能组件的电压—电流特性和温度—输出功率特性

功率的降低程度与温度上升量呈现负线性关系，温度每升高 1℃带来的功率变化百分比称为温度系数。温度系数一般为负，不同的光伏电池，温度系数也不一样，温度系数是光伏电池性能的评判指标之一。

组件转换效率温度修正系数 η_T 可表示为

$$\eta_T = 1 + \psi\Delta t \tag{3-15}$$

式中 ψ——峰值功率温度系数，按组件性能参数值，一般为 −0.28%/K～−0.32%/K；

Δt——标准温差，即为组件的运行温度 T 与 25℃的差值，K。

组件的运行温度可以估算为

$$T = T_{air} + \frac{(NOCT - 20℃)E_{tot}}{800\text{W/m}^2} \tag{3-16}$$

式中 T_{air}——环境温度，单位为℃；

$NOCT$——组件的额定工作温度，℃，由光伏组件厂家给出；

E_{tot}——有效太阳总辐照度，W/m²。

（2）倾斜面太阳总辐射的计算。在光伏发电功率预测中，需要计算光伏组件倾斜面上的太阳总辐射。倾斜面太阳总辐射主要由直射辐射、散射辐射和反射辐射三部分组成，其中反射辐射值较小，一般可以忽略不计。

倾斜面直接辐射分量由水平面直接辐射分量、电站所处地理位置与光伏组件安装倾角决定，其计算公式为

$$H_{BT}=H_B\frac{\cos(\phi-\beta)\cos\delta\sin\omega_{ST}+\frac{\pi}{180}\omega_{ST}\sin(\phi-\beta)\sin\delta}{\cos\phi\cos\delta\sin\omega_s+\frac{\pi}{180}\omega_s\sin\phi\sin\delta} \tag{3-17}$$

式中　ϕ——当地纬度；

β——光伏阵列倾角；

δ——太阳赤纬角；

ω_s——水平面上日落时角；

ω_{ST}——倾斜面上日落时角；

H_B——水平面太阳直接辐照度，W/m^2。

太阳赤纬 δ 可计算为

$$\delta=23.45°\sin\left[\frac{360}{365}(284+n)\right] \tag{3-18}$$

式中　n——1 年中的日期序号（如 1 月 1 日为 $n=1$，1 月 2 日为 $n=2$，…，12 月 31 日为 $n=365$）。

水平面上日落时角 ω_s 的计算公式为

$$\omega_s=\cos^{-1}(-\tan\phi\times\tan\delta) \tag{3-19}$$

式中　ϕ——当地纬度；

δ——太阳赤纬角。

斜面上日落时角 ω_{ST} 可计算为

$$\eta_T=1+\psi\Delta t \tag{3-20}$$

式中　ω_s——水平面上日落时角；

ϕ——当地纬度；

δ——太阳赤纬角；

β——光伏阵列倾角。

水平面太阳直接辐照度 H_B 可计算为

$$H_B=H_z\sin\alpha \tag{3-21}$$

式中　H_z——法向太阳直接辐照度，W/m^2；

α——太阳高度角。

由此，可以计算水平面散射辐照度 H_d 为

$$H_d\approx H-H_B \tag{3-22}$$

式中　H——水平面总辐照度，W/m^2。

倾斜面散射辐射分量 H_{dT} 可计算为

$$H_{dT}=\frac{H_d}{2}(1+\cos\beta) \tag{3-23}$$

式中　H_d——水平面散射辐照度，W/m^2；

β——光伏阵列倾角。

最终，倾斜面太阳总辐照度 S 可表示为

$$S=H_{BT}+H_{dT} \tag{3-24}$$

(3) 光伏发电功率计算。光伏发电输出功率为倾斜面太阳总辐射、组件安装面积、组件转换效率、温度修正系数、逆变器效率和线损修正的乘积，其计算公式为

$$Nel=SA\eta\eta_T\eta_n\eta_l\times10^{-3} \tag{3-25}$$

式中 Nel——光伏发电系统逆变器后交流输出功率，kW；

S——倾斜面太阳总辐射，W/m^2；

A——组件安装面积；

η——组件转换效率，即太阳能光伏组件将太阳能转换成电能的能力，一般由太阳能电池生产厂家提供；

η_T——组件转换效率温度修正系数，其与温度变化成反比，一般太阳能电池生产厂家提供；

η_n——逆变器效率系数，由逆变器生产厂家提供；

η_l——线路损失修正系数，根据运行经验一般取 0.99。

2. 统计方法

与短期风力发电功率预测相似，短期光伏发电功率预测也可以基于历史气象资料和同期光伏发电功率资料，采用统计学方法建立气象资料与电站功率输出的关系，利用 NWP 气象要素预报，实现短期光伏发电功率预测。

我国不同地区因气候环境的差异，使得影响太阳辐射的主要因子也各不相同。西北、华北地区春季需要着重考虑沙尘的影响，东北冬季需要注意积雪覆盖，而南方地区需要注意冬季雾霾的遮挡作用。因此，需要对影响太阳辐射和光伏发电功率的因子进行诊断分析，提取影响功率输出的主要影响因子。

由于受到诸多因素的影响，光伏电站发电功率是非平稳的随机序列，但同时又呈现出明显的周期性变化，因此，利用相似日预报法和天气型分类预报法也可以实现光伏发电功率短期预测。

(1) 相似日预报法。利用相似日预报法是选用决定全天气象状况的主要气象要素，如日平均温度、最高气温、最低气温及日天气类型等作为模型的输入，制定相似度计算方法，并确定相似度的阈值来筛选与预测日相似的气象数据，利用统计学习算法进行发电功率的计算，实现光伏发电功率的短期预测。

该方法的关键步骤为相似度计算，光伏发电功率的影响因素构成的向量为

$$Y(t)=[y_1(t),y_2(t),\cdots,y_n(t)] \tag{3-26}$$

影响向量 Y_P 与 Y_N 在第 j 个因素的关联系数为

$$\varepsilon_N(j)=\frac{\min_T\min_k|\boldsymbol{Y}_P(k)-\boldsymbol{Y}_T(k)|+\rho\max_T\max_k|\boldsymbol{Y}_P(k)-\boldsymbol{Y}_T(k)|}{|\boldsymbol{Y}_P(j)-\boldsymbol{Y}_N(j)|+\rho\max_T\max_k|\boldsymbol{Y}_P(k)-\boldsymbol{Y}_T(k)|}\quad 1\leqslant k\leqslant n \tag{3-27}$$

式中 Y_p——待预测日向量；

Y_N——某一日历史数据，

T——历史日标记，$T \geqslant 0$；

ρ——分辨系数，其值一般取 0.5。

综合各点的关联系数，定义整个 Y_P 与 Y_N 的相似度为

$$F_N = \prod_{k=1}^{n} \varepsilon_N(k) \tag{3-28}$$

采用这种相似度算法，可简单、自动地识别主导因素，并解决各因素权重设定问题。

利用相似日预报法对光伏电站第 i 日发电功率进行预测的具体步骤为：

1）从最临近历史日开始，逆向逐日计算第 j 日与第 i 日的相似度值。

2）选取最近一段时间中相似度最高的 m 日或者相似度 $F_N \geqslant r$（r 为一定的数值）的 m 日作为第 N 日的相似日。

3）选取 m 日的实际功率作为第 i 日的预测功率，从而实现光伏发电功率的短期预测。

因光伏发电功率受日出、日落时间偏移的影响，具有一定的季节差异性，一般临近日不超过一个月。r 是相似度的阈值，不宜过低，以确保所选取的相似日与待预测日的天气类型相同。

（2）天气型分类预报法。基于天气型分类的光伏电站短期功率预测模型如图 3-14 所示，采用天气型分类方法能够建立综合考虑大气层外切平面太阳辐射、地面气象监测太阳辐射以及典型天气类型影响等因素的光伏电站短期功率预测模型。其原理是地表太阳辐射与大气层外切平面的太阳辐射有直接关系，在同一个地方同类型天气状况下，临近日的两者关系十分相似，而大气层外切平面太阳辐射强度只与大气上界的太阳辐射强度和太阳辐射方向有关。因此，首先可以通过天文学有关公式计算得到大气层外切平面太阳辐射强度。其次，利用气象监测站的历史地表太阳辐射数据和大气层外切平面太阳辐射数据，率定两者之间的关系，结合大气层外切平面太阳辐射数据，考虑天气类型等因素影响，可推算出待预测日的地表太阳辐射强度。最后，以历史地表太阳辐射数据为基础，采用统计方法建立地表太阳辐射与功率的转化模型，从而得到待预测日的光伏发电短期预测功率。

1）大气层外切平面太阳辐射的计算。在地球大气层上界平均日地距离处，垂直于太阳光方向单位面积上的太阳辐射能基本是一个常数，称之为太阳常数（I_{sc}），其值约为 1367W/m^2。不同时间到达大气层上界的太阳辐射强度，可通过实际日地距离对太阳常数的修正来表示，其公式为

$$I_0 = I_{sc}[1 + 0.033\cos(360° \times N/365)] \tag{3-29}$$

式中　I_0——大气层上界的太阳辐射强度；

N——积日，即此日在年内的顺序号。

大气层外切平面所接受的太阳辐射能，除与太阳辐射强度有关外，还与太阳辐射的

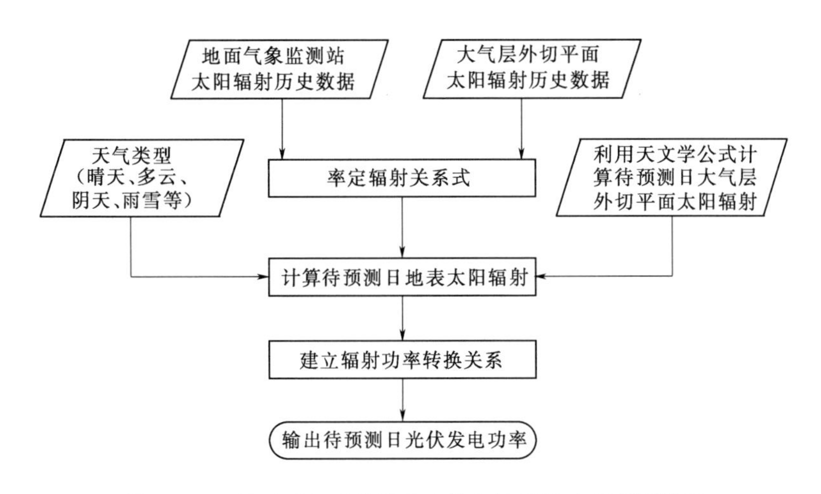

图 3-14 基于天气型分类的光伏电站短期功率预测模型

方向有关，即

$$I=I_0\cos\theta \tag{3-30}$$

$$\cos\theta=\sin\delta\sin\varphi+\cos\delta\cos\varphi\cos\tau \tag{3-31}$$

$$\delta=23.45^\circ\sin[360^\circ(284+N)/365] \tag{3-32}$$

式中 I——大气层外切平面的太阳辐射强度；

θ——太阳天顶角；

δ——太阳赤纬角；

φ——当地的地理纬度；

τ——太阳时角；

N——积日。

太阳时角 τ 的计算公式为

$$\tau=(S+F/60-12)\times15 \tag{3-33}$$

式中 S、F——真太阳时的小时数和分钟数。

在我国，真太阳时与北京时的换算公式为

$$E=9.87\sin\left[\frac{720^\circ(N-81)}{364}\right]-7.53\cos\left[\frac{360^\circ(N-81)}{364}\right]-1.5\sin\left[\frac{360^\circ(N-81)}{364}\right] \tag{3-34}$$

式中 E——地球绕太阳公转时因运动和转速变化而产生的时差，单位为 min；

τ——时角，以太阳正午时刻为 0，顺时针方向（下午）为正，反之为负。

2）地表太阳辐射预测建模。大气层外切平面的瞬时太阳辐射数据与光伏电站地表太阳辐射数据一般符合二次曲线关系，据此通过多项式拟合的方法建立关系式为

$$y=ax^2+bx+c \tag{3-35}$$

式中 y——光伏电站地表太阳辐射强度；

x——外切平面的瞬时太阳辐射强度；

a、b、c——系数，可以采用最小二乘法估计。某电站晴空条件下大气层外切平面太阳辐射与地表实测太阳辐射数据对比如图 3-15。

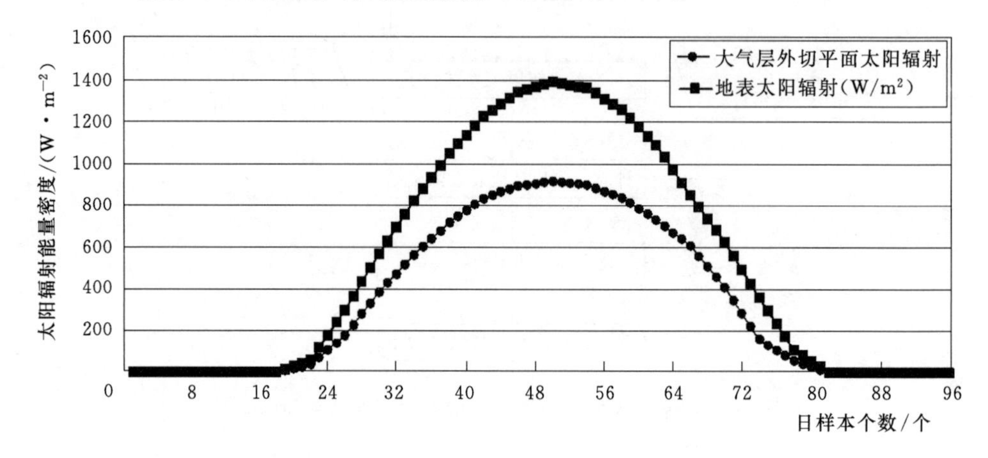

图 3-15　晴空条件下大气层外切平面太阳辐射与地表实测太阳辐射数据对比

根据大气层外切平面太阳辐射与地表实测太阳辐射数据可以率定二者关系式。每一天日落以后，根据当天地表太阳辐射数据分布特性，判断该日的天气状况，率定辐射关系式，用于替代同种天气类型的关系式。

3）辐射功率转化模型。辐射功率转化模型是光伏发电功率预测的重要环节，直接关系到最终预测功率结果的输出。实现方法为基于大量的历史实测太阳辐射数据及功率数据，利用回归进行辐射功率转化关系率定。图 3-16 为某光伏电站晴天状态下的辐射功率关系式率定。

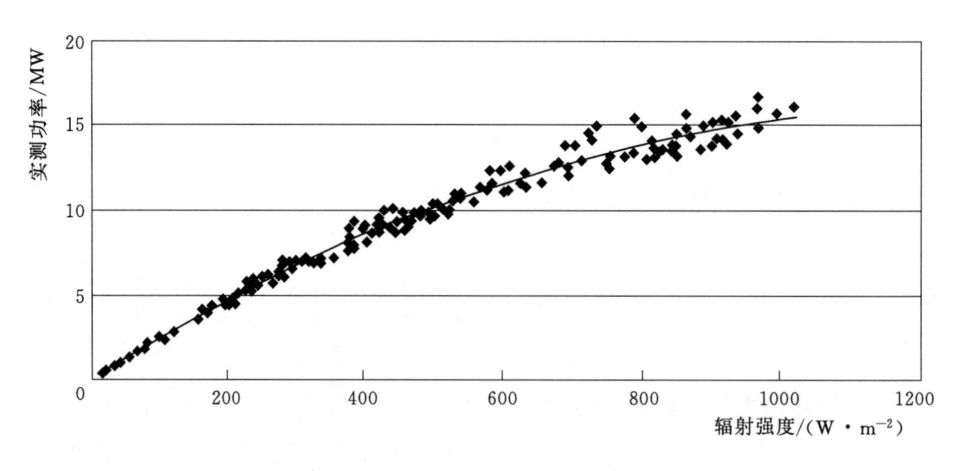

图 3-16　辐射功率关系式率定

将地表太阳辐射预报值输入辐射功率关系式，就可以预报未来 0～24h 的光伏电站发电功率。

以我国西北地区某 10MW 光伏单站为例，基于天气型分类预报法，首先将天气主要分为晴天、多云或阴天、雨雪天三种类型，分别挑选近三个同类型天气作为样本，利

用实测太阳辐射数据和实测功率数据，率定三种天气类型下的辐射功率转换关系，然后根据数值天气预报等判断次日天气类型，将预测太阳辐射数据代入对应天气类型的辐射功率转换关系式中，得到次日的预测功率。

基于天气型分类的光伏短期功率预测如图3-17所示，该站2018年4月7日至2018年4月15日短期预测功率与实测功率变化趋势一致。其中7—9日和15日共四天为晴天天气类型，预测功率曲线在绝大部分情况下与实测功率曲线吻合；10日、11日两天为多云天气类型，采用了对应的辐射功率转换关系，预测曲线与实测曲线整体趋势一致，但在个别点上偏差稍大，主要是因为光伏功率具有波动性和随机性，在多云天气尤为显著；12—14日三天为雨天，实测功率较小，预测功率也较好地反映了实际情况。7—15日期间该站光伏短期预测功率的均方根误差为6.95%，准确率为95.4%，整体预测效果较好，说明基于天气型分类的光伏短期功率预测方法具有较强的实用性。

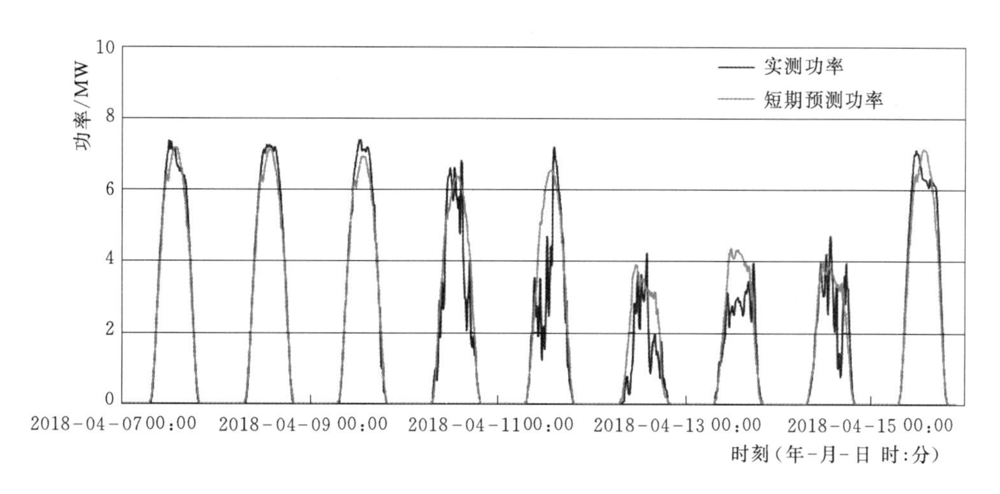

图3-17　基于天气型分类的光伏短期功率预测

3.2.2.2　区域预测

随着光伏发电装机容量比重不断增长，电力系统调度以及电力市场交易的需求使得光伏区域预测变得十分重要。区域光伏功率预测在实现方法上与风电类似，可以采用的方法包括直接累加法和统计升尺度算法。但是与风电不同，许多光伏发电项目容量较小，数据采集难度大，且光伏输出功率突变性强，受天气影响变化明显。因此，对单一站点预测能力要求较高的直接累加法一般无法适应区域光伏功率预测的要求，相对而言，统计升尺度方法适应能力更强。因此，在区域光伏功率预测领域，统计升尺度方法也取得了较为广泛的应用。

与风电类似，基于统计升尺度方法的区域功率预测包括子区域划分、代表站点选取、升尺度预测三个部分。下面结合光伏发电的特点介绍区域光伏功率预测的一般过程。

1. 子区域划分

区域范围较大时，区域内光资源条件可能存在较大的差异，通过合理地划分子区域，将资源条件接近的光伏电站划为一类，可以在一定程度上提高区域预测的准确性。通常我们可以依据光伏电站所在地区的气候特征、地形条件、并网节点、行政区域进行子区域的划分。

但是，与风电不同，光资源在空间上的分布特征变化没有风能资源明显，往往很难主观进行子区域划分。这里我们可以借助历史数据进行客观分析实现区域光伏电站的合理划分。例如，可以借鉴王尤嘉等（2017）提出的基于特征聚类的风电子区域划分方式，通过对光伏电站历史功率数据进行 EOF 分解，利用 EOF 分解在挖掘空间资源共性上的优势，将具有相似出力特征的光伏电站进行子区域划分。

2. 代表站点选取

与风电类似，代表光伏站点的选取需要考虑光伏电站的数据采集能力，同时可以根据单站输出功率与区域功率之间的相关性评价，单站预测精度评价等方式选取。

3. 升尺度预测

升尺度预测的关键在于建立样本电站输出功率与区域输出功率之间的映射关系。这里介绍陈颖等（2012）提出的一种基于相关系数矩阵的升尺度预测方法。

在确定样本电站的基础上，确定各代表电站的权重系数。权重系数矩阵可以表示为

$$\boldsymbol{\beta}_{\mathrm{F}}=c\boldsymbol{b}_{\mathrm{F}} \tag{3-36}$$

式中　c——常数。

矩阵 $\boldsymbol{b}_{\mathrm{F}}$ 定义为

$$\boldsymbol{b}_{\mathrm{F}}=\frac{\boldsymbol{R}_{\mathrm{FA}}\circ\boldsymbol{R}_{\mathrm{FA}}\circ\boldsymbol{R}_{\mathrm{F}}}{\sum_{i=1}^{A}\boldsymbol{R}_{\mathrm{A}i}\boldsymbol{R}_{\mathrm{A}i}\boldsymbol{R}_{i}} \tag{3-37}$$

式中　$\boldsymbol{R}_{\mathrm{F}}$——光伏电站预测功率与实际功率之间的相关系数矩阵；

$\boldsymbol{R}_{\mathrm{FA}}$——区域光伏电站群与代表光伏电站功率之间的相关系数矩阵；

$\boldsymbol{R}_{\mathrm{A}i}$——第 i 个代表光伏电站实际功率与区域光伏电站群功率之间相关系数矩阵；

$\circ$——矩阵的阿达马积。

依据上述方法计算权重系数矩阵，为各个代表光伏电站分配权重，最终区域光伏功率预测结果表示为

$$\boldsymbol{P}_{\mathrm{FA}}=\beta_{F}\boldsymbol{P}_{\mathrm{PF}}+d\boldsymbol{E}=cb_{\mathrm{F}}\boldsymbol{P}_{\mathrm{PF}}+d\boldsymbol{E} \tag{3-38}$$

式中　$\boldsymbol{P}_{\mathrm{FA}}$——区域历史功率预测值的时间序列；

$\boldsymbol{P}_{\mathrm{PF}}$——光伏电站历史功率预测值的时间序列矩阵；

c、d——统计参数，为常数；

$\boldsymbol{E}$——单位矩阵。

采用最小二乘法求解式（3-38），求得统计参数 c 和 d。基于式（3-38），以各代

表光伏电站的未来功率预测值为输入，即可得到区域光伏电站群的未来功率预测结果。最后通过累加方式求得区域光伏电站群的功率预测结果。

下面结合具体的案例分析统计升尺度预测方法在区域光伏功率预测中的应用效果。以某地区光伏电站3—4月的数据为基础，进行代表光伏电站的选取和权重系数计算。选取输出功率相关系数大于0.8，预测合格率大于0.8的光伏电站作为代表光伏电站，采用相关系数矩阵法确定权重系数，对该区域5月的区域光伏电站输出功率进行预测。该区域2018年5月基于统计升尺度方法的光伏短期功率预测结果如图3-18所示。

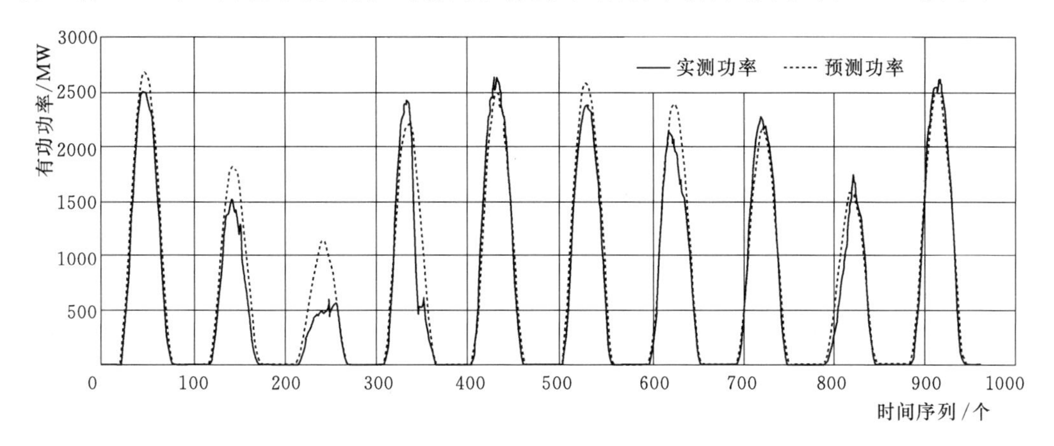

图3-18 基于统计升尺度方法的光伏短期功率预测结果

经统计，该时间段的预测合格率为94.02%，超过预测相关标准的精度要求，预测效果良好。从图3-18中可以看出，当区域内以晴天工况为主、输出功率较高时，预测精度较高。当出现阴雨天气或突发性天气过程时，预测效果较差，例如第4天出现功率陡降的情况，极大绝对误差达到1039.93MW。此外，当出现趋势性天气过程时，该预测算法能够较好地捕捉，以前3天为例，区域内经历了系统性天气过程，日峰值输出功率逐日下降，预测趋势与实测趋势基本吻合，表现出良好的预测效果。

由分析结果可以看出，统计升尺度方法能够满足区域光伏电站的预测精度要求。但是，在对突发性天气过程以及阴雨天的预测仍需进一步研究。

3.2.2.3 概率区间预测

功率预测受数值天气预报精度、预测模型精度、观测数据准确性和完整性、测量数据代表性以及机组运行状态等各种因素的影响，存在同样的预测模型输入对应多个实测功率的情况，功率预测结果存在不确定性。

因光伏发电功率具有波动性和随机性，常用的功率预测模型只对目标时间点的功率期望值进行预测，不足以全面描述未来功率的多种可能性。与确定性预测不同，概率预测提供了比较全面的预测信息，通过概率预测能够得到下一时刻所有可能的光伏出力情况及其对应的概率，因此概率预测更有助于将电力系统运行中的风险控制在合理水平之下。

功率预测的不确定性分析主要是对功率预测误差分布进行分析，一般利用给定置信

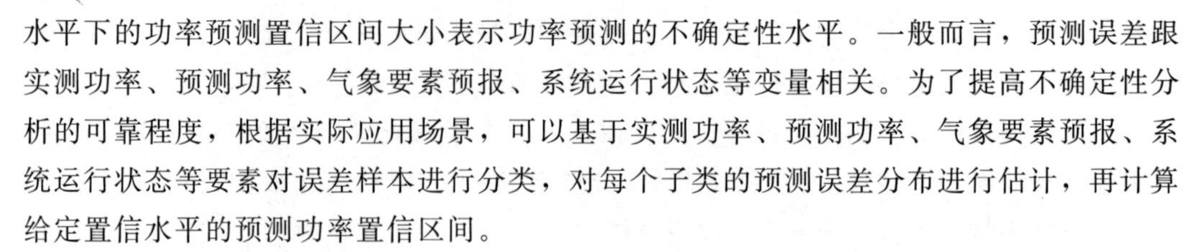

水平下的功率预测置信区间大小表示功率预测的不确定性水平。一般而言，预测误差跟实测功率、预测功率、气象要素预报、系统运行状态等变量相关。为了提高不确定性分析的可靠程度，根据实际应用场景，可以基于实测功率、预测功率、气象要素预报、系统运行状态等要素对误差样本进行分类，对每个子类的预测误差分布进行估计，再计算给定置信水平的预测功率置信区间。

目前，光伏发电功率概率预测方法有正态分布估计、核密度估计、基于神经网络分位数回归理论的概率分布估计、基于 Copula 理论的条件预测误差分布估计以及基于动态贝叶斯网络的光伏发电概率预测等。这里介绍一种基于神经网络分位数回归理论的概率分布估计方法。

Taylor 提出的神经网络分位数回归模型，其表达式为

$$Q_Y(\tau|X)=f[X,V(\tau),W(\tau)] \tag{3-39}$$

$$V(\tau)=\{v_{ij}(\tau)\} \quad i=1,2,\cdots,s;j=1,2,\cdots,t$$

$$W(\tau)=\{w_{jk}(\tau)\} \quad j=1,2,\cdots,;k=1,2,\cdots,r$$

式中　$V(\tau)$ ——输入层到隐含层的连接权向量；

$W(\tau)$ ——隐含层和输出层之间的连接权向量；

s——输入层神经元个数；

t——隐含层神经元个数；

r——输出层神经元个数。

将式（3－39）展开可得

$$f[X,V(\tau),W(\tau)]=g_2\left\{\sum_{j=1}^{i}w_{jk}(\tau)g_1\left[\sum_{i=1}^{s}v_{ij}(\tau)x_i\right]\right\} \tag{3-40}$$

式中　g_1，g_2——隐含层和输出层的激励函数。

与线性模型不同，神经网络分位数回归模型的 $V(\tau)$ 和 $W(\tau)$ 权重参数的估计可以转化为优化问题求解，可以表示为

$$\min_{V,W}\Big[\sum_{i|Y_i\geqslant f(X_i,V,W)}\tau\,|\,Y_i-f(X_i,V,W)\,|+\lambda_1\sum_{i,j}v_{ij}^2+\lambda_2\sum_{j}w_j+\sum_{i|Y_i<f(X_i,V,W)}(1-\tau)\,|\,Y_i-f(X_i,V,W)\,|\Big] \tag{3-41}$$

式中　λ_1，λ_2——惩罚因子，用于避免神经网络分位数回归模型陷入过度拟合。

最优参数 λ_1、λ_2 和隐含层节点数可由 Donaldson 提出的交叉验证方法来确定。在得到 $V(\tau)$ 和 $W(\tau)$ 之后，就可以由式（3－39）求得目标的各个分位数。

将气象参数作为输入，通过神经网络分位数回归模型可以得到待预测时刻光伏功率的有限多个分位数，利用分位数信息可以近似估计出光伏功率的概率分布。

3.2.3　新能源短期功率预测的评价体系

3.2.3.1　确定性预测评价方法

为了保障电力系统的安全稳定运行，规范新能源场站的调度运行管理，各地区不仅

要求新能源场站必须具备功率预测功能，同时也对功率预测的效果提出了一系列的考核要求。新能源电站端对新能源发电功率预测的评价指标主要包括95%分位数偏差率、准确率、合格率、平均绝对误差率、极大误差率以及预测数据上报率等。

（1）95%分位数偏差率。此参数包括95%分位数正偏差率和95%分位数负偏差率。95%分位数正偏差率指将评价时段内单点预测正偏差率由小到大排列，选取位于95%位置处的单点预测正偏差率，其公式为

$$\begin{cases} E_i = \dfrac{P_{Pi} - P_{Mi}}{C_i} \geqslant 0 & i=1,2,\cdots,n \\ E_j = \mathrm{sort}(E_i) & j=1,2,\cdots,n \\ Per_{95} = E_j & j=\mathrm{INT}(0.95n) \end{cases} \tag{3-42}$$

95%分位数负偏差率指将评价时段内单点预测负偏差率由大到小排列，选取位于95%位置处的单点预测负偏差率，其公式为

$$\begin{cases} E_i = \dfrac{P_{Pi} - P_{Mi}}{C_i} \leqslant 0 & i=1,2,\cdots,n' \\ E_j = \mathrm{sort}(E_i) & j=1,2,\cdots,n' \\ Per_{95} = E_j & j=\mathrm{INT}(0.95n') \end{cases} \tag{3-43}$$

式中 Per_{95}——95%分位数偏差率，Per_{95}取值步长根据具体情况而定；

P_{Pi}——i时刻预测功率；

P_{Mi}——i时刻可用发电功率；

C_i——i时刻开机容量；

E_i——i时刻预测偏差率；

E_j——排序后的单点预测偏差率；

sort(·)——排序函数；

INT(·)——取整函数；

n和n'——评价时段内的正偏差样本数和负偏差样本数，不少于1年的同期数据样本。

（2）准确率CR。CR公式为

$$CR = \left[1 - \sqrt{\frac{1}{n}\sum_{i=1}^{n}\left(\frac{P_{Pi} - P_{Mi}}{C_i}\right)^2}\right] \times 100\% \tag{3-44}$$

式中 P_{Pi}——i时刻的预测功率；

P_{Mi}——i时刻的可用发电功率；

C_i——i时刻的开机容量；

n——统计时段内的总样本数。

（3）合格率QR。QR指预测合格点点数占评价时段总点数的百分比，合格点数是指预测绝对偏差小于给定阈值的点数，计算公式为

$$QR = \frac{1}{n}\sum_{i=1}^{n} B_i \times 100\%$$

$$B_i=\begin{cases}1, & \dfrac{|P_{Pi}-P_{Mi}|}{C_i}<T \\ 0, & \dfrac{|P_{Pi}-P_{Mi}|}{C_i}\geqslant T\end{cases} \tag{3-45}$$

式中　B_i——i 时刻预测绝对误差是否合格，若合格为 1，不合格为 0；

T——判定阈值，依各电网实际情况确定，一般不大于 0.25。

（4）平均绝对误差率 MAE。MAE 公式为

$$MAE=\frac{1}{n}\sum_{i=1}^{n}\left(\frac{|P_{Pi}-P_{Mi}|}{C_i}\right)\times 100\% \tag{3-46}$$

（5）极大误差率。此参数包括正极大误差率和负极大误差率，计算公式为

$$EV_{\mathrm{pos}}=\max\left(\frac{P_{Pi}-P_{Mi}}{C_i}\right)\times 100\%\quad i=1,\cdots,n \tag{3-47}$$

$$EV_{\mathrm{neg}}=\min\left(\frac{P_{Pi}-P_{Mi}}{C_i}\right)\times 100\%\quad i=1,\cdots,n \tag{3-48}$$

式中　EV_{pos}——正极大误差率；

EV_{neg}——负极大误差率。

（6）预测数据上报率 R_{r}。R_{r} 计算公式为

$$R_{\mathrm{r}}=\frac{R_{\mathrm{day}}}{N_{\mathrm{day}}}\times 100\% \tag{3-49}$$

式中　R_{day}——评价时段内数据上报成功次数；

N_{day}——评价时段内应上报次数。

调度端对新能源发电功率预测的评价指标与电站端相似，其中 95%分位数偏差率、准确率、合格率和预测数据上报率统计方法与新能源电站端的评价指标相同，而平均绝对误差以及极大误差率的计算方法略有不同，具体如下：

（1）平均绝对误差率 MAE 计算公式为

$$MAE=\frac{1}{n}\sum_{i=1}^{n}\left(\frac{|P_{Pi}-P_{Mi}|}{TC_i}\right)\times 100\% \tag{3-50}$$

式中　TC_i——根据需要采用的 i 时刻电网用电负荷、电网旋转备用容量、风电开机容量。

（2）极大误差和极大误差率的计算公式为

$$E_{\mathrm{pos}}=\max(P_{Pi}-P_{Mi}) \tag{3-51}$$

$$E_{\mathrm{neg}}=\min(P_{Pi}-P_{Mi}) \tag{3-52}$$

$$EV_{\mathrm{pos}}=\max\left(\frac{P_{Pi}-P_{Mi}}{TC_i}\right)\times 100\% \tag{3-53}$$

$$EV_{\mathrm{neg}}=\min\left(\frac{P_{Pi}-P_{Mi}}{TC_i}\right)\times 100\% \tag{3-54}$$

式中　E_{pos}——正极大误差；

E_{neg}——负极大误差；

EV_{pos}——正极大误差率；

EV_{neg}——负极大误差率。

3.2.3.2 概率预测评价方法

概率预测的结果往往无法用传统的统计量来评价，研究人员通常从可靠性、敏锐性两个角度以及两者的综合指标来进行评价。

1. 可靠性指标

假设给定置信度 $1-\alpha$ 下的预测区间为 $I^{\alpha}=[L^{\alpha}, U^{\alpha}]$，则 N 个预测点 P_{m}^{i} 对应的 N 个预测区间表示为 $I_{i}^{\alpha}=[L_{i}^{\alpha}, U_{i}^{\alpha}]$，其中 $i=1, 2, \cdots, N$。

定义变量 ξ_{i}^{α} 为

$$\xi_{i}^{\alpha}=\begin{cases}0 & P_{m}^{i}\notin I_{i}^{\alpha}\\ 1 & P_{m}^{i}\in I_{i}^{\alpha}\end{cases} \tag{3-55}$$

预测区间的覆盖率指标为

$$R_{\text{cover}}=\frac{1}{N}\sum_{i=1}^{N}\xi_{i}^{\alpha} \tag{3-56}$$

若某一概率预测的效果较好，则覆盖率应与置信度 $1-\alpha$ 相近。因此，可以用覆盖率与置信度 $1-\alpha$ 之差 R_{ACE} 来进行评价。

$$R_{\text{ACE}}=R_{\text{cover}}-(1-\alpha) \tag{3-57}$$

R_{ACE} 值的绝对值越小，说明覆盖率越准确，概率预测的结果越可靠。理想情况下，预测区间的 R_{ACE} 值应为 0。

2. 敏锐性指标

除了可靠性之外，概率预测的效果还可以用敏锐性来评价。一般需要预测区间的宽度尽可能窄，若宽度过大，则有效信息较少。

假设预测区间的宽度为 δ^{α}，则其可用区间上界 U^{α} 与区间下界 L^{α} 之差来表示。区间的平均宽度是一个典型的敏锐性指标，即

$$\delta_{\text{mean}}^{\alpha}=\frac{1}{N}\sum_{i=1}^{N}\delta_{i}^{\alpha} \tag{3-58}$$

3. 综合指标

此外，预测区间的敏锐性评价还可以用技能得分（skill score）指标来表示。定义某一预测点 P_{m}^{i} 的概率预测技能分数为

$$S_{\text{skill}}=\frac{1}{N}\sum_{i=1}^{N}(\zeta_{i}-\beta)(P_{\text{m}}^{i}-q^{\beta}) \tag{3-59}$$

其中，q^{β} 表示概率预测结果的 β 分位数，变量 ζ_{i} 的定义为

$$\zeta_{i}=\begin{cases}0 & P_{\text{m}}^{i}\geqslant q^{\beta}\\ 1 & P_{\text{m}}^{i}<q^{\beta}\end{cases} \tag{3-60}$$

这一指标是一个非正值，越接近0表示预测效果越好。

预测区间的技能得分是对预测区间可靠性和敏锐性的结合指标。其可以同时反映概率预测的可靠性和敏锐性，但无法将这两者有效剥离。

除了以上几类指标，概率预测还可以通过连续排名概率得分、覆盖带宽原则、边际标准和期望值平均绝对百分比误差等来进行评价。

3.3 新能源短期功率预测的常规数据需求

无论是哪种预测方法，数据的采集、存储与分析均是预测模型实现的重要保证。本节对风力发电、光伏发电预测方法中所涉及的常规数据进行了归纳，并对常规的数据质量控制要求及控制方法进行了介绍。

3.3.1 数据需求与分类

新能源功率预测方法主要涉及新能源场站基础数据、环境数据、气象监测数据、数值天气预报数据等几类。数据越完备，可以选择的预测方法越多，预测的可靠性越高。

1. 场站基础数据

新能源功率预测所需的场站基础数据主要有两种：一种是静态数据，包括场站的名称、装机信息、经纬度信息、风电机组或者光伏组件信息等；一种是动态数据，包括实时采集的功率信息、并网点电压等。静态数据提供了保证预测数据合理性的约束限制，其中经纬度信息还是数值天气预报生产的必要信息；动态数据则是大多数统计学习预测算法的训练样本来源，影响预测模型的准确性，其中实时采集的功率数据通常以5min的时间分辨率来存储。

2. 环境数据

环境数据主要包括新能源场站周围的地形、地表植被覆盖、建筑物遮挡情况等基本信息。该类信息是常用的物理模型所需要的数据，以风电场功率预测的物理方法为例，风电场区域内的地形变化、地表粗糙度均对场内风速分布产生影响，是物理建模中所必须考虑的因素。

3. 气象监测数据

气象监测数据如气温、气压、湿度、风速、风向、云、降水量、能见度、太阳辐射等，是新能源场站气象资源分布的最直接反映。随着气象监测技术的不断提高，气象数据的利用愈加得到重视。准确的气象监测数据是数值天气预报产品订正、预测模型优化的重要参考依据。不同监测设备具有不同的时间分辨率，且可能包含一定的异常数据，为了满足新能源功率预测的应用，需要对气象监测数据进行质量控制与数据整编，通常将气象监测数据整编为15min分辨率进行存储。

4. 数值天气预报数据

数值天气预报产品在新能源短期功率预测应用领域扮演着非常重要的角色。无论是物理预测方法，还是统计学习方法，均依赖于数值天气预报所提供的未来气象要素预报信息。按照实际应用的需求，在风速、辐射等预报产品数据的生成后，需要按照一定的数据产品格式进行封装发布。

以中国电力科学研究院发布的数值天气预报数据为例，每天8点发布指定站点的数值天气预报文件，数据文件中每一行表示一个特定时间点的预报记录，预报记录采用时间顺序正序排列，预报时间间隔为15min。预报产品变量名称及说明见表3-2。

表3-2 预报产品变量名称及说明

序号	变量名称	说明
1	ID	预报场站站号
2	SITE NAME	预报场站名称
3	TIME	预报时间
4	10sp	10m高层风速
5	10dir	10m高层风向
6	30sp	30m高层风速
7	30dir	30m高层风向
8	50sp	50m高层风速
9	50dir	50m高层风向
10	70sp	70m高层风速
11	70dir	70m高层风向
12	SWDOWN	地表水平面短波总辐射入射通量
13	SWDDIR	地表水平面短波直接辐射入射通量
14	SWDDNI	地表法向短波直接辐射入射通量
15	SWDDIF	地表水平面短波散射辐射入射通量
16	Precipitation	地面降水量
17	Temperature	地面气温
18	Pressure	地面气压
19	RH	地面相对湿度
20	Weather Code	天气类型代码

3.3.2 气象资料质量控制要求

气象资料是新能源功率预测业务应用的基础。气象数据资料的准确与否直接影响着预测的合理性与准确性，但是由于监测设备性能、设备所处环境等因素的影响，容易出现各种差错或误差，因而有必要对气象资料进行数据质量控制，以满足日益高涨的服务需求。

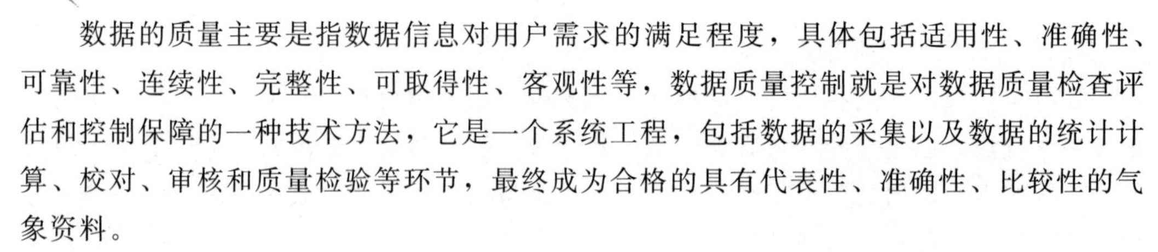

数据的质量主要是指数据信息对用户需求的满足程度，具体包括适用性、准确性、可靠性、连续性、完整性、可取得性、客观性等，数据质量控制就是对数据质量检查评估和控制保障的一种技术方法，它是一个系统工程，包括数据的采集以及数据的统计计算、校对、审核和质量检验等环节，最终成为合格的具有代表性、准确性、比较性的气象资料。

数据质量控制的目标是基于实时气象监测站网络，收集并分析基础监测数据的质量级别，通过数据质量控制规则，对基础监测数据中隐含的异常状态进行评估和校正，形成基于监测的有效数据产品。该类数据可作为风电和光伏发电功率预测、发电量计划统筹，以及常规电源与新能源协调配合的基础。通过数据质量控制，可适时地调整风电、光伏发电功率预测模型参数，合理地进行预测精度校正。详尽可靠的基础气象监测数据产品能够有效地服务于风电、光伏发电功率预测。

气象资料的质量控制主要涉及：格式检查、极值检查、异常值检查、时间相关性检查、空间一致性检查、要素内部一致性检查等。

1. 格式检查

格式检查包括年、月、日的检查，数据字符的检查，数据格式的检查，区站号的检查。

2. 极值检查

极值检查包括气象极限值的检查和历史极值的检查。气象资料质量控制检查界限值见表 3-3。对于气象极限值的检查，如果要素不在表 3-3 范围中，可以标定为错误值。

表 3-3　气象资料质量控制检查界限值

气象要素	最小值	最大值
空气温度/℃	−80	60
露点温度/℃	−80	35
地面温度/℃	−80	80
土壤温度/℃	−50	50
相对湿度/%	0	100
本站气压/hPa	500	1100
风向/(°)	0	360
2min 平均分速/$(m \cdot s^{-1})$	0	75
5min 间隔降水总量/mm	0	40

极值检查包括气象候界限值检查和台站极值检查，有的合并两者检查，极值检查关键是合理选择极值上下界值。当前采用的方法是从台站历史资料中挑出各月最大值和最小值，再加减 n 倍标准差作为极值的上下界限值，n 值根据地区不同采用不同的值，该方法还需要动态更新台站历史极值表，针对太阳能辐射采用如下的极值检查方法：

（1）针对太阳能辐射的极值检查。日总量值检查：利用总辐射总是不小于直接辐射

（在太阳高度角非常低的情况下，两者相等），来检验总辐射值和直接辐射值，去掉其中的异常值。

另外，到达地面的辐射值总是不大于此时太阳辐射的最大值，这个最大值是太阳未经过大气层时的辐射值，它没有经过大气层的衰减，因此是此时的最大值，其计算公式为

$$I_o = I_{sc}[1 + 0.033\cos(360^\circ n/365)] \quad (3-61)$$

在地球大气层上界，平均日地距离处，垂直于太阳光方向的单位面积上所获得的太阳辐射能基本上是一个常数，这个辐照度称为太阳常数，用 I_{sc} 表示，其值约为 1367W/m^2，I_o 为大气层上界的太阳辐射强度；n 为积日，所谓积日，就是日期在年内的顺序号，例如，1 月 1 日其积日为 1，平年 12 月 31 日的积日为 365，闰年则为 366。

月平均值检查：总辐射日总量的月平均值不能超过晴天和大气高透明度情况下可能观测到的极值标准。

年总量值检查：太阳总辐射等值线分布基本上具有纬向带状分布特征。然而云量的不均匀分布使其纬向分布特征遭到严重破坏。我国年总辐射年总量变化范围在 2 倍以上。从最小的 3574MJ/m^2 到最大的 7854MJ/m^2。大部分地区为 4000～6500MJ/m^2。

（2）针对风速的极值检查。15min 内风速变化极值检查：利用 15min 内风速变化的极大值和极小值，判断此时的风速是否异常。

月平均值检查：与月统计均值比较，判断此时的风速是否为可疑数据。

3. 异常值检查

针对异常值的检查，为了克服上述通信设备以及测量设备的影响而造成的异常数据，针对有实测功率数据的站点，通过以下几个原则来过滤这些数据：

（1）针对太阳能辐射的异常值检查。去除当辐射大于定值而功率为零的值，这里的定值可由历史数据统计得到。如果大于这个辐射定值，功率仍然为零，说明此时该数据为异常数据，应剔除。

去除辐射等于零、功率不为零的值，这种情况是由于通信设备导致或者是自动气象站的测量仪器引起的异常数据，也应过滤掉。

（2）针对风速的异常值检查。去除当风速大于定值而功率为零的值，这里的定值可由历史数据进行统计得到，如无历史数据，可以通过风场的风机基础信息计算得到。如果大于这个风速定值，功率仍然为零，说明此时该数据为异常数据，应剔除。

去除风速等于零、功率不为零的值，这种情况是由于通信设备导致或者是自动气象站的测量仪器引起的异常数据，也应过滤掉。

4. 时间相关性检查

气象要素的变化在时间上具有连续性。时间一致性检查是指与要素时间变化规律性是否相符的检查，有 5min 时变检查、1h 时变检查等方法。内部一致性检查是检查气象要素之间是否符合一定的规律，主要有同一时刻不同要素之间的一致性检查和同一时刻

相同要素不同项目之间的一致性检查。

各气象要素临近时间（5min 时间间隔）序列最大变化值见表3-4。

表3-4　临近时间（5min 时间间隔）序列最大变化值

气象要素	怀疑极限值	错误极限值
空气温度/℃	3	4
露点温度/℃	3	4
地面温度/℃	5	10
5cm 土壤温度/℃	0.5	1
10cm 土壤温度/℃	0.5	1
20cm 土壤温度/℃	0.5	1
80cm 土壤温度/℃	0.3	0.5
100cm 土壤温度/℃	0.1	0.2
相对湿度/%	10	15
本站气压/hPa	0.5	2
2min 平均分速/(m·s^{-1})	10	20

5. 空间一致性检查

根据气象要素具有的空间相关性检查。选择5个临近站作为参考，求出被检要素相关系数，此方法也可用于时间序列和不同要素相关检查。具体公式为

$$Y_{i,j}=a_j+b_jX_{i,j} \tag{3-62}$$

式中　$X_{i,j}$——第 j 个参考站第 i 时刻要素实测值；

$Y_{i,j}$——被检站第 i 时刻要素估计值。

通过真实数据与估计值进行比较，判定是否在一定范围内。

6. 要素内部一致性检查

内部一致性是指同一测站同时测得的参数之间应保持一致性原则。如风速为0，则风向为静风，如风向为静风，则风速为0；最大风速不小于极大风速；露点温度不大于空气温度；分钟累计降水量不大于小时累计降水量等。

3.3.3　数据质量控制方法

数据质量控制就是对数据质量检查评估和控制保障的一种技术方法。根据国际气象组织提出的数据监测规范，气象自动观测站数据的质量控制奇异值检测结果应采用标识方法。如在基本质量控制过程中，根据对观测数据的识别结果，可标识为5个基本类：①准确性：观测数据误差小于或等于指定的阈值；②不一致性：观测数据之间不一致；③可疑性：观测数据为可疑数据，需要人工进一步进行识别；④误差性：观测数据的观测误差远大于给定的阈值；⑤完整性：观测数据完整，不缺漏。

常用的数据质量控制技术主要有数据清洗技术、信息提取技术、数据挖掘技术、数

字图像处理技术。

1. 数据清洗技术

数据清洗技术是最常用的数据质量控制方法。根据缺陷数据类型分类，可以将数据清洗方法分为解决空值数据的方法、解决错误值数据的方法、解决重复数据的方法、解决不一致数据的方法四类。

对于空值数据的处理，最简单的方法是估算填充。而估算方法又包括样本均值、中位数、众数、最大最小值填充，这种方法在没有更多信息参考时可以采用，但是有一定误差，如果空值数量较多，则会对结果造成影响，使结果偏离实际情况。

对于错误值的解决方法，需要用一定方法识别该错误值，常用统计方法进行分析，统计工具有很多，例如偏差分析、回归方程、正态分布等，也可以用简单的规则库检查数值范围，使用属性间的约束关系来识别和处理数据。重复数据的解决方法较为复杂。如何判断重复记录则涉及实体识别技术，完全相同的记录即指向相同实体，而对于有一定相似度的数据，有可能指向同一实体，例如对同一数据采用不同的计量单位，需要采用有效的技术诊断识别。而可能存在一种极端的情况，即不相同的两条记录，可能反映了同一实体的不同观测点，清洗时需要进行数据合并。

不一致的数据较多地体现为数据不满足完整性约束。可以通过分析数据结构、元数据文档，得到数据之间的关联关系，并制定统一的标准。

2. 信息提取技术

在对多源气象数据的处理过程中，需要用到 ETL（extract - transform - load）技术，从而将数据存入统一数据库中。ETL 主要用于描述将数据从来源端经过抽取、转换、加载至目的端的过程。

实现 ETL，首先要实现 ETL 转换的过程，主要体现为以下方面：

（1）空值处理：可捕获字段空值，进行加载或替换为其他含义数据，并可根据字段空值实现分流加载到不同目标库。

（2）规范化数据格式：可实现字段格式约束定义，对于数据源中时间、数值、字符等数据，可自定义加载格式。

（3）拆分数据：依据业务需求可对字段进行分解。

（4）验证数据正确性：可利用 Lookup 及拆分功能进行数据验证。

（5）数据替换：可实现无效数据、缺失数据的替换。

（6）Lookup：查获丢失数据 Lookup 实现子查询，并返回用其他手段获取的缺失字段，保证字段完整性。

（7）建立 ETL 过程的主外键约束：对无依赖性的非法数据，可替换或导出到错误数据文件中，保证主键唯一记录的加载。

3. 数据挖掘技术

数据挖掘是从大量的、不完全的、有噪声的、模糊的、随机的数据中提取隐含在其中的、人们事先不知道的但又是潜在有用的信息和知识的过程。数据挖掘的任务主要是关联分析、聚类分析、分类、预测、时序模式和偏差分析等。

关联规则挖掘是由 Rakesh Apwal 等人首先提出的。两个或两个以上变量的取值之间存在某种规律性，就称为关联。聚类是把数据按照相似性归纳成若干类别，同一类中的数据彼此相似，不同类中的数据相异。分类就是找出一个类别的概念描述，它代表了这类数据的整体信息，即该类的内涵描述，并用这种描述来构造模型，一般用规则或决策树模式表示。

预测是利用历史数据找出变化规律，建立模型，并由此模型对未来数据的种类及特征进行预测。预测关心的是精度和不确定性，通常用预测方差来度量。时序模式是指通过时间序列搜索出的重复发生概率较高的模式。与回归一样，它也是用已知的数据预测未来的值，但这些数据的区别是变量所处时间不同。在偏差中包括很多有用的知识，数据库中的数据存在很多异常情况，发现数据库中数据存在的异常情况非常重要。偏差检验的基本方法就是寻找观察结果与参照之间的差别等。

4. 数字图像处理技术

非结构化气象数据，如卫星云图、气象监控视频，都会运用到数字图像处理技术。数字图像处理是通过计算机对图像进行去除噪声、增强、复原、分割、提取特征等处理的方法和技术。其中图像增强和图像复原技术的目的是为了提高图像的质量，如去除噪声，提高图像的清晰度等；图像分割是将图像中有意义的特征部分提取出来进一步进行图像识别、分析和理解的基础；图像描述是图像识别和理解的必要前提。

作为最简单的二值图像可采用其几何特性描述物体的特性，一般图像的描述方法采用二维形状描述，它有边界描述和区域描述两类方法。对于特殊的纹理图像可采用二维纹理特征描述。随着图像处理研究的深入发展，已经开始进行三维物体描述方法；图像分类（识别）是图像经过某些预处理（增强、复原、压缩）后，进行图像分割和特征提取，从而进行判决分类。

图像分类常采用经典的模式识别方法，有统计模式分类和句法（结构）模式分类，近年来新发展起来的模糊模式识别和人工神经网络模式分类在图像识别中也越来越受重视。

3.4　复杂条件下的新能源短期功率预测

随着全球气候变化趋势愈加明显，台风、强降水、极端温度等各类极端天气已成为气候常态，而能源短缺和环境污染的严重加剧，又促进风能和太阳能等新能源发电不断发展。新能源发电依赖于自然风、太阳辐照等自然资源，在满足一定气象条件的情况下，可以安全稳定地运行发电。

风电机组运行在切入风速与切出风速之间。台风、沙尘暴等极端气象情况下，风电场实际风速可能大于风电机组切出风速，导致风电机组停机，并且有可能超过设备载荷

极限，产生强湍流，造成区域内设备损坏。对于以太阳辐照为原动力的光伏发电，在暴雪、沙尘暴、大面积云团遮挡等气象条件下，光伏发电功率将快速跌落。

复杂天气条件下新能源发电的随机性和短时剧烈波动增加新能源功率预测的难度，且严重影响新能源电站的运行效率，对电网运行安全形成巨大挑战，已引起包括电力部门和气象部门的足够重视。为详述复杂天气条件下的功率预测，下面将介绍各复杂场景及其预测影响，并对显著影响新能源发电的台风、沙尘/雾霾、大范围云系的预报模式及应用进行阐述。

3.4.1 复杂场景

3.4.1.1 复杂场景概述

现有新能源短期功率预测技术一般是使用基于中尺度数值天气预报的功率预测物理模型，绝大多数面向电网调度机构及场站的新能源短期预测以物理模型为主要技术实现途径。对于一般的晴雨天气，上述预测模型通常能达到预测考核要求，但在实际运行中预测模型往往有失效的情况，尤其是在复杂条件下，基于中尺度数值模式的功率预测并不可信，因此需要考虑数值模式的类型和异常因子的影响，从而对模型进行修正。

对于复杂条件下的功率预测，常见复杂条件下的预测场景如图 3-19 所示，预测场景大体可以分为两类：

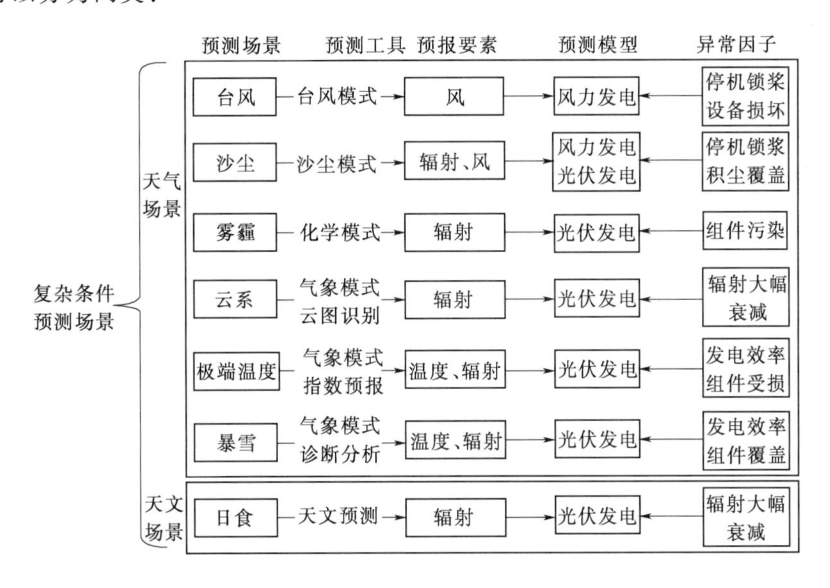

图 3-19 复杂条件下的预测场景

(1) 天气场景：台风、沙尘、雾霾可以通过中尺度数值模式耦合相应的台风模式、沙尘模式、化学模式进行预报；云系、极端温度、暴雪则需要在中尺度数值模式结果的基础上，分别引入云图识别、预报指数和诊断分析进行预报修正；

(2) 天文场景：日食不属于天气现象的范畴，因此利用中尺度数值模式并不能模拟出日食影响下的气象要素变化，需要根据天文预测日食的发生时间，再进行数值模式结果的修正。

复杂场景下的预测除了考虑气象要素本身的变化情况外，台风、沙尘产生的强风会造成停机锁桨或设备损坏；沙尘、雾霾的气溶胶粒子覆盖在光伏组件表面，导致有效辐射能量减少；极端温度、暴雪使组件受损，造成发电效率下降等异常因子也需要考虑到预测模型中，以提高预测精度。

复杂条件下的新能源功率预测是一类真实且有挑战性的预测场景，要做好这类场景下的预测，需要对背景信息进行了解，下面将分别阐述各类天气场景和天文场景。

1. 天气场景

（1）台风。台风是指发生在西太平洋和南海，中心附近最大风力达 12～13 级（1988 年底以前，我国曾规定中心附近最大风力达 8 级或以上）的热带气旋，包括热带低压、热带风暴、强热带风暴、台风、强台风、超强台风。我国处于西北太平洋和南海沿岸，东南沿海的海岸线漫长，地理位置特殊，是世界上受台风危害最为严重的国家之一。目前，气象部门通过已建成的国家级和省级气象台观测站网，对台风实施从生成到消亡的全程监测。对于远海台风的监测主要是依赖于气象卫星，而当台风临近和登陆沿海地区时更多的是借助于气象站网加密观测、多普勒天气雷达以及中尺度地面自动观测站网的监测。

现有数值预报模式中的预报量主要包括气象要素场，但对于台风而言，通用的数值预报模式还不能完全胜任，需要在数值天气预报模式框架基础上研发专业应用的数值预报系统，要在模式中含有反映台风独有物理过程的计算方案，并建立相应的物理过程。我国国家气象中心以及上海和广州的台风数值预报模式、日本的台风模式、美国地球流体动力学实验室的飓风模式等都有针对台风的物理参数化和初始化模块。

（2）沙尘。沙尘天气是指风将地面尘土、沙粒卷入空中，使空气混浊的一种天气现象的统称。包括浮尘、扬沙、沙尘暴、强沙尘暴和特强沙尘暴，沙尘天气类别见表 3-5。沙尘天气发生的物理机制相当复杂，但必须具备沙源、大风、低层大气层结构不稳定三个必要条件，而且三者必须密切配合，缺一不可。国内外对沙尘天气的研究已逐步系统化，从沙尘的天气气候学特征、分析预报、遥感监测、沙尘暴成分分析、数值模拟、灾害预报等方面都做了一些探索性研究。我国沙尘气溶胶主要来源于新疆、甘肃、内蒙古的沙漠以及黄土高原等干旱和半干旱地区，每年春季大量沙尘通过大风天气输送到下游地区，对大气环境造成严重污染，对生态环境造成巨大破坏，对交通和供电线路产生重要影响。

（3）雾霾。雾霾天气是雾（近地面的空气层中悬浮着大量微小水滴或冰晶，使水平能见度降到 1km 以下的天气现象）、轻雾（空气中悬浮着微小水滴或吸湿性潮湿粒子，使地面水平能见度在 1～10km 的天气现象）和霾（悬浮在空中肉眼无法分辨的大量微粒，使水平能见度小于 10km 的天气现象）三种天气的统称。雾霾是在特定气候条件与人类活动相互作用下形成的结果，大量细颗粒物的排放一旦超过大气循环能力和承载

表 3-5　　沙尘天气类别

类别	定　义
浮尘	当天气条件无风或平均风速小于 3m/s 时，尘土、细粒浮游在空气中，使水平能见度小于 10km 的天气现象
扬沙	风将地面沙尘吹起，使水平能见度在 1～10km 的天气现象
沙尘暴	强风扬起地面的沙尘，使水平能见度小于 1km 的风沙现象
强沙尘暴	大风将地面沙尘吹起，使空气非常混浊，水平能见度小于 500m 的天气现象
特强沙尘暴	狂风将地面大量沙尘吹起，使空气特别混浊，水平能见度小于 50m 的天气现象

度，将会持续积聚，若再受到静稳天气影响，极易出现大范围的雾霾。PM2.5（空气动力学当量直径小于等于 2.5μm 的颗粒物）被认为是造成雾霾天气的“元凶”，我国 PM2.5 污染问题尤为突出，京津冀地区和长三角地区的 PM2.5 污染已经表现出连成一片、形成“华北、华东重污染带”的趋势。

（4）云系。云是悬浮在空中，不接触地面，肉眼可见的水滴、冰晶或两者的混合体。根据云的特性和形成过程可以将云区分为 3 族 10 属 29 类。按云底高度将云分为高、中、低 3 族，然后根据云的外形再区分为 10 属（卷云、卷层云、卷积云、高层云、高积云、层云、层积云、雨层云、积云和积雨云），并根据云的具体结构特征进一步细分为 29 类（如淡积云、碎积云、透光层积云、堡状高积云、毛卷云等）。云对地气系统的辐射收支平衡有重大影响，由于云中水滴和冰晶的散射，使云体表面成了比较强的反射面，云的反照率既依赖于云的厚度、相态、微结构及含水量等云的宏微观特性，也与太阳高度角有关。云层覆盖了大约 50%的地球表面，云顶表面又具有较大的反照率，这就使得到达地面的太阳辐射大大减少，而返回宇宙空间的辐射能量加大。

（5）极端温度。极端温度是指一段时间内某一地区达到的最低和最高温度，有时也指同一时期温度空间分布（一般指水平分布）中的最高和最低值。极端温度表征了到达地面的太阳辐射的异常情况，如极端高温代表到达地面的太阳辐射正异常，季节变化可以看作是当地天气气候系统在太阳辐射和下垫面性质等外在强迫影响下，受大尺度甚至全球天气气候状态影响而发生的自身性质演变，因此地面太阳辐射异常形成的极端温度与季节持续时间或来临时间的变化有着内在或外在的联系。极端温度事件的影响范围和灾害程度具有明显的季节差异，春、秋、冬三个季节的极端低温与寒潮紧密联系，夏季的极端高温与高温热浪联系更多。在全球变暖的背景下，大部分陆地地区极端低温事件发生频率逐渐减少，而极端高温事件发生频率明显增加，其中极端低温事件频率的减少比极端高温事件频率的增加更为明显。

（6）暴雪。暴雪是指 12h 降雪量超过 6mm 或 24h 降雪量超过 10mm 的降雪，伴随暴雪而来的往往还有大风、寒潮等恶劣天气。暴雪的生成是不同尺度系统相互作用的结果，天气尺度系统为暴雪生成提供了大尺度环境条件，地理位置和条件的差异使得降雪产生的机制和成因存在一定的区别。我国暴雪的高发区是新疆北部的天山和阿尔泰山、长白山、辽东半岛、青藏高原东部和喜马拉雅山脉、太行山脉和黄淮平原。江西东部与北部、浙江中部、江苏南部、安徽中部和河南南部出现小雪和中雪的次数并不多，均是大到暴雪的高发区。此外，降雪具有一定的季节分布规律，主要集中于 11 月至次年 4 月，其中小雪和特大暴雪以 1 月最多，中雪以 2 月最多，大雪和暴雪则以 3 月最多，但这只是气候特征，降雪天气的实际发生，包括出现的具体时间、地区、强度和频次等，在年与年之间还有较大差异。

2. 天文场景

当月球运行到太阳和地球之间，若三者正好处于一条直线时，月球挡住了太阳射向地球的光，月球的黑影正好落到地球上，于是就发生了日食现象。一次日食的具体过程可以包括初亏、食既、食甚、生光、复圆五个阶段。

日食使到达地气系统的太阳辐射能受到削弱，由此对地球上一定范围内的气象状况产生影响。日食初亏开始，太阳的总辐射下降较为明显，随着日食影响的加剧，各要素值变化明显；食甚时，总辐射迅速降到最低；复圆开始后，各种要素值开始回升，直至正常。日食发生时，太阳辐射变化幅度大，温度的变化与太阳辐射的变化相比有一定的滞后性，日食的出现打破了各种气象要素的正常变化规律，对各种气象要素短时间变化的影响非常明显。

3.4.1.2 复杂场景对功率预测的影响

台风主要对风电预测影响较大，台风期间不仅风速较大，水平风向也会发生突变，同时湍流强度及风切变也会出现异常的现象。但是不同地形、不同下垫面、不同风向、距台风中心不同距离，会使得所关注区域的风场特性呈现不同的趋势。台风对于风电机组的影响，不仅要考虑到极限风速、还要考虑到风向和湍流强度等指标。台风不仅考验着风电机组抗击极限风速的能力，更考验着风电机组的控制策略。在台风环境的复杂风况条件下，若控制策略不对，停机锁桨时叶片的朝向有偏差，很可能造成叶片被台风摧毁。

太阳辐射在穿透大气层时将受到雾霾、沙尘、云系、日食等的因素影响，造成太阳辐射能量损失从而影响光电预测，若雾霾、沙尘天气频繁持续出现，电池组件表面的颗粒物不断累积，在组件表面会形成难以清洗的积尘遮挡，造成电池组件表面污染，影响组件寿命。积雪一方面会造成光伏组件的大面积损坏，影响光伏电站电能输出；另一方面积雪会覆盖在光伏板上，影响太阳辐射到达光伏板的能量。极端温度则会影响到设备的生存，导致组件的发电效率急剧下降。

传统的极端天气预测研究主要是通过对月和季节平均气候状况的统计，分析平均气候异常特征，从而实现对极端天气事件的预测评估。通常采用如下方法：

（1）统计方法：即利用历史观测数据，应用各种统计方法建立预报量与预报因子之间的转换函数，预测诸如强降水日数、高温日数、低温日数等极端气候要素。转换函数包括线性回归、非线性回归、人工神经网络、典型相关分析或主成分分析等。

（2）动力方法：即首先利用大气模式或海气耦合模式的回报序列，统计极端气候变

量阈值，然后根据气候模式数值模拟结果，预报极端气候的强度、发生概率或频次。

（3）动力统计相结合方法：即采用模式输出统计预报的释用方法，如与随机天气发生器结合进行极端气候变量的预测。

将极端天气事件预报应用于新能源发电功率预测，能在一定程度上提升功率预测精度水平，增强极端天气条件下新能源场站管理运行水平。

3.4.2 台风模式及其应用

3.4.2.1 台风模式

台风是一种具有强风与暴雨特性的灾害性天气现象，但是受观测能力和观测手段的限制，通常只能得到台风风场局部的信息，相比而言，数值模拟方法可以在一定程度上弥补观测的不足，得到详细的台风边界层风场。当台风从大海向陆地移动时，能量需要一定的时间逐步消失，因此沿海各省区的内陆山区仍会受到台风的影响，若风电场位于台风移动路径或影响半径范围内，其一方面会带来丰富的风能资源；另一方面也可能会造成风电机组损坏。

气象学中的中尺度模式（the weather research and forecasting model，WRF）与工程中的计算流体力学（computational fluid dynamics，CFD）模型分别是研究大气中尺度与小尺度流动的数值模拟手段。对于风电预测关心的台风数值模拟问题，单一依靠WRF或CFD模型都不能满足当前台风风场精细化模拟的需要。WRF精度通常在1km量级以上，能够得到台风螺旋雨带等中尺度特征，一定程度上满足大区域台风风场研究需要，但由于采用地形追随坐标，水平尺度大，物理过程参数化，只能以少数几个格点作为整个区域的代表，难以显示较小尺度精细化的台风风场。CFD模型模拟台风，需要跨越1～2个尺度，且未能考虑水汽、积云、辐射、下垫面等地球物理过程，仅适用于模拟局部区域台风流动，可以达到1×10^{1}m量级。

台风数值模拟是一个多尺度的过程，台风涡旋运动的尺度从几米到上千公里不等，不同尺度的大气流动具有不完全相同的物理特征，因此需要耦合中尺度WRF和CFD模型，采用多层嵌套的方法来模拟台风，对台风影响区域的风场逐步放大和细化，实现台风影响下的风电预测。

台风数值预报模式是我国台风预报的一种重要手段。20世纪80年代以来，随着计算机技术的应用和发展，美、欧、日等国家和地区热带气旋数值预报发展很快，各自建立和发展了一些台风预报模式和系统，开展了全球或区域的台风预警预报和研究工作。

当前，发达国家的全球模式分辨率已普遍提高到10～25 km，达到了全球中尺度模式的水平，尤其是ECMWF的确定性预报业务模式已于2013年升级为T1279L137，水平分辨率约16 km，垂直分层达137层，全球中期集合预报业务模式相应升级为T639L91，水平分辨率约30 km，大幅提高了台风预报的精度。国内外热带气旋数值预报业务模式简要描述见表3-6。法国、韩国等建立了三维变分同化系统，欧洲中期数值预报中心、英国气象局、日本气象厅和澳大利亚气象局等发达国家都已建立了气象资料四维变分同化系统。

表 3-6　国内外热带气旋数值预报业务模式简要描述

预报系统	模式类型	模式分辨率	同化方案	涡旋初始化方法	预报时效/h
GMFS T639（中国）	全球谱	30km、60 层	3DVAR	涡旋重定位涡旋强度调整	240
ECMWF IFS（欧洲）	全球谱	16km、137 层	4DVAR	无	240
JMA GSM（日本）	全球谱	20km、100 层	4DVAR	非对称 Bogus 涡旋	264
NCEP GFS（美国）	全球谱	23km、64 层	Hybrid 4DVAR	涡旋重定位	384
UKMO Unified Model（英国）	全球格点	25km、70 层	Hybrid 4DVAR	Bogus 涡旋	144
GDAPS（韩国）	全球谱	25km、70 层	4DVAR	Bogus 涡旋	240
NCEP GFDL（美国）	区域格点	6km、90 层	GFS analysis	涡旋重定位	126
UKMO NAE（英国）	区域格点	12km、70 层	4DVAR	Bogus 涡旋	48
RDAPS（韩国）	区域谱	12km、70 层	3DVAR	Bogus 涡旋	84
GRAPES _ MESO（中国）	区域谱	15km、31 层	3DVAR	涡旋循环	72

3.4.2.2　模式应用案例

1. WRF 模拟

以 2016 年的“莫兰蒂”台风为例，利用 WRF 模拟反演“莫兰蒂”的变化过程，其中 WRF 的垂直方向共 45 层，模式顶为 50hPa。为了获取风电机组所在近地层的风场特征，在模式中采用上疏下密的划分方法，将 1 km 以下区域划分为 13 层。

针对台风风场的模拟研究，采用中尺度 WRF，其主要优点如下：

（1）动力框架清晰、准确。

（2）数值求解效率高。

（3）便于引入“涡旋初始化”及其他资料同化。

（4）边界条件相对准确。

（5）模拟范围广，可覆盖台风活动的整个过程。

因此，针对此次台风设置模拟区域，中心点为（26°N，118°E），模式设为二层嵌套：第一层水平分辨率设为 9km，网格数为 424（南北）×550（东西）；第二层设为

3km，网格数为262（南北）×262（东西）。

模式积分时段为2016年9月13日20时至16日08时，辐射方案采用RRTM长波辐射方案和Dudhia短波辐射方案，采用YSU边界层方案和Noah陆面模式耦合单层城市冠层模式。

此次“莫兰蒂”台风没有经过中国台湾，而是直接登陆福建厦门，降雨强度大、效率高，且风速极值大，为强台风级。

“莫兰蒂”台风近地层风场登陆前后变化图如图3-20所示。从模拟的台风风场结构来看，模拟的东北风盛行于福建东部沿海，且随时间推移风速逐渐加大，与观测基本一致，模拟出9月15日凌晨漳州—厦门—泉州一带风场出现的气旋式结构特征，但内陆地区模拟的风场较观测略强。

从图3-21可以看出，“莫兰蒂”台风中心很明显，结构相对对称，台风中心附近的近地层风速最大。此次台风从台湾南边穿过台风海峡，登陆厦门然后消散。风场结构在台湾南边擦过时没有变形，在台湾海峡时结构依然完整；登陆厦门时由于地形作用，风速开始减小，结构变形；深入内陆后，由于地表摩擦耗散，台风中心已基本看不出来。

2. CFD降尺度

在中尺度WRF中，由于采用的是地形追随坐标，因而对于地形进行了一定程度的平滑处理，因此不能精确地描述出地表的特征。为了获得适用于CFD的区域精细化流场，需利用地形高程数据，建立出适合大小的流场区域地形数值模型。

在CFD计算的各种数值算法中，有限元方法具有计算精度高、应用灵活、适合复杂多变地形地貌等优势，基于改进的有限元法，引入约化积分、自适应单元格、改进森林冠层模型以及复杂积分快速求解算法等技术，提高CFD计算效率。此外，为了有效模拟台风登陆条件下，近地面风场、风流矢量分布的特征，可在数值模拟分析中引入基于实测分析的廓线计算，结合CFD数值边界条件，提高整体算法精度。

基于前述莫兰蒂台风的数值模拟，选取风雨较强且对电网破坏较大的区域（中心经纬度：117.98°E，24.62°N），利用CFD软件对该区域进行降尺度处理，分析台风局部风场的变化。利用CFD降尺度处理后的局地风速和湍流强度分布如图3-21所示，从图3-21（a）中可以看出台风经过该区域的平均风速最小已达3.5m/s，满足风电机组的“切入”要求，而平均风速最大已超17m/s，超出风电机组的“切出”风速，风电机组需停止工作。另外，湍流强度是决定风电机组安全等级或者设计标准的重要参数之一。当台风气流受到地面粗糙度的摩擦或者阻滞作用时，会导致强湍流和涡旋小风区的发生［图3-21（b）］，并不是风速越大的地方湍流越大。

因此，在台风天气条件下进行新能源功率预测时需着重考虑“切出”风速情况，此外还需考虑风电机组所在区域的地形，以防台风经过时产生强湍流对风电机组造成损害。

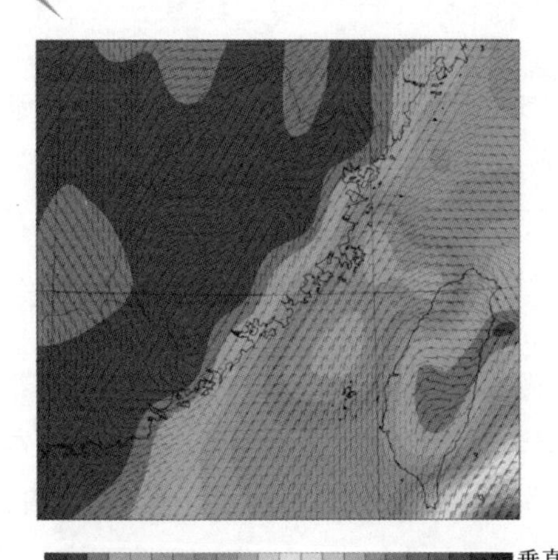

(a) 2016-09-13 20:00

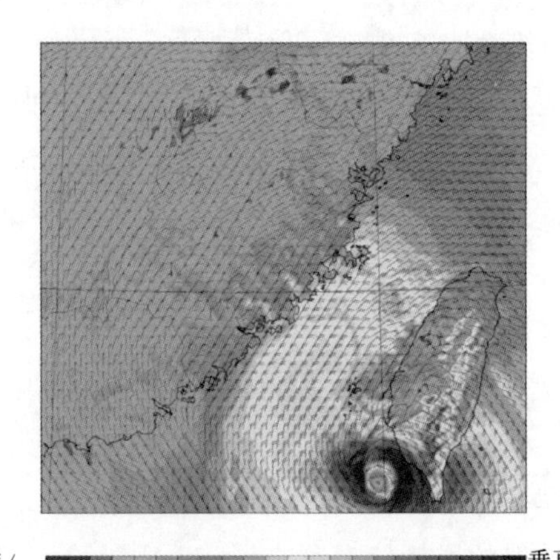

(b) 2016-09-14 12:00

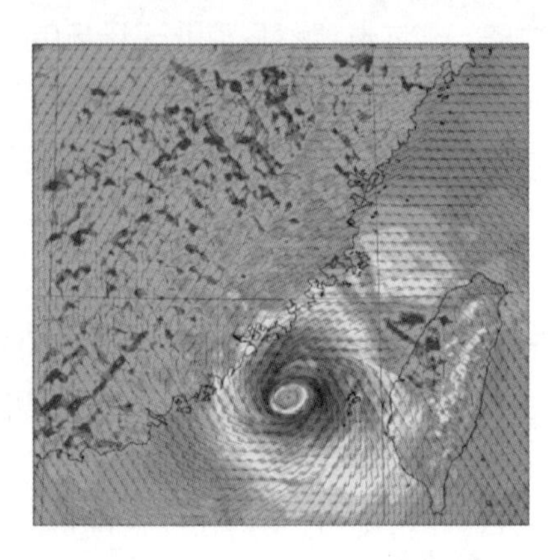

(c) 2016-09-14 20:00

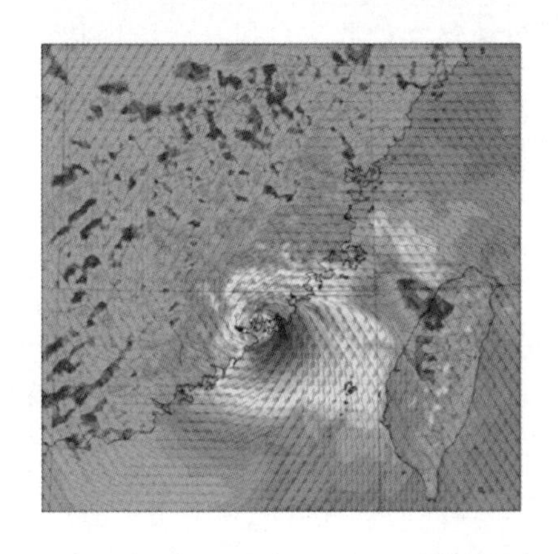

(d) 2016-09-15 02:00

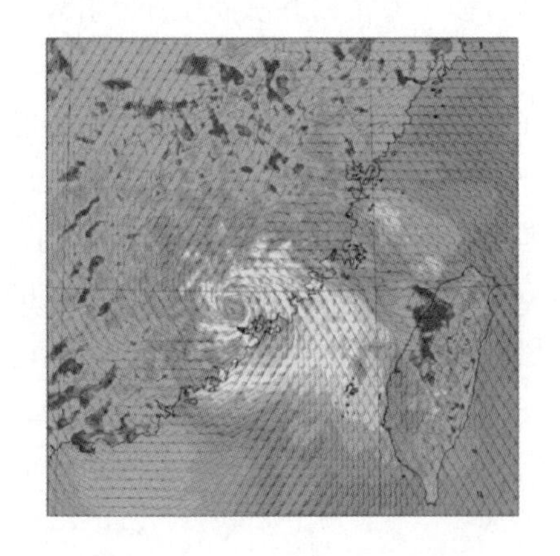

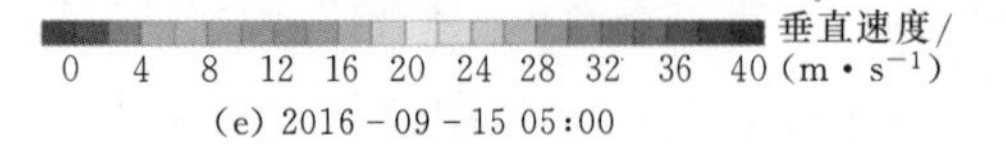

(e) 2016-09-15 05:00

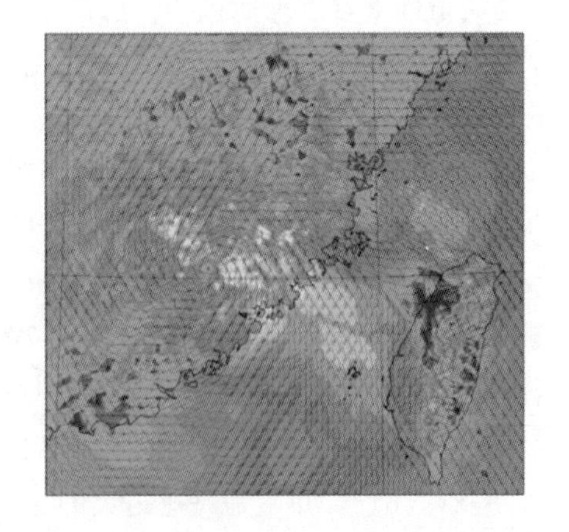

(f) 2016-09-15 08:00

图3-20　“莫兰蒂”台风近地层风场登陆前后变化图

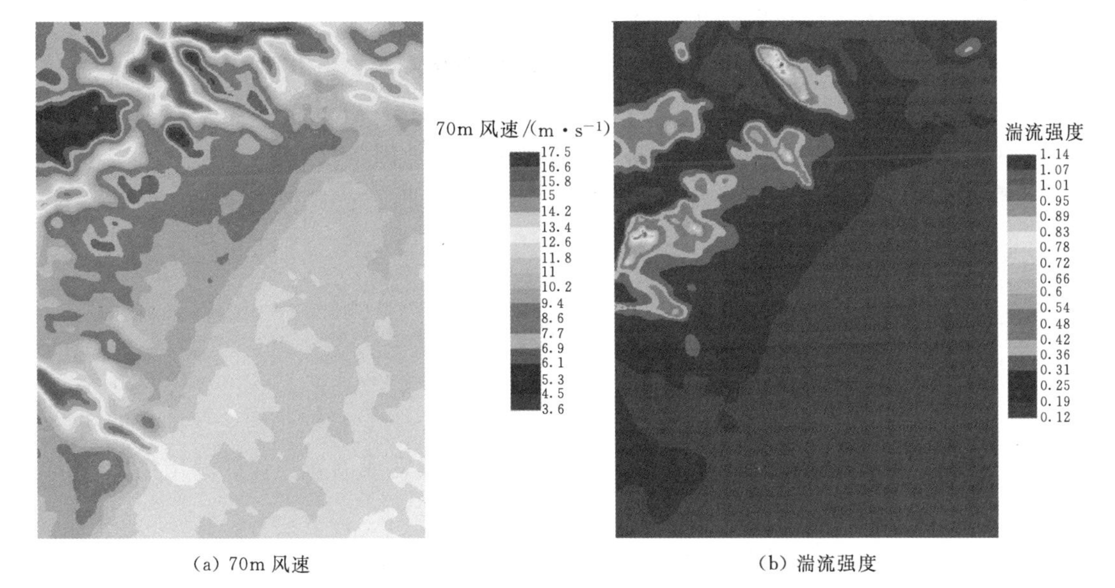

(a) 70m 风速　　　　(b) 湍流强度

图 3-21　利用 CFD 降尺度处理后的局地风速和湍流强度分布

3.4.3　空气质量模式及其应用

3.4.3.1　空气质量模式

空气质量模型是基于人类对大气物理和化学过程科学认识的基础上，运用气象学原理及数学方法，从水平和垂直方向在大尺度范围内对空气质量进行仿真模拟，再现污染物在大气中输送、反应、清除等过程的数学工具，是分析大气污染时空演变规律、内在机理、成因来源、建立“污染减排”与“质量改善”间定量关系的重要技术方法。

自 1970 年到现在，美国环境保护署或其他机构共资助开发了三代空气质量模型：20 世纪 70 年代到 80 年代，推出了第一代空气质量模型，这些模型又分为箱式模型、高斯扩散模型和拉格朗日轨迹模型；80 年代到 90 年代的第二代空气质量模型主要包括 UAM、ROM、RADM 在内的欧拉网格模型；90 年代以后出现的第三代空气质量模型是以 CMAQ、WRF-CHEM 等为代表的综合空气质量模型，即“一个大气”的模拟系统。

空气质量模型一般考虑以下大气过程：排放（人为和自然源排放）、输送（水平平流和垂直对流）、扩散（水平和垂直扩散）、化学转化（气、液、固相化学反应）、清除机制（干湿沉降）等。其中，排放清单的准确性是影响空气质量模型模拟结果的最重要因素。目前国内用得较多的是我国多尺度排放清单模型（multi-resolution emission inventory for china，MEIC)，这是一套基于云计算平台开发的我国大气污染物和温室气体人为源排放清单模型，由清华大学开发和维护。该排放源清单具有以下特点：

(1) 涵盖 10 种主要大气污染物和温室气体（SO_2、NO_x、CO、NMVOC、NH_3、

CO_2、PM2.5、PM10、BC和OC）和700多种人为排放源。

（2）基于统一的方法学和基础数据建立，版本化管理，方法和数据透明且易于比较。

（3）集成了最新的动态排放清单方法和本地化的排放因子数据库。

（4）与空气质量模型无缝链接，提供可供模型直接使用的多层嵌套高时空分辨率排放清单。

（5）提供数据接口，实现与本地排放清单的对接。

（6）基于云计算技术，提供网格化排放清单在线计算和数据下载。

在空气质量模拟方面，中尺度气象化学耦合模式（weather research forecasting/chemistry，WRF-Chem）是最常用的一种空气质量模式，该模式是由美国国家海洋局和大气管理局、美国国家大气研究中心等单位共同开发完成的新一代区域化学传输模式，气象模块和化学模块完全在线耦合。

WRF-Chem模式结构框架如图3-22所示，虚线框为化学模块WRF-Chem化学传输模式主要由四部分组成，包括WRF前处理模块、化学模块、主模块和后处理和可视化模块。WRF-Chem不仅具有WRF模式的完整功能，可用于预报/模拟包含温度场、风场、云雨过程等物理量的天气；还能模拟排放和传输的成分，耦合包含完整化学物种的空气质量模型来模拟氮氧化物、硫氧化物、臭氧等物质的相互作用，并考虑了沙尘的起沙、传输和沉降过程，可用于沙尘的模拟研究。与WRF框架的区别在于WRF-Chem需要输入化学初始条件和边界条件，同时需要输入排放源网格数据。

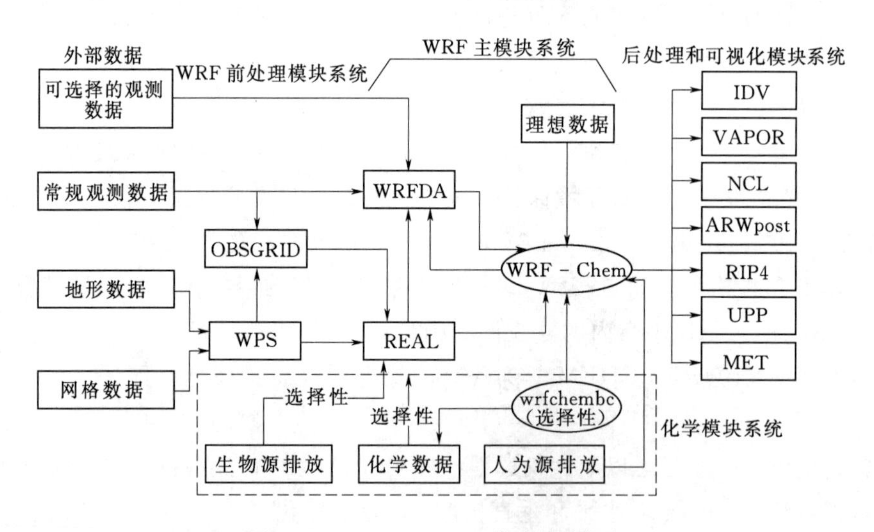

图3-22　WRF-Chem模式结构框架

WRF-Chem模式中可以通过气溶胶—辐射和气溶胶—云作用来反映污染物质对辐射的影响，主要通过气溶胶模块、云物理和辐射模块的衔接来实现。WRF-Chem气溶胶直接与间接效应实现的模块间关系如图3-23所示，在WRF-Chem模式中气溶胶是影响辐射的主要因子，通过直接和间接效应影响到达地表的辐射量。气溶胶的直接效应

是指气溶胶粒子根据自身物理属性散射和吸收太阳辐射，反馈到辐射模块中改变到达地表的辐射量；气溶胶的间接效应是指气溶胶粒子可以活化为云凝结核，改变云的反照率、生命周期等影响云的生消过程，再反馈到辐射模块中影响到达地表的辐射量。

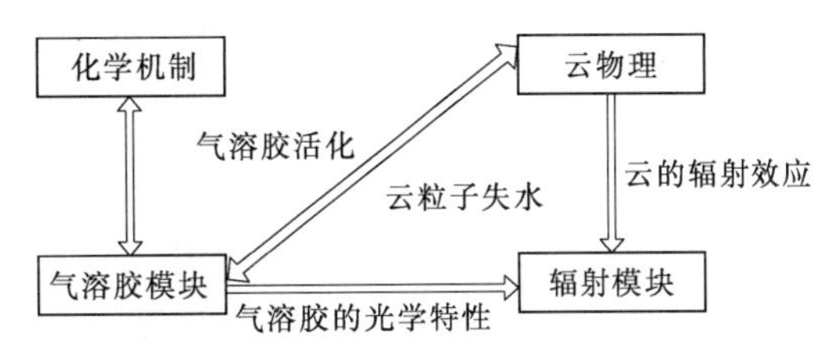

图 3-23　WRF-Chem 气溶胶直接与间接效应实现的模块间关系

3.4.3.2　模式应用案例

基于 WRF-Chem 模式分别对甘肃区域的一次雾霾和沙尘过程进行模拟，D01 覆盖西部大部分地区，水平分辨率 27km，模式格点数 136×103；D02 覆盖甘肃整个地区，水平分辨率 9km，模式格点数 181×148；垂直方向分为 24 层，模式顶为 50hPa。试验区域雾霾模拟参数设置见表 3-7，雾霾模拟时间为 2018 年 3 月 17 日—2018 年 3 月 20 日，辐射方案采用 RRTM 长波辐射方案和 Goddard 短波辐射方案，其他方案采用 WSM6 云物理方案、YSU 边界层方案、Grell-Devenyi 积云对流方案、Noah 陆面模式；沙尘模拟时间为 2015 年 3 月 30 日—2015 年 4 月 2 日，辐射方案采用 RRTM 长波辐射方案和 RRTMG 短波辐射方案，其他方案采用 Morrison 云物理方案、MYNN 2.5 阶边界层方案、Grell 3D 积云对流方案、Noah 陆面模式。雾霾和沙尘模拟时，采用相同的人为排放源，并根据 CBMZ 方案处理读入，最大区别在于沙尘模拟时需要加入 Shao _ 2004 起沙方案。

表 3-7　试验区域雾霾模拟参数设置

个例模拟	雾 霾 模 拟	沙 尘 模 拟
模拟时间	2018 年 3 月 17 日—2018 年 3 月 20 日	2015 年 3 月 30 日—2015 年 4 月 2 日
模式系统	WPSV3.5.1+WRF-ChemV3.6	WPSV3.5.1+WRF-ChemV3.7
云物理方案	WSM6 scheme	Morrison scheme
长波辐射方案	RRTM scheme	RRTM scheme
短波辐射方案	Goddard shortwave	RRTMG shortwave
边界层方案	YSU Scheme	MYNN 2.5 level TKE scheme
积云对流方案	Grell-Devenyi scheme	Grell 3D scheme
陆面模式	Noah land-surface model	Noah land-surface model
化学机制	CBMZ and MOSAIC using 4 sectional aerosol bins	CBMZ and MOSAIC using 4 sectional aerosol bins
污染源	use anthropogenic emission	use anthropogenic emission
污染源信息输入	按 CBMZ 方案处理好的资料读入	按 CBMZ 方案处理好的资料读入
起沙方案	—	Shao _ 2004

根据以上设置得到雾霾和沙尘的模拟结果，并进行后处理分析，获取如图 3－24 和图 3－25 的 PM2.5 和 PM10 模拟分布图。

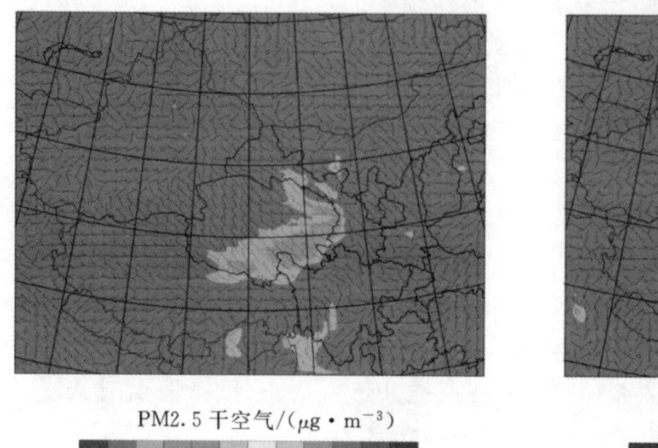

(a) 2018－03－19 18:00

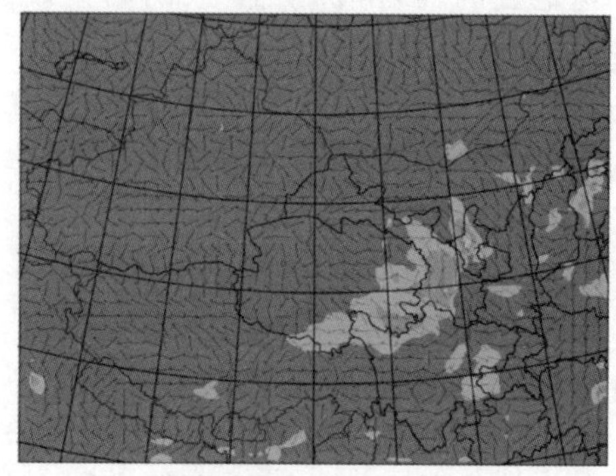

(b) 2018－03－20 00:00

图 3－24　PM2.5 模拟分布图

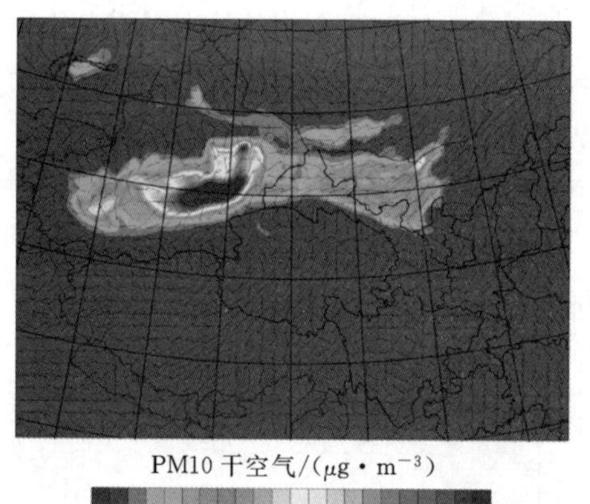

(a) 2015－03－31 06:00

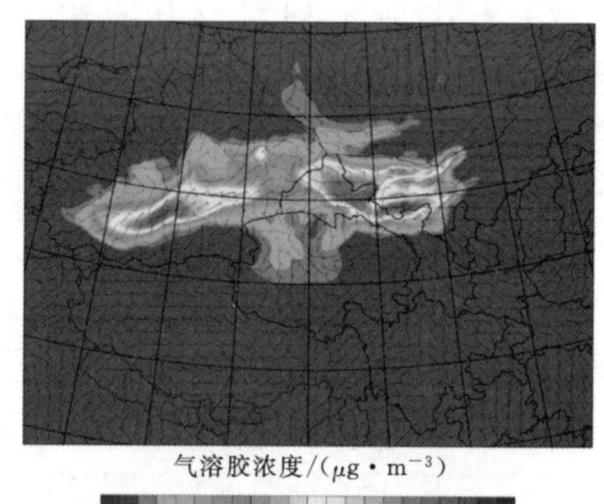

(b)2015－03－31 18:00

图 3－25　PM10 模拟分布图

从图 3－24 中可以看出此次雾霾过程中 PM2.5 主要分布在甘肃南部、青海东南部地区，甘肃省受影响的区域从一开始的金昌张掖等地区向东南方向移动影响到整个甘南地区，直至消散。

从图 3－25 中可以看出此次沙尘过程起源于新疆的塔克拉玛干沙漠和内蒙古的阿拉善盟一带，两个沙尘源头不断起沙扩散影响夹击甘肃地区。受此次沙尘暴影响，先是在甘北一带受强沙尘影响较大，随后逐渐影响甘肃中部地区，沙尘移动到甘南地区时已经趋于消散。

WRF－Chem 模式可以模拟有无污染物对辐射的影响，这就需要在模式中对气溶胶

的辐射反馈“开关”进行调整，设置相应的对照实验。模式中是否考虑与雾霾对总辐射的影响如图 3-26 所示，从图 3-26 可以看出，在没有污染物的影响下，总辐射的值都偏高，考虑雾霾和沙尘影响后，总辐射值明显降低；正午时分，总辐射最大值相差近 200W/m^2，由此可见，雾霾和沙尘对太阳总辐射的影响非常显著，空气质量模式对于新能源功率预测精度非常重要。

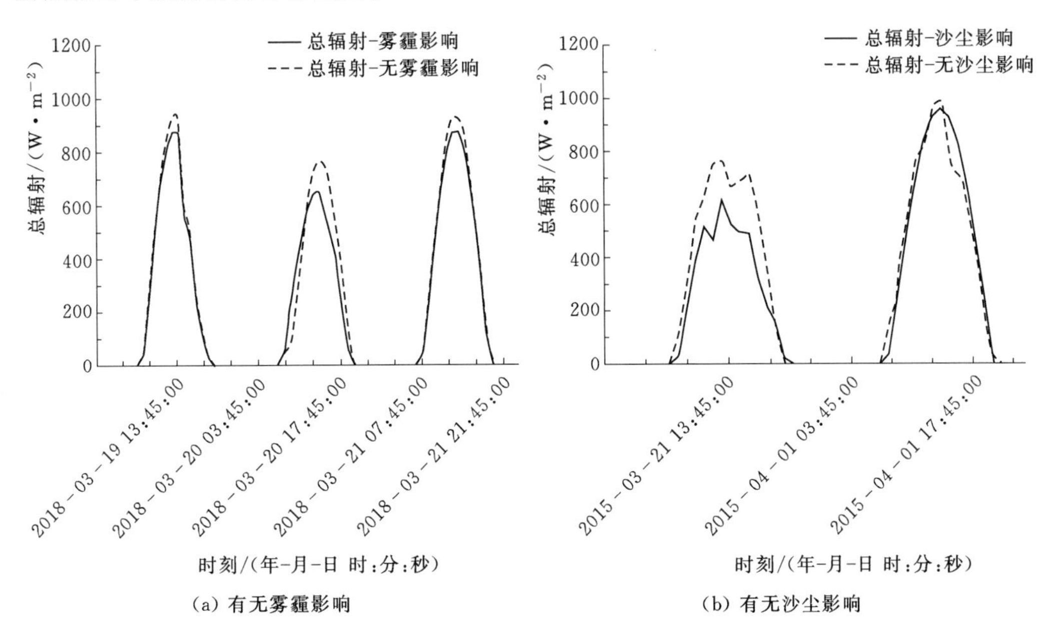

(a) 有无雾霾影响　　(b) 有无沙尘影响

图 3-26 模式中是否考虑雾霾与沙尘对总辐射的影响

3.4.4 云图及其应用

3.4.4.1 云图信息采集

太阳辐射在穿透大气层时将受到大气各种成分的强迫，其中云辐射强迫造成的能量损失最为显著。从气候平均角度看，地表入射短波辐射一般为大气层顶入射短波辐射能的 47%，其中云的反射作用造成的辐射衰减约占总体入射短波辐射能的 23%，云的吸收作用造成的辐射衰减约占总体入射短波辐射能的 12%。根据卫星云图亮度确定的各种云的反照率为 29%～92%，平均约为 60%。

一般情况下，低云由于水汽含量较高，对辐射的反射和吸收能力较为显著；高云中的水汽多为冰晶形态，对辐射的透过性较强，因而辐射衰减作用弱于低云。低云反射大部分太阳辐射，高云阻止长波辐射射向太空。

云对太阳辐射的调节起重要的作用：一方面，通过反照率效应，使得部分入射太阳辐射被反射回太空；另一方面，云在近红外波段也吸收太阳辐射。一般来说，云的反照率随云层厚度增大，云中含水量增大。

1. 云图监测

近年来，遥感监测设备的更新和数字图像处理技术的不断发展，云的自动化观测技术、实时采集技术的日趋成熟，都为大范围云系下地表辐射预测的实现提供了技术支撑。可以将云这一主要因子从众多影响地表辐射的随机因素中单独分离出来，为提高光伏发电功率预测提供一种新的方法。

利用地球同步卫星或极轨卫星可进行大范围云图采集，常见的气象卫星云图包括红外云图、可见光云图、水汽云图以及增强云图等。依据卫星云图的长期监测样本，可将云图分为晴空、透光薄云和避光云三类，由于云量差异和云种类的像素差异可以分析云对太阳辐射的衰减作用，建立云辐射衰减模型，实现大范围云系情况下的光伏功率预测。

全天空成像仪是一种全彩色数字成像设备，可以实现全天空图像持续观测，其特点是时空分辨率较高，不仅可以自动分析天空云量的大小，还可以借助成像技术实时获取天空图像记录。通过地基云图可以实现云的运动趋势分析，为较小范围的太阳辐射变化特性分析研究提供关键数据。

2. 云图识别

卫星遥感图像上目标物的特征是目标物与背景的辐射差异在遥感影像上的反映。不同观测目标物在相同波段上和同一目标物在不同波段间对辐射的吸收、折射和散射存在差异，云检测正是利用云和晴空像元在不同谱段上辐射特性的不同，采用多通道辐射信息，将卫星观测像元分为有云像元和晴空像元。与晴空下垫面相比，云具有较高的反射率和较低的温度。因此，简单的可见光和红外窗区通道的阈值，即可提供相当不错的云检测方法。

全天空成像仪可在彩色云图中提取云团，利用颜色特征进行云团识别。根据大气、云粒子对可见光不同的散射原理，当天空为晴空时，蓝光波段的散射远远大于红光波段的散射，因此晴空呈现蓝色；而云粒子对可见光的散射，在不同波段散射的程度是相当的，因此天空云体呈现白色。设定合理的红蓝比阈值便可以有效地区分云团和天空。有研究指出，根据大量图像分析，以红蓝比值大于 0.6 的像元为云点，低于 0.6 为非云点，能得到较好的识别效果，但是由于各个地方大气环境的不同，红蓝比阈值的设定必须运用大量图像数据。

3.4.4.2　云图应用案例

1. 卫星云图应用

以某地区光伏产业园内的 23 个光伏电站为例进行计算和分析，光伏电站的总装机容量 630MW。该地区 2015 年 3 月 10 日的光伏功率和卫星云图实况如图 3－27 和图 3－28 所示，由图 3－28 可见，该日在卷云、卷层云等高云的作用下，预测功率根据云图的灰度变化很好地把握到了光伏电站功率的衰减程度，特别是在 15：30—17：00 之间云层移出光伏电站，电站功率快速回升，预测功率对该时间实现了有效的捕捉。

2. 全天空成像仪云图应用

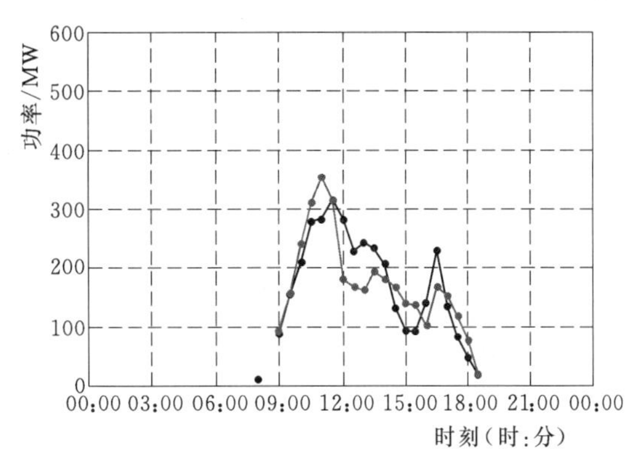

图 3-27 2015 年 3 月 10 日的光伏功率

某 60MW 装机的光伏电站实测和模拟功率曲线如图 3-29 所示。从图 3-29中可以看出，光伏电站实测功率曲线与模拟功率曲线基本一致。该日在云层的遮挡下，光伏功率衰减较为严重，尤其是在 13:00 左右有云团遮挡时，光伏功率从 50MW 迅速下降到 10MW 左右，降幅近 80%；13：40 过后云团移开，太阳辐照度恢复，光伏功率又迅速上升到 50MW 左右。由此可见，云团的快速移动会使得光伏电站功率的突增突降，在短时间内造成功率的大幅波动，利用全天空成像仪可以有效捕捉云的变化信息，经过处理后输入功率预测模型则可以很好地体现云系变化对光伏发电功率的影响，提高功率预测精度。

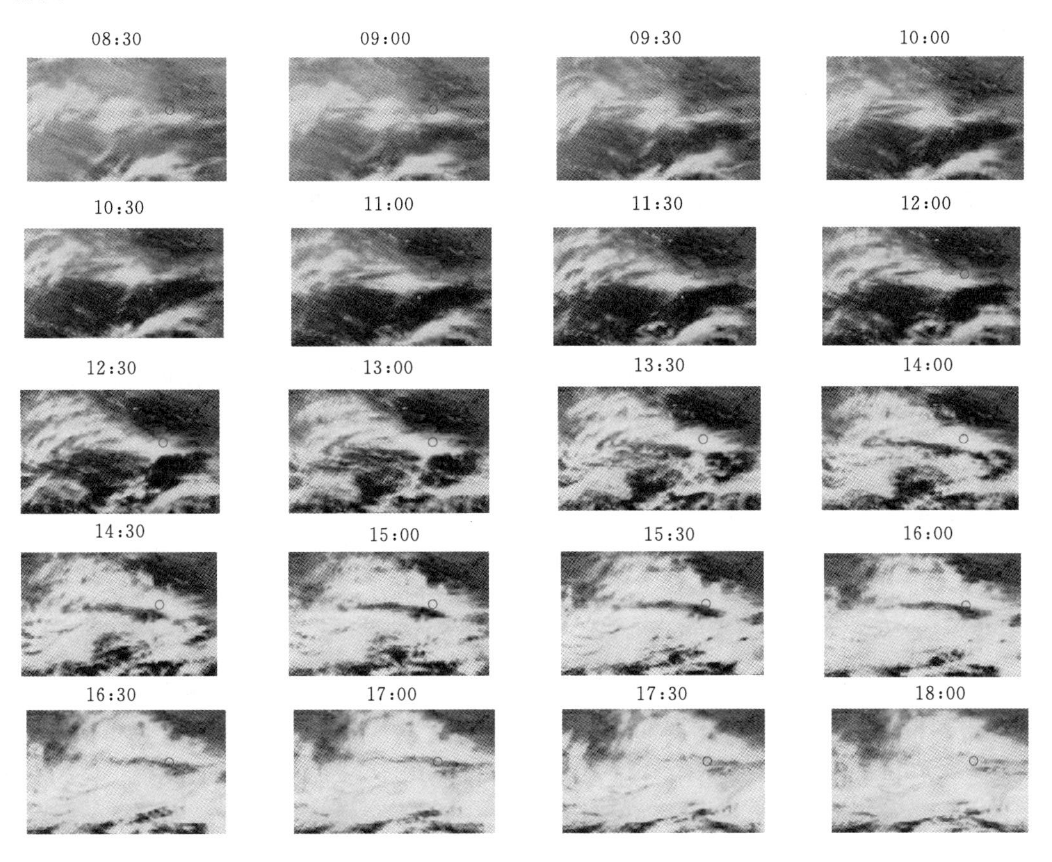

图 3-28 2015 年 3 月 10 日的卫星云图实况

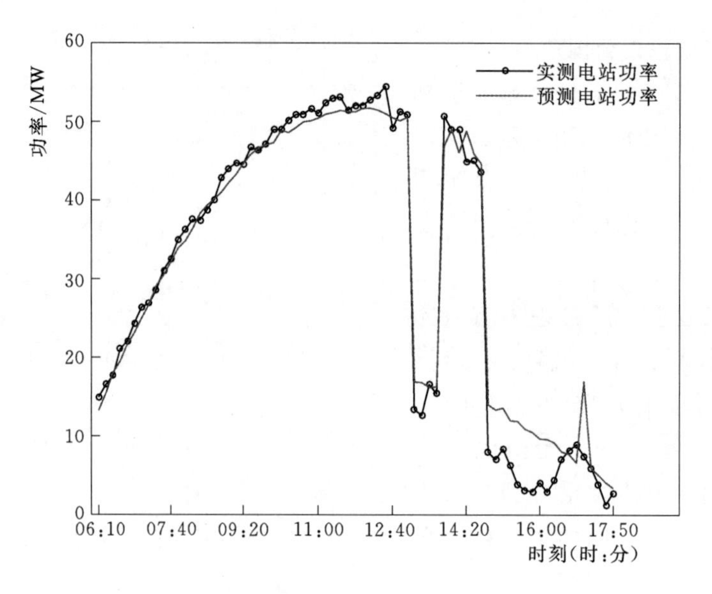

图 3-29　光伏电站实测和模拟功率曲线

3.5　本章小结

本章主要介绍了新能源短期发电功率方法与数据需求，包括数值预报与新能源短期发电功率预测的关系、新能源短期功率预测的常规数据需求和复杂条件下的新能源短期功率预测等。目的是通过新能源短期发电功率的原理、方法和数据需求，能够较好地向读者展示新能源短期功率预测技术和应用。

本章从新能源短期功率预测的典型技术路线、时间与空间要求入手，阐述了新能源短期预测的物理和统计模型技术路线，介绍了新能源短期功率的时间尺度（0～72h）和空间尺度（具体经纬度）。为了满足新能源短期功率的时空要求，使用中尺度数值天气预报的气象要素预报值作为预测模型的输入，能够较好地实现新能源短期发电功率预测。在此基础上，进一步说明了数值天气预报产品的性能水平与应用技巧，决定了新能源功率预测的精度和应用情况。

本章还介绍了风电、光伏短期功率的常用方法，包括单站预测、区域预测和概率区间预测。风电、光伏短期功率预测的关注点有所不同，风电主要考虑风电机组轮毂高度的气象要素，光伏主要考虑光伏组件倾斜面上的气象要素。然而中尺度数值天气预报无法详细描述风电机组、光伏组件处的气象要素变化特征，因此需要对预测信息进行精细化释用。相比单站预测，电网调度机构更关心一个区域的新能源出力情况。在单站预测的基础上，通过累加法、统计升尺度法等方法可以实现区域新能源短期功率预测。由于风、光资源存在一定的不确定性，这种不确定性难以通过数值天气预报进行精确捕捉，同时功率预测模型也会存在一定的误差，需要通过概率区间预测来反映预测中出现的不确定性信息，概率区间预测的步骤和方法在本章进行了详细的介绍。

通过对新能源短期功率预测的常规数据需求分析，可以更好地指导数值天气预报产品在新能源功率预测领域的精细化释用。新能源短期功率预测方法的使用效果主要取决于输入数据的精度，包括新能源场站基础信息、气象监测数据和数值天气预报数据等。新能源场站基础信息是数值天气预报精细化释用的基础，气象监测数据是功率预测模型和数值天气预报精细化释用的重要数据前提。气象数据可通过数据质量控制来满足其较高的数据质量需求，气象资料的质量控制一般包括格式检查、缺测检查、极值检查、时间一致性检查、内部一致性检查、空间一致性检查、综合判断检查等。

本章最后介绍了雾霾、沙尘、台风等复杂天气条件的具体场景，以及在这些场景下的数值天气预报模式应用。在复杂天气条件下，风、光资源会受到较大影响，进而影响新能源出力。然而，普通中尺度数值天气预报模式中的参数化方案采取了一定的简化。这些“简化”使模式能够适用于大部分地区，但某些特定的天气影响在这种“简化”作用下会使实际预报存在一定偏差，如中尺度数值天气预报在台风涡旋初始化、起扬沙机制方面存在一定欠缺。可以采用如台风模式、空气质量模式等更有针对性的模式来应对这一问题。对于某些局地小尺度的云团变化，由于空间尺度太小，数值天气预报已经无法描述其演变过程，因此需要利用全天空成像仪、云图等方法进行新能源短期功率预测。

参 考 文 献

[1] Monteiro C, Bessa R, Miranda V, et al. Wind power forecasting: state - of - the - art 2009 [J]. Office of Scientific & Technical Information Technical Reports, 2009, 32 (2): 124 - 130.

[2] Castro F A, Santos C M P S, Palma J M L M. Parallelisation of the CFD Code of a CFD - NWP Coupled System for the Simulation of Atmospheric Flows over Complex Terrain [C] // High PERFORMANCE Computing for Computational Science - Vecpar 2008, International Conference, Toulouse, France, Revised Selected Papers. DBLP, 2008.

[3] Costa A, Crespo A, Navarro J, et al. A review on the young history of the wind power short - term prediction [J]. Renewable & Sustainable Energy Reviews, 2008, 12 (6): 1725 - 1744.

[4] Agrawal R, Gehrke J, Gunopulos D, Raghavan P. Automatic Subspace Clustering of High Dimensional Data [J]. Data Mining and Knowledge Discovery, 2005, 11 (1): 5 - 33.

[5] Bacher P, Madsen H, Nielsen A. Online short - term solar power forecasting, Solar Energy, 2009, 83 (10): 1772 - 1783.

[6] Hammer A, Heinemann D, Lorenz E, et al. Short - term forecasting of solar radiation: a statistical approach using satellite data [J]. Solar Energy, 1999, 67 (1 - 3): 139 - 150.

[7] Huth R, Beck C, Philipp A, et al. Classifications of Atmospheric Circulation Patterns: Recent Advances and Applications [J]. Ann. N. Y. Acad. Sci. , 2008, 1146: 105 - 152.

[8] Ledesma R D, Valero - Mora P. Determining the Number of Factors to Retain in EFA: An easy - to - use computer program for carrying out Parallel Analysis [J]. Practical Assessment Research & Evaluation, 2007, 12 (2): 1 - 11.

[9] Long C N, Sabburg J M, CalbóJ, et al. Retrieving Cloud Characteristics from Ground - Based Daytime Color All - Sky Images [J]. Journal of Atmospheric and Oceanic Technology, 2006,

23：633 - 652.

[10] Pfister G，McKenzie R L，Liley J B，et al. Cloud coverage based on all - sky imaging and its impact on surface solar irradiance [J]. Journal of Applied Meteorology，2003，42：1421 - 1434.

[11] Remund J，Perez R，Lorenz E. Comparison of solar radiation forecasts for the USA [C]. 2008，European PV Conference，Valencia，Spain.

[12] 韩爽．风电场功率短期预测方法研究 [D]. 北京：华北电力大学，2008.

[13] 刘永前，韩爽，胡永生．风电场出力短期预报研究综述 [J]. 现代电力，2007 (05)：6 - 11.

[14] 冯双磊，王伟胜，刘纯，等．风电场功率预测物理方法研究 [J]. 中国电机工程学报，2010，30 (2)：1 - 6.

[15] 李莉，刘永前，杨勇平，韩爽．基于CFD流场预计算的短期风速预测方法 [J]. 中国电机工程学报，2013，33 (7)：27 - 32＋22.

[16] 范高锋，王伟胜，刘纯，等．基于人工神经网络的风电功率预测 [J]. 中国电机工程学报，2008 (34)：118 - 123.

[17] 王勃，刘纯，冯双磊，等．基于集群划分的短期风电功率预测方法 [J]. 高电压技术，2018，44 (4)：1254 - 1260.

[18] 王尤嘉，鲁宗相，乔颖，等．基于特征聚类的区域风电短期功率统计升尺度预测 [J]. 电网技术，2017，41 (5)：1383 - 1389.

[19] 陈颖，孙荣富，吴志坚，等．基于统计升尺度方法的区域风电场群功率预测 [J]. 电力系统自动化，2013，37 (7)：1 - 5.

[20] 陈颖，陈富荣，程序，等．光伏电站群区域功率预测的统计升尺度方法 [J]. 可再生能源，2012，30 (11)：20 - 23.

[21] 吴问足，乔颖，鲁宗相，等．风电功率概率预测方法及展望 [J]. 电力系统自动化，2017，41 (18)：167 - 175.

[22] 王铮，王伟胜，刘纯，等．基于风过程方法的风电功率预测结果不确定性估计 [J]. 电网技术，2013，37 (1)：242 - 247.

[23] 阎洁，刘永前，韩爽，等．分位数回归在风电功率预测不确定性分析中的应用 [J]. 太阳能学报，2013，34 (12)：2101 - 2107.

[24] 刘晓楠，周介圭，贾宏杰，等．基于非参数核密度估计与数值天气预报的风速预测修正方法 [J]. 电力自动化设备，2017，37 (10)：15 - 20.

[25] 陈渭民．卫星气象学 [M]. 北京：气象出版社，2003.

[26] 程序，谭志萍．一种光伏电池组件的温度预测方法 [J]. 物联网技术，2013，(11)：32 - 33.

[27] 傅炳珊，陈渭民，马丽．利用 MODTRAN 3 计算我国太阳直接辐射和散射辐射 [J]. 南京气象学院学报，2001，24 (1)：51 - 58.

[28] 李少远，席裕庚．多模型预测控制的平滑切换 [J]. 上海交通大学学报，1999，33 (11)：1345 - 1347.

[29] 刘勇洪，权维俊，夏祥鳌，等．基于 MODTRAN 模式与卫星资料的晴空净太阳辐射模拟，高原气象 [J]，2008，27 (6)：1410 - 1415.

[30] 陆渝蓉，高国栋，陈爱玉，等．云对太阳辐射能的减弱作用 [J]. 气象科学，1986 (1)：39 - 45.

[31] 程泽，刘冲，刘力．基于相似时刻的光伏出力概率分布估计方法 [J]. 电网技术，2017，41 (2)：448 - 455.

[32] 石广玉．大气辐射学 [M]. 北京：科学出版社，2007.

[33] 孙洋，黄广辉，郝晓华．结合极轨卫星 MODIS 和静止气象卫星 MTSAT 估算黑河流域地表太阳辐射，遥感技术与应用 [J]，2011，26 (6)：728 - 734.

[34] 谈小生，葛成辉．太阳角的计算方法及其在遥感中的应用 [J]. 国土资源遥感，1995，2：1 - 3.

[35] 辛渝，王澄海，沈元芳，等．WRF模式对新疆中部地面总辐射预报性能的检验 [J]. 高原气象，2013，32 (5)：1368-1381.

[36] 尹青，张华，何金海．近48年华东地区地面太阳总辐射变化特征和影响因子分析 [J]. 大气与环境光学学报，2011，6 (1)：37-46.

第 4 章　中尺度数值天气预报的关键环节

融合数值天气预报是新能源功率预测技术由试验研究迈向业务应用的关键一步。早在 20 世纪 90 年代，丹麦 Risø 国家实验室通过与丹麦气象研究所的合作，借助高精度有限区域模型 HIRLAM（high resolution limited area model）提供的气象要素预报信息实现了风电功率预测，并在此基础上开发了全球首套基于物理模型的业务化风电功率预测系统 Prediktor。另外，Oldenburg 大学研发的 Previento 和德国太阳能研究所开发的预测系统 WPMS（wind power management system）等也都采用了数值天气预报作为新能源功率预测的关键输入。

相比于其他类别的数值天气预报，中尺度数值天气预报在新能源功率预测中的应用最为广泛，技术上也更为成熟。形成这一现状的根本原因在于中尺度数值天气预报的模式物理参数、时空分辨率、运算效率，以及应用成熟度更为适宜；从事中尺度数值天气预报产品研制以及商业服务的机构也较多，在新能源功率预测技术支撑方面既经济又高效。为了切实提高数值天气预报技巧，许多商业化公司采用了多种来源数值天气预报，从而尽可能地了解数值天气预报模型在不同天气状况下的应用能力。例如，德国 energy & meteo systems GmbH 公司同时使用了美国国家环境预报中心（NCEP）、欧洲中期天气预报中心（ECMWF）、英国天气局（Met Office）、德国天气局（Deutscher Wetterdienst）等十余家机构提供的中尺度区域数值模式气象要素预报产品，目的是尽可能在各种天气状况下都能得到相对精确的气象服务。由此可见，中尺度数值天气预报模式对于新能源功率预测的重要性不仅在于技术方案的合理性，而更要深刻理解数值天气预报的特点与内涵，不断提高数值天气预报应用技巧，将成为改进新能源功率预测精度的关键。

本章将首先介绍中尺度数值天气预报的发展现状、应用方面的特点，动力学架构、物理过程参数化以及资料同化等中尺度数值天气预报的关键环节。其次，通过一般性检验和重要天气过程检验两个部分的陈述，对中尺度数值天气预报的评价方法进行介绍；尤其对于新能源功率预测而言，中尺度数值天气预报的性能是一个非常关键的问题；有效把握应用中尺度数值天气预报在不同天气过程上的预报效果，并将其应用于新能源确定性预测显然是提高新能源功率预测水平的必然/有效途径，而不同来源的中尺度数值天气预报综合也将对未来新能源概率预测的发展起到一定的推动作用。

4.1　中尺度数值天气预报特点

一般的天气过程在时空尺度上属于 β 中尺度，以天气尺度系统为预报和模拟对象设

计的数值模式，称为中尺度数值天气预报模式。中尺度数值预报模式和大尺度数值预报模式不同，相比于后者，前者覆盖一个相对较小（如区域）的面积，需要考虑边界条件。在中尺度模式中，次网格（小于网格尺度）的物理过程描述尤为重要。近年来，中尺度数值天气预报在动力框架方面已经发展得非常成熟，但在小于模式网格的天气系统、天气过程模拟方面仍存在较大提升空间。

中尺度数值天气预报研究的显著进步主要表现在次网格过程、初始和边界条件两个方面。次网格过程的问题体现在小于网格尺度的大气运动无法准确地在网格尺度中表现出来，且物理意义研究不够深入，往往采用简化的参数化方法描述这些天气过程，如此得到的预报结果可能会出现偏差。初始和边界条件的问题在于有效、准确的初始和边界条件能够为模式提供精确的背景场，然而用于制作背景场观测资料的丰富程度、空间尺度难以给予较好的背景场条件。

随着次网格物理过程等方面研究工作的不断提升，中尺度数值天气预报已经有了许多参数化方案可供选择，但这些不同类别的次网格物理过程参数化方案的组合方式及其实际效果是随着应用区域的自然特点而改变的，因而需要大量实践。另外，在初始和边界条件方面，可行的方案是通过资料同化技术，将越来越丰富、精确的大气观测信息融入到模式背景场中，以更为精准地模拟大气初始状态。中尺度数值天气预报的评价与提升不能脱离它的应用场景，模式预报的有效性与否往往随着预测的目的性改变而改变。

4.1.1 中尺度大气运动特点

大气的运动包含着从湍流微团到超长波运动等多尺度的运动系统，因此各种天气现象是大气中不同尺度系统相互作用的结果。中尺度天气系统是大气环流的重要成员，它具有与其他尺度运动的一些不同特征。空间尺度在 2～2000km 之间的天气系统被称为中尺度天气系统，它反映的是局地天气现象和过程。按其性质分为对流性天气和稳定性天气，对流性天气包括雷暴、短时强降水、冰雹、雷暴大风、龙卷以及下击暴流等；稳定性天气包括局地低云、浓雾等。它们都是在一定的大尺度环流背景中，由各种物理条件相互作用形成的中尺度天气系统产生的结果。

具体来说，中尺度系统又分为三种不同尺度的系统，分别称为 α 系统、β 系统以及 γ 系统。中尺度系统的分类见表 4-1。其中 α 中尺度系统的尺度最大，为 200～2000km，对应的天气现象包括高空急流、小型台风以及弱反气旋等。β 中尺度系统的空间尺度为 20～200km，这个尺度的天气现象能够解析受地形影响的局地风场及山谷风、海陆风等，以及中尺度对流复合体、强雷暴等对风能、太阳能造成明显影响的天气现象。γ 系统的空间尺度最小，为 2～20km，在这个尺度下，更小的天气系统得以解析，例如雷暴、大型积云、超强龙卷风等。

中尺度大气运动的种类虽然很多，但一般都伴有一定的中尺度天气系统，其基本特征如下：

表 4-1　　中尺度系统的分类

名　称	空间尺度	时间尺度	典型天气现象
α 中尺度系统	200～2000km	6h～2 天	高空急流、小型台风、弱反气旋
β 中尺度系统	20～200km	30min～6h	局地风场、山谷风、海陆风、中尺度对流复合体、强雷暴
γ 中尺度系统	2～20km	3～30min	雷暴、大型积云、超强龙卷风

（1）尺度：水平尺度在 $2\times10^0\sim2\times10^3$ km 之间，时间尺度在几分钟至几天之间。这是一个很宽的范围，一般来说，β 中尺度系统是中尺度系统的核心，具有典型的中尺度系统特性。

（2）气象要素梯度大：一般的大尺度天气系统中气象要素的梯度较小，温度和气压的梯度只有 1～10℃/100km、1～10hPa/100km，大风只有 10～20m/s；中尺度天气系统产生的天气现象则比较激烈，温度达 3℃/10km，气压可达 1～3hPa/10km，飑线中的阵性大风能达到 10～100m/s，龙卷风甚至可达 100m/s 以上，而台风的各不同阶段最大风速也只有 10～100m/s。

（3）地转偏向力和浮力的作用：大尺度运动中，地转偏向力相对重要，浮力可忽略；小尺度运动中，浮力相对重要，地转偏向力可忽略；而在中尺度运动中，地转偏向力和浮力的作用都必须考虑。

（4）散度、涡度、垂直速度：中尺度的散度、涡度、垂直速度的强度往往比大尺度运动大 1 到几个量级，很多天气现象的强度都与此相联系，特别是与 β 中尺度系统密切相关。

（5）质量场和风场的适应过程：大尺度运动一般是风场适应质量场，而中尺度运动中则为质量场适应风场。

中尺度天气系统及其产生的中尺度天气现象最明显的特征就是生命史短、空间范围小，但天气变化剧烈。大多数中尺度天气系统具有很大的能量，若以风速估计，一个对流风暴的平均能量约 108kWh，相当于十多个二次大战时使用的原子弹爆炸的能量。因此，中尺度数值天气预报的研究对于合理有效利用气象资源，提高新能源功率预测水平至关重要。

4.1.2　中尺度数值模式发展

数值预报以其能够反映大气物理规律的优势，已成为当今气象工作者进行天气分析和预报的基础。尤其是近 10 年来，气象科学以及地球科学的研究进展，高速度、大容量的巨型计算机及其网络通信系统的快速发展，有效地推动了数值预报的发展。用数值天气预报模式对中尺度天气系统进行预报或诊断分析研究，已是世界各国气象工作者的常用做法。

中尺度大气数值模式在 20 世纪 80 年代已有相当发展，美国曾组织实施了“中尺度外场观测试验 STORM 计划”，先后研制成功了 MM 系列、ARPS 和 RAMS 等中尺度

数值预报模式，并利用这些模式模拟了一系列强对流系统，极大地丰富了对强对流灾害天气形成机理的理解，也提高了对其监测和预报的能力。进入90年代后，一些中尺度模式已发展得相当完善，比较有代表性的是美国的Eta模式、MM5模式、RAMS模式、RSM模式、COAMPS模式和WRF模式等，英国的UKMO模式、加拿大的MC2模式、法国的MESO-NH模式、日本的JRSM模式等，并在世界范围广泛使用。我国也正在大力自主研发中尺度数值模式，如中科院大气物理所研发的REM模式、中国气象局的GRAPES—MESO模式，其中GRAPES—MESO模式应用较广，已经在国家气象中心和多个省气象局、科研院所、大学等单位推广应用。

近30年来，随着计算机和观测技术的快速发展，以及将大气动力学理论和数学物理理论方法相结合，中尺度大气数值模式得到迅速的进展，一些国家的中尺度模式模拟系统早已进入实时运行阶段。国内外著名的大气中尺度数值模式见表4-2，其中以美国为主导的中尺度数值模式已得到广泛应用，无论是早期的MM5模式还是现在的WRF模式都在全球范围内拥有大量用户。尤其是新一代中尺度数值模式WRF以其较高的预报精度和灵活的分辨率，且免费对外开放，在气象、水文、能源、环境等不同领域具有广阔的发展与应用。

表4-2　　国内外著名的大气中尺度数值模式

模式名称	研制单位	国家	模式说明
WRF	国家大气研究中心、国家环境预报中心和俄克拉荷马大学等	美国	非静力移动套网格格点模式
MM5	宾夕法尼亚州立大学/国家大气研究中心	美国	非静力移动套网格格点模式
Eta	国家环境预报中心	美国	非静力格点模式
RAMS	科罗拉多州立大学	美国	非静力格点模式
ARPS	俄克拉荷马大学	美国	曲线坐标格点模式
RSM	国家环境预报中心	美国	区域谱模式
MC2	大气环境局/魁北克大学蒙特利尔分校	加拿大	半拉格朗日半隐式宽带格点模式
UKMO	英国气象局	英国	格点模式
MESO-NH	国家气象研究中心	法国	非静力格点模式
JRSM	日本气象厅	日本	区域谱模式
GRAPES-MESO	中国气象局	中国	非静力格点模式
REM	中国科学院大气物理研究所	中国	静力格点模式

中尺度模式的动力框架发展已经较为成熟，成为了一个数学问题，能够通过数值计算得到较好的结果。然而，中尺度模式的次网格过程参数化、初值和边界条件一直都未得到很好的解决。次网格参数化主要是因为次网格天气过程的观测数据较少，难以通过观测数据进行次网格天气过程的物理描述，仅能通过简化而得到一个大致的结果；初值和边界条件是因为全球观测网络的尺度远大于中尺度模式的网格尺度，难以为中尺度模式提供精细、准确的背景场，需要通过卫星资料、雷达资料等观测数据进行资料同化。

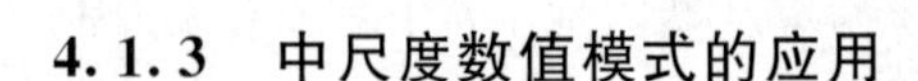

4.1.3 中尺度数值模式的应用

全球尺度的数值模式主要采用谱模式，分辨率介于几十公里到几百公里，远大于风电场、光伏电站空间规模。小尺度数值模式尽管空间分辨率能够达到 100m，但所需计算资源巨大。中尺度数值天气预报的空间分辨率一般可达 1～10km，且计算时间较短，满足风电场、光伏电站发电功率预测在空间和时间上对气象要素预报的需求。

几乎所有的中尺度数值预报模式都具有较高的空间分辨率，有的采用套网格或变网格方法提高预报区域分辨率，除 NCEP 和日本 JMA 等少数研究机构所发展的区域中尺度模式采用谱方法外，绝大多数中尺度模式都采用格点模式，主要是由于有限区域模式采用谱方法将会出现很多处理上的困难。其中 MM5 模式由于其开发时间较早，动力学框架陈旧，程序规范化、标准化程度不高，一直未被美国最大的用户 NCEP 采用，但其注册用户遍及全球数十个国家，在气象、环境、生态、水文等多个学科领域都得到广泛使用；Eta 模式虽然作为 NCEP 的业务预报模式，但因未能及时吸收各所科研部门和大学的优秀研究成果，因此其推广也受到限制。为了吸收各个研究机构的最新研究成果，美国多所科研机构的科学家们共同研发了业务与研究共用的新一代高分辨率中尺度预报模式（weather research and forecasting，WRF）。

WRF 模式是使用较多的中尺度数值天气预报模式，它是由美国的国家大气研究中心、国家环境预报中心等联合一些大学和研究机构共同开发的新一代区域中尺度天气预报模式。WRF 模式有许多软件上的优点，如它不仅应用了继承式软件设计、多级并行分解算法，还有选择式软件管理工具、中间软件包（链接信息交换、输入输出以及其他服务程序的外部软件包）结构。在数值模式中比较重要的数值计算技术和资料同化技术在 WRF 中都得到了优化和加强，加上优秀的多重移动套网格性能及不断发展的参数化方案，使得 WRF 能描述更加真实的天气物理过程。WRF 作为 MM5 的下一代中尺度气象模式，两者对比见表 4-3，其中 WRF 在软件框架设计、动力模块、应用范围、可移植性、数据格式、差分方案、并行运算等方面都优于 MM5。

表 4-3　MM5 与 WRF 对比

模式名称	MM5	WRF
垂直坐标	欧拉高度坐标	欧拉质量坐标
水平网格	Arakawa B 格点	Arakawa C 格点
时步差分	应用时间分裂技术的蛙跳时间积分法	3 阶 Runge-Kutta 分离显示时间积分法
守恒方案	平流表达式，不考虑守恒性属性	采用通量方程式，考虑守恒质量、动量、熵值和标量
平流方案	2 阶平流差分	5 阶或 6 阶平流差分
水平扩散	2 阶（外边界点）、4 阶（内格点）	2 阶水平扩散，空间数学滤波器

WRF 模式作为一个公共模式，自 2000 年 10 月发布第一版后又陆续改进更新，发布多个版本；2004 年 5 月发布了第二版，包括多重区域、灵活的比率、单重和双重嵌

套以及与之协调的三维变分数据同化系统；2009 年 4 月发布的 V3.1 版本加入四维变化数据同化系统；2018 年 6 月发布了 V4.0 版本。

为了能将研究成果更好地应用到天气预报中，WRF 模式将科研和业务预报相结合提供了 ARW（Advanced Research WRF）和 NMM（Non hydrostatic Mesoscale Model）两种动力框架，分别由 NCAR 和 NCEP 管理维护。WRF 模式主要由模式的前处理、主模块以及后处理三部分组成。WRF 框架示意图如图 4-1 所示。模式的前处理主要是为主模块提供初始场和边界条件，主模块主要是对模拟区域内的大气过程进行积分运算，后处理则是对模式结果进行分析处理。

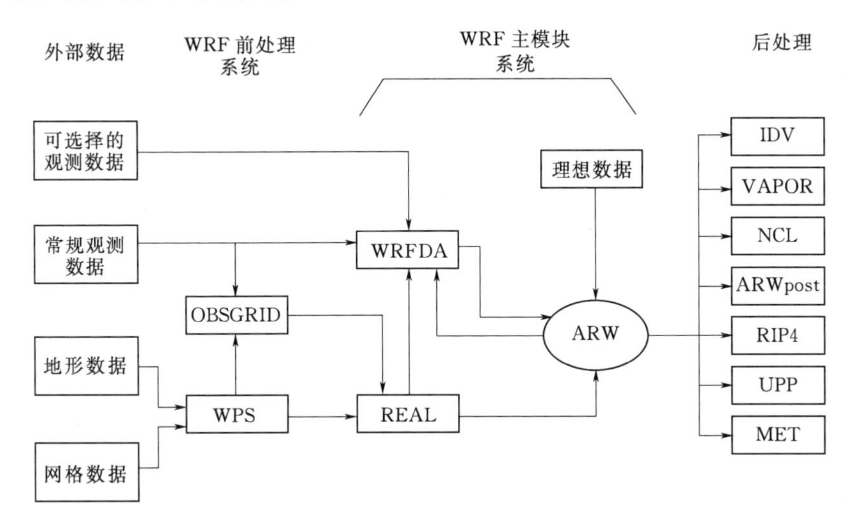

图 4-1 WRF 框架示意图

WRF 模式主要是针对水平分辨率为 1～10km 的大气科学研究和高分辨率数值预报业务。其不仅具有先进的数值方法和资料同化技术，不断更新改进的物理过程方案，而且具有多重嵌套网格性能及完善的、适应不同地形地貌特征的边界层物理过程参数化方案，其在全球中尺度数值天气预报业务和其他领域应用效果良好。

近年来 WRF 模式已经越来越多地应用在新能源领域。由于 WRF 模式符合新能源功率预测对中小尺度天气过程的模拟需求，且数据产品能满足新能源功率预测对时空分辨率的要求，因此该模式已广泛应用于新能源功率预测领域，并逐渐成为新能源功率预测中重要的数值天气预报产品之一。

WRF 模拟技术一般用于风光资源前期评估，为风电场和光伏电站建立的可行性提供支持，是项目建立的重要依据。WRF 预测技术主要为风电场和光伏电站提供不间断的数值天气预报，以便预测发电功率和在极端天气下提供预警功能。

4.2 物理过程参数化

大气包含着各种不同尺度的大气运动，这些运动的空间尺度从几十米至上万米。在

数值天气预报模式中，气候模式的水平分辨率为百公里级；全球天气预报模式分辨率为50～100km；区域中尺度模式分辨率为10～50km；风暴模式分辨率为1～10km。在垂直方向的分辨率一般为10～50坐标面，范围一般从地面至平流层。但是，即使分辨率达到1km的级别，大气中仍然有很多重要的过程和运动尺度（如微观尺度的物理过程等）是模式无法解析的，这时需要进行参数化处理。

物理过程参数化是通过数学或统计方法，将模式中无法直接表达的物理过程所产生的效应与模式变量联系起来，利用数值计算的方法对其进行求解。它是在真实物理过程不为人所知的情况下采用的描述物理过程的一种简化方法。大气物理过程需要利用参数化方法来进行描述，正确表达物理过程对数值天气预报模式至关重要。本节将对次网格过程的重要性以及与新能源功率预测密切相关的积云、边界层和辐射过程参数化进行阐述。

4.2.1　次网格过程

一般将所有不能被模式网格显示分辨的过程称为次网格尺度过程。这些次网格尺度过程既依赖于大尺度背景，又极大地影响着数值模式能显式分辨的天气尺度大气过程，大气物理过程及其相互作用如图4-2所示。这些次网格尺度过程不可忽略，它们影响着预报的准确率。大气边界层的湍流混合过程、导致水汽成云致雨的微物理过程、大气对辐射的传输和吸收过程，以及次网格尺度积云的生消过程等都需要尽可能精确地参数化描述。从应用角度看，尽管这些过程的尺度很小，但它们对大尺度的天气现象有着举足轻重的影响。

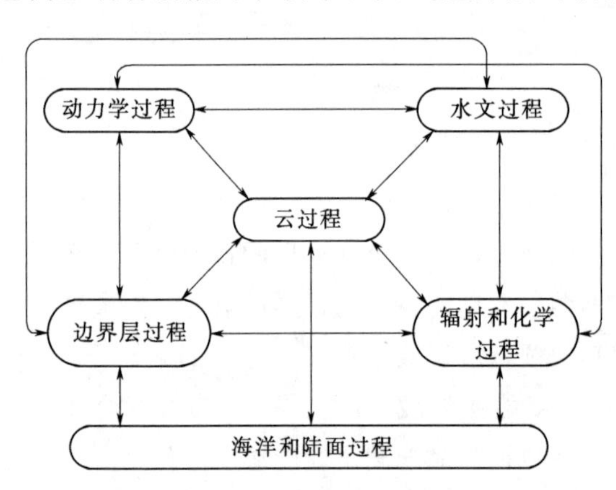

图4-2　大气物理过程及其相互作用
［根据Arakawa（1997）改编］

为了模拟网格和次网格过程的相互作用，解决次网格物理过程无法在模式中解析的问题，需要将这些过程对大气运动的影响通过参数化的方式进行计算，即将次网格过程用可分辨尺度场的值来表示。

在WRF模式中，次网格物理过程的参数化分为六个类别，分别为微物理过程参数化、积云对流参数化、近地层参数化、地气相互作用参数化、边界层参数化以及辐射传输模型参数化。每一类物理过程都有多种参数化方案可供选择。例如，WRF模式微物理过程有Kessler、Purdue Lin、WSM3、Thompson、Goddard等参数化方案，不同方案中变量个数有区别，对冰相过程、混合相过程的解析程度也有不同。WRF模式微物理过程参数化方案比较见表4-4。

表 4-4　WRF 模式微物理过程参数化方案比较

参数化方案	变量个数	有无冰相过程	有无混合相过程
Kessler	3	无	无
Purdue Lin	6	有	有
WSM3	3	有	无
WSM5	5	有	无
WSM6	6	有	有
Eta GCP	2	有	有
Thompson	7	有	有
Goddard	6	有	有
Morrison2 - Moment	10	有	有

参数化的选取与模式的分辨率有关，应根据模式网格设计情况选取相适应的参数化方案。如在高分辨率情况下，对流已不再完全是次网格尺度现象，这时应考虑选择合理的纯显式云物理方案。对于格间距较小的情况，一般建议不采用积云参数化方案。由于各种参数化方案在设计原理、复杂程度、计算时长和成熟程度等方面存在差异，研究者应根据研究目的和计算条件等情况来综合判断、对比选择。如对中尺度系统，积云参数化需包括湿下沉气流、中上层的云卷出和非降水性浅对流，显式云物理方案则需同时加入含有水相和冰相的预报方程，以计入水负荷、凝结蒸发、冻结融化和凝华升华的影响。同样在中尺度模式中，都设置了多种参数方案可供选择。这意味着不同模式使用的积云参数化方案不同，同一模式使用不同的参数化方案对同一过程的模拟结果也不相同，因此在选取参数化方案时要根据实际情况加以选择。

下文着重介绍几种参数化类别。

4.2.2　积云对流参数化

积云（特别是有组织的深厚积云）常为大尺度环流所强迫和控制，又通过其潜热和动量等反馈作用影响地区或全球性的大尺度环流，这些事实已被各地大量的观测研究所证实。积云对流过程往往和降雨过程联系紧密，伴随强降水的发生，中尺度对流云团生成、发展、旺盛，当云团逐渐消散，降水也就慢慢的结束了。在一个数值模式中，积云对流过程与动力过程以及其他物理过程紧密联系，不同过程的相互作用如图 4-3 所示，在大多数这些过程的相互作用中，积云对流都扮演十分重要的角色。

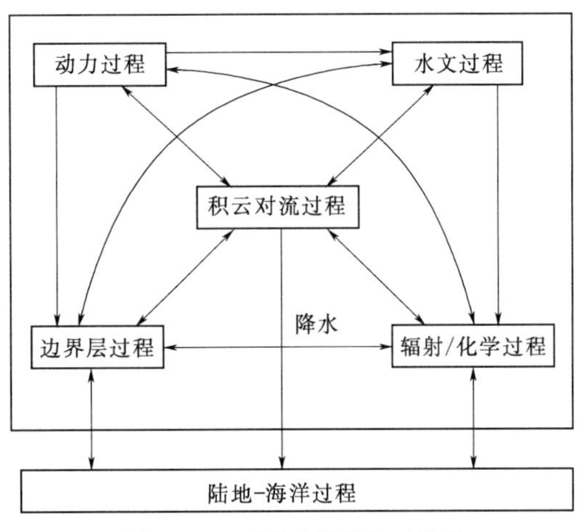

图 4-3　不同过程的相互作用

积云对流参数化是数值模式中最重要的非绝热加热物理过程之一。随着数值天气预报、大气探测和计算机技术的迅速发展，采用高分辨率非流体静力显示云模式来直接求解积云尺度运动进行数值天气预报已成为可能，但是由于其计算量相当大，而积云对流参数化方法相对简单易行，因此参数化方法仍被各国数值天气预报模式和大气环流模式采用。

积云对流参数化要由热力学方程和水汽方程求取积云加热率和增湿率。因未知量多于方程个数，需适当添加新假设及约束关系才能使方程组闭合求解，故从数学角度上讲积云对流参数化是闭合假设问题。出于不同的着眼点，有不同的闭合假设分类法，较常见的瞬时平衡假设，准平衡假设和质量、水气辐合型假设三种。

1. 瞬时平衡假设

它假设积云对流起着使条件不稳定大气向某一定递减率（中性或湿绝热层结）平衡状态调整的作用，这是对流调整型方案的基础。这类假设不涉及复杂的云模式。多用于 GCM 模式中，但也应用于一些中尺度模式中。

2. 准平衡假设

假设在对流状态下积云群总体对网格尺度气流变化的响应足够快，而相对于对流过程来说，供积云发展的网格尺度对流位能变化缓慢，即在对流云的建立和环境的稳定化过程之间存在着近似的平衡，故称准平衡。观测研究显示，在各种对流活跃环境下都具有相似的云动函数（一种有效对流位能的度量），表明该假设是对流大气的普遍性质。该假设对尺度的依赖性大，更适合于描写大尺度的运动。

3. 质量、水汽辐合型假设

这类假设直接把积云活动和大尺度的垂直速度或水汽辐合等联系起来，如把潜热释放量作为垂直积分的水汽辐合函数，但该假设中用于降水及增湿大气的水汽分配难以确定。积云参数化方案的设计（如闭合假设等）明显依赖于要模拟的环流性质，模拟水平尺度大于 Rossby 形变半径的准水平慢变平衡气流时，积云参数化要简单些，也较成熟；但若模拟水平尺度小于 Rossby 形变半径的非平衡气流时，由于其中辐散风分量的相对重要性，又对模拟的潜热释放量和时间更敏感，则要求更复杂的参数化。

表 4 - 5 列举了中尺度模式 WRF 中常用的几种积云对流参数化方案，其中 Kain - Fritsch 方案是在 Eta 模式中进行了调整，利用一个简单的云模式伴随水汽的上升和下沉，同时包括卷入和卷出以及相对粗糙的微物理过程作用；Betts - Miller - Janjic 方案是对 Betts - Miller 方案进行了调整和改进，主要是引入成云效率参数，增加了一个决定大气加热和水汽目标廓线的自由度，浅对流调整是该方案的重要部分；Grell - Devenyi 集合方案主要是多封闭、多参数，集成了 144 个典型次网格成员的方案；Grell 3D ensemble scheme 方案具有高的分辨率，与 Grell - Devenyi 方案有很多相同之处，但不再包含集合成员间的准平衡方法，其下沉效应可以扩散到周围格点，更适合格距小于 10km 的情况。

表 4-5 积云对流参数化方案

积云对流方案编号	方案名称	方案介绍
1	Kain-Fritsch 方案	使用有下沉气流和 CAPE 可移动时间尺度的质量通量近似的深对流和浅对流次网格方案。该方案是质量通量类型，在 Eta 模式中进行过测试调整，采用一个含有水汽上升和下降过程的简单云模式，包括卷入和卷出以及相对粗糙的微物理过程
2	Betts-Miller-Janjic 方案	该方案是对流调整方案，源于 Betts-Miller 对流调整方案，但与其相比最主要的改进在于引入成云效率参数，这样就增加了一个决定大气加热和水汽目标廓线的自由度。其中，浅对流调整是参数化的重要组成部分。柱状水汽调整方案与一个充分混合廓线相关
93	Grell-Devenyi 集合方案	该方案是质量通量类型，用不同的上升、下沉、卷入、卷出的参数和降水率，静态控制与动态控制相结合的方法处理，集成了多封闭，多参数的144 个典型次网格成员的方案
5	Grell 3D ensemble scheme 方案	此方案具有高的分辨率，考虑了相邻柱区中的下沉。与 Grell-Devenyi 方案有很多相同之处，但是不再包含集合成员间的准平衡方法。与其他积云参数化方案最显著的差异在于下沉效应可以扩散到周围格点，因此更适合格距小于 10km 的情况

4.2.3 边界层参数化

边界层位于对流层的下边界，由于受到下垫面热力状况和湍流摩擦的直接影响，边界层内的空气具有明显的湍流运动特征，它能造成动量、热量和水汽在垂直方向很强的输送，并对自由大气中天气系统的发生、发展、演变、消亡产生显著的动力强迫和耗散作用。

大量研究结果表明，边界层过程不仅与许多重要的中小尺度天气现象有密切联系，而且也是影响大气环流和气候变化的重要机制。因此，尽可能细致准确地反映边界层内的各种物理过程，已成为各种数值预报模式设计中不可缺少的内容。

边界层湍流输送的特征尺度量级为 1×10^{1}m，在各种尺度的大气模式中都属于次网格尺度的扰动。观测结果表明，行星边界层中气象要素的垂直梯度比水平梯度要大得多，由湍流运动引起的物理属性输送通量主要集中在垂直方向。因此在现行的各种模式中，重点考虑垂直次网格尺度通量项的参数化问题。

湍流是边界层中的固有现象，也是边界层中热量、动量传输的主要方式。湍流是叠加在平均风速上的阵风，通常被看作是由称之为湍涡的不规则涡流组成。湍流总是包含大小不同的湍涡，在输送方面，湍流比分子扩散率的作用大几个量级。由于湍流的随机性，一般用统计方法对湍涡进行研究。如果穿过流区域的温度、湿度、污染存在着平均梯度，那么湍流运动会使其平均梯度发生变化。

湍流方程中的未知数数量大于方程组数，为了求解方程，必须使得方程闭合，为了使得湍流方程闭合，引进了闭合近似，闭合近似往往是通过保留最高阶预报方程这种方式来命名的。湍流闭合就是采用不同的方法将未知的湍流项用已知的量或已知量的函数进行描述，这就是湍流参数化。

传统的垂直扩散方案是建立在风场和位温的局地梯度基础上，即局地 K 方法。在该方法中扩散系数是局地 Richardson 数的函数。该方案因为其较小的计算量和能在典型大气状态下产生合理的结果而被广泛应用于大气数值模式中。但许多学者指出，该方案最重要的缺陷就是行星边界层中质量和动量的输送是通过大的涡旋来完成的，而这种涡旋应当由行星边界层的总体特征而不是局地特征来决定。为了克服这种缺点，研究人员提出了几种方案：一种是应用高阶闭合方案，这种方案可以很好地表示混合边界层的结构，但由于计算湍流动能的增加而使得计算量太大，且这种方案对局地扩散方案具有很强的敏感性，当大气处于很好的混合状态时很容易发生低估现象；另一种是非局地 K 方案，该方案以其简单性和能表示混合边界层中的涡旋，已经被应用到不同的模式中，并进行了检验。

表 4－6 列举中尺度 WRF 模式中常用的几种边界层对流参数化方案，其中 Yonsei 方案是 MRF 边界层方案的改进版本，增加了对边界层顶夹卷层的显式处理，有效解决了 MRF 方案中过度混合的缺点；Mellor－Yamada－Janjic 方案含有局地垂直混合的一维诊断湍流动能方案，在边界层内部，以湍流动能作为预报量，对所有的湍流阶量进行诊断，相对于完整 2 阶闭合方法计算量小，有一定的精确性；ACM2 PBL 方案是一种非局地闭合方案，既能模拟由大尺度的湍流涡漩产生的输送过程，又能反映次网格小尺度的湍流混合过程，能真实模拟边界层热通量和位温廓线；MRF 方案通过在 K 理论的基础上加一个修正项以达到对较大尺度涡旋通量贡献的参数化，解决了由大涡漩输送导致的逆梯度输送问题，对于不稳定或对流这样混合很好的边界层条件，该参数化能够给出比较理想的模拟结果。

表 4－6　　边界层对流参数化方案

边界层方案编号	方案名称	方案介绍
1	Yonsei 方案	该方案是 MRF 边界层方案的改进版本，在 MRF 边界层方案中增加了对边界层顶夹卷层的显式处理（采用 Non－local－K 方案，对于不稳定混合层采用抛物线状的 k 分布），从而有效解决了 MRF 方案中过度混合的缺点
2	Mellor－Yamada－Janjic 方案	该方案含有局地垂直混合的一维诊断湍流动能方案，是基于 1.5 阶湍流闭合的边界层参数化模式，从 2 闭合方案简化而来。在边界层内部，以湍流动能作为预报量，对所有的湍流阶量进行诊断，从而达到闭合边界层内动量方程的目的。相对于完整 2 阶闭合方法，它计算量小，有一定的精确性
7	ACM2 PBL	该方案是一种非局地闭合方案，结合 ACM 边界层模式和涡动扩散模式优点，在对流条件下，既能模拟由大尺度的湍流涡漩产生的输送过程，又能反映次网格小尺度的湍流混合过程。因此，该方案能真实模拟边界层热通量和位温廓线
99	MRF 方案	该方案通过在 K 理论的基础上加一个修正项以达到对较大尺度涡旋的通量贡献的参数化。它利用一个基于局地自由大气 Ri 的隐式局地方案来处理垂直扩散项，该方案最大的优点在于效弥补了 K 理论的不足，解决了由大涡漩输送导致的逆梯度输送问题。对于不稳定或对流这样混合很好的边界层条件，该参数化能够给出比较理想的模拟结果

4.2.4 辐射传输模型参数化

大气辐射过程是数值天气预报模式中必须要考虑的、非常重要的一类过程。然而，由于观测、理论研究的复杂性，人们对于大气辐射过程的很多细节并未充分了解，现有的大气传输模式在实际应用中时常显得不够精确。由于来自太阳的辐射和来自地球的辐射的电磁波谱分布几乎没有重复，因此一般模式中对长波辐射和短波辐射可以分别进行参数化。

辐射过程是极其复杂的过程，大气层除了接受来自太阳的入射辐射和来自地表及邻近大气的长波辐射外，它本身也要不断向外放射长波。而接受的太阳辐射在大气中传输时，经历着水气、臭氧、二氧化碳等大气气体，云，气溶胶微粒及地面的吸收、散射和反射等，从而造成辐射能在传输路径上的强度、相位、方向或偏振性质发生变化，不同大气成分对辐射作用不同，而同一大气对不同频率的辐射作用也不相同。因此要想在数值预报模式中详细地描述辐射过程是件很困难的事情，需要用业务模式每个时间步长输出的变量值，通过合理的参数化方案，求出每个时间步长辐射传输的统计值，即辐射参数化。参数化是处理辐射传输问题的一条重要途径，任何大气环流模式中应用大气辐射参数化的目的是为了提供一个简单、精确和快速计算大气内总辐射通量廓线的方法，以节省大量时间，实现与模式预报的同步计算，这些计算应该提供：①地表总的辐射通量以计算地表辐射平衡；②垂直和水平辐射通量散度以计算大气柱的辐射加热和冷却率，这时遇到的一个关键问题是如何确定相应的参数化方案，以及这个参数化方案的合理性和精度。

4.2.4.1 长波辐射方案

长波辐射包括由大气和地表吸收与放射的红外长波辐射。从地面向上的长波辐射通量是由地表发射率决定的，而地表发射率又决定于地表类型和地表温度。入射地表的向下长波辐射是全球辐射收支平衡中一个非常重要的成分，主要应用在以下方面：预报夜间霜冻、雾、温度变化和云量；能量辐射收支平衡研究；确定辐射冷却率、气候变化和计算全球增暖等。

晴空条件下向下长波辐射的参数化方案，都是根据不同地表下垫面得到的经验模型，方案中起主导作用的输入参数是大气比辐射率。大气比辐射率估算方案涉及的气象参数有水汽压和气温。这些都是有效的，因为地表接收的长波辐射中一半以上由近地表100m 内的大气发射，辐射通量受近地表测量的温度梯度影响很大。

天空中云的出现使得地表向下长波辐射更复杂，多数学者试图通过云影响辐射的物理机制来估算有云条件下的大气比辐射率，在晴空地表向下长波辐射参数化方案的基础上增加云参数相关的附加项。一般的方法是在考虑云量的同时，结合晴空条件下的大气比辐射率建立函数关系式。在有云条件下，云的出现会使到达地面的长波辐射增加，不仅云量影响辐射传输，云高和云特性（如云体结构、云体温度、云中成分等）也影响云的透过率和比辐射率，从而使得长波辐射物理机制复杂化。

表 4-7 列出了中尺度 WRF 模式中几种常见的长波辐射参数化方案，其中 RRTM 方案是一种快速辐射传输模式，其利用一个预先处理的对照表来表示由于水气、臭氧、二氧化碳和其他气体，以及云的光学厚度引起的长波过程；CAM 方案来自于 CAM3 气候模式中并用于 CCSM 方案，考虑到气溶胶和痕量气体，交互解决云和云分数。GFDL 方案是一种简化的结合方案，计算了二氧化碳、水气、臭氧的光谱波段。

表 4-7　　长波辐射参数化方案

长波辐射方案编号	方案名称	方案介绍
1	RRTM 方案	该方案是一种快速辐射传输模式，利用一个预先处理的对照表来表示由于水气、臭氧、二氧化碳和其他气体，以及云的光学厚度引起的长波辐射过程。此方案考虑到多波段，痕量气体和微物理种类
3	CAM 方案	该方案来自于 CAM3 气候模式中并用于 CCSM 方案，考虑到气溶胶和痕量气体，交互解决云和云分数
99	GFDL 方案	该方案是一种包含二氧化碳、臭氧和微物理效应的较老的多波段方案，采用简化的交换方法。该方案中云的重叠是随机的

4.2.4.2　短波辐射方案

短波辐射是包括可见光的太阳短波辐射，其过程包括大气和地表吸收、反射和散射，地表向上的短波辐射是由地表反照率决定的；大气内的辐射依赖于模式所预报的云和水气的分布，以及二氧化碳、臭氧和痕量气体的浓度。

为了估算地表向下短波辐射，许多学者寻求一些简单的参数化方案，如最简单的方案是基于太阳天顶角的估算，更多的则考虑水气对辐射传输的影响从而利用太阳天顶角和地面测量高度处水气压来估算，更复杂的则考虑了影响太阳辐射的吸收和散射因子来估算。

在晴空条件下，地表向下短波辐射的参数化方案主要是基于经验和辐射传输原理建立的。不同方案考虑的输入参数及函数关系式各有差异，有些仅用太阳天顶角，有些考虑水气的作用而使用水气压。基于辐射传输原理，考虑大气中多种影响因子而建立的复杂参数化方案，统称为辐射传输模型。

有云条件下短波辐射估算的参数化方案，往往基于晴空条件下的参数化方案并结合云量进行修正。

表 4-8 列出了中尺度 WRF 模式中几种常见的短波辐射参数化方案，其中 Dudhia 方案能够有效计算水气吸收、云的反射与吸收和晴空散射，还考虑了地形坡度和阴影对地表短波辐射通量的影响，有效地用于云和晴空吸收和散射；Goddard 短波方案共有 11 个谱段，采用二流近似方法计算太阳短波辐射的散射和直接辐射分量，并在方案中考虑了已有臭氧垂直廓线的气候分布；CMA 方案来源于 CAM3 气候模式并用于 CCSM 方案，能够处理几种气溶胶和痕量气体的光学特征，特别适合用于区域气候模拟；

GFDL 短波方案是一种包含气候态臭氧和云效应的双束多波段方案。

表 4-8　短波辐射参数化方案

短波辐射方案编号	方案名称	方案介绍
1	Dudhia 方案	该方案来源于 MM5 模式，对短波辐射通量向下进行简单积分，能够有效计算水汽吸收、云的反射与吸收和晴空散射。另外还考虑了地形坡度和阴影对地表短波辐射通量影响，使用于高分辨率模拟时需注意倾斜和阴影效应，有效地用于云和晴空吸收和散射
2	Goddard 短波方案	该方案共有 11 个谱段，采用二流近似方法计算太阳短波辐射的散射和直接辐射分量，并在方案中考虑了已有臭氧垂直廓线的气候分布，包含气候态臭氧和云效应的双束多波段方案
3	CMA 方案	来自于 CAM3 气候模式并用于 CCSM 方案，其中考虑到气溶胶和痕量气体，能够处理几种气溶胶和痕量气体的光学特征，特别适合用于区域气候模拟
99	GFDL 短波方案	该方案是一种包含气候态臭氧和云效应的双束多波段方案

4.3 资料同化

数值天气预报模式的初始和边界条件是决定模式结果精度的关键因素之一，如何充分、有效地利用各种常规、非常规观测资料来形成较为准确的模式背景场，已成为进一步提高数值预报水平的关键问题。

通过资料同化可以改善模式的背景场。资料同化是指把不同来源的数据通过一系列的处理、调整，使这些数据能够综合起来运用的一个过程。其目的就是为数值天气预报模式提供尽可能准确的背景场，或构造大气状态长期的再分析资料。随着常规资料（如气象台站和自动气象站资料）、非常规探测资料（如卫星资料、雷达资料等）的大量增加，极大地改善了全球范围内的观测资料状况，这为资料同化的运用创造了有利条件。本节将分别从资料同化概要、资料同化的方法、观测资料的同化应用、资料同化的质量控制、WRFDA 及其应用几方面进行介绍。

4.3.1 资料同化概要

资料同化是一种将一段时间的观测信息放入模式状态的分析方法，观测信息通过模式进行时间上的传递，模式在变量之间加入动力一致性，并且在空间上和变量之间传播观测信息，它是由早期气象学中的分析技术发展起来的。大气初始状态信息是来自各种气象要素的实际观测和模式本身的预报结果，资料同化过程利用各种气象信息，融合观测资料和模式预报结果，得到最优化的大气初始状态信息，初始和边界条件越准确，预报质量越好。

可以将资料同化简单地理解为两层基本含义：一是合理利用各种不同精度的非常规资料，使其与常规观测资料融合为有机的整体，为数值预报提供更好的初始场；二是综合利用不同时次的观测资料，将这些资料中所包含的时间演变信息转化为要素场的空间分布状况。

一个资料同化系统包括观测数据集、动力模型和数据同化方案三部分。以模式的一种初估状态、气候态或其他一些不重要的状态为初始场，由模式得到的解常称之为背景场；结合观测数据集，通过同化过程产生能够相对准确反映真实状态的一种最优估计，称之为分析场。一般而言，分析场是背景场和观测场的加权平均，其方差始终比观测场和背景场的方差小。

随着数值天气预报的日趋精细化，资料同化的重要性也越来越突出。资料同化方法在全球天气预报系统和有限区域的中尺度预报系统中都得到了广泛的应用，其中全球预报系统中最为著名的是欧洲中期天气预报中心的集合预报系统（Integrated Forecasting System，IFS）和美国国家大气研究中心的全球预报系统（Global Forecast System，GFS）。面向风力发电、光伏发电功率预测的中尺度预报模式中应用最广泛的是集成了资料同化的 WRF 模式。

4.3.2　资料同化的方法

现代资料同化方法建立在控制理论或估计理论基础上，其中最有代表性的是变分法和滤波法。由于基于不同的理论基础，不同的资料同化方法使得科研工作者在构造同化算法时，逐步形成了不同的技术理念及方法分支，并发展出相对独立的概念和解释体系。

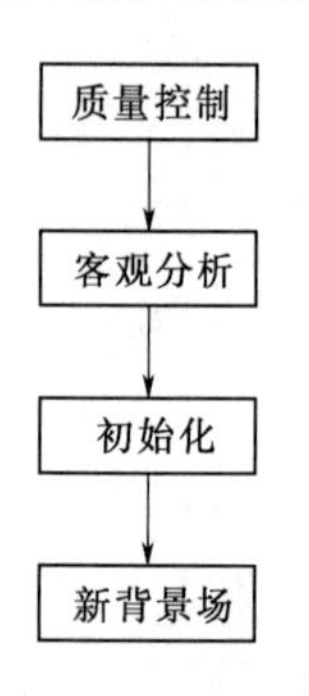

图 4-4　资料同化循环的基本环节

一般的资料同化方法都需要经过质量控制、同化插值、初始化和新背景场生成四个基本环节，如图 4-4 所示。气象数据资料同化方法从数值预报诞生初期开始，已经经历了近 100 年，其中经历了很多过程，产生了众多方法。从初期的主观分析、客观分析方法到逐渐依靠误差来分析的逐步订正、最优插值等统计估计方法，再到极大似然估计理论框架下发展出的三维变分（3D-Var）和四维变分（4D-Var）等变分方法，最后到集合卡尔曼滤波、混合同化乃至粒子滤波等先进方法。下面将按照资料同化方法发展的先后顺序，逐一介绍资料同化方法。

1. 客观分析法

客观分析法是根据空间分布不规则测点上的观测结果给出规则网格点上的分析场，可以视为一个插值问题。插值方法的基本原理就是用某类函数去拟合观测值。

2. 逐步订正法

逐步订正法可以克服局地多项式拟合方法的缺点。它首先给出背景场，然后将格点上的背景场插值到观测站，计算测站的观测值与背景场的偏差，即观测增量，然后以某格点影响半径范围内各个测站上观测增量的加权平均值作为该格点的分析增量，最后再

用格点上的分析增量对背景场进行订正。经过不断缩小影响半径，逐次订正，每次订正后的分析场用作下一次订正的背景场，直到观测增量小于某一确定值。该方法具有简单、计算量小等优点，因此，在客观分析上得到广泛应用。

3. 最优插值法

最优插值（optimal interpolation，OI）法的问世，使得资料同化有了基于统计估计理论的基础。OI 法考虑了背景场和观测误差的统计特征，它是一种均方差最小的线性插值方法，选取的权重使分析误差最小。OI 法实际上是线性回归技术，利用它所得到的分析场会过于平滑，这就有可能抑制中小尺度过程，不太适用于中尺度数值模式。

4. 变分法

变分法（variational method）能够充分利用观测资料，它适用于求一个系统的极大或极小值，在资料同化中运用广泛。它具有直接同化非常规资料的能力，分为三维变分（3D－Var）和四维变分（4D－Var）。三维变分同化方法是求解一个分析变量，使得一个测量分析变量与背景场和观测场距离的代价函数达到最小值。3D－Var 避免了在不同的区域之间，由于选取不同的观测而出现的跳跃现象，同时可以很好地处理观测量和模式变量之间的非线性关系。但 3D－Var 无法用后面时刻的资料来订正前面的结果，造成同化结果在时间上的不连续。4D－Var 考虑了 3D－Var 没有考虑的观测资料的时间维，即在时间维上做了拓展，它的基本思路是调整初始场，使由此产生的预报在一定时间区间内与观测场误差最小。4D－Var 对于复杂模式仍然比较困难，同时较 3D－Var 计算量偏大。

5. 集合卡尔曼滤波法

集合卡尔曼滤波（ensemble kalman filter，EnKF）是一种基于蒙特卡洛估计的四维同化方法，利用循环集合预报方法来估计预报误差协方差。它在标准卡尔曼滤波的基础上通过集合成员之间的离散度来构造滤波过程中的卡尔曼增益，绕过了标准卡尔曼滤波中需要求解预报模式切线性近似及伴随的问题。EnKF 将资料同化和集合预报相结合，集合预报为资料同化提供分析权重（即背景场误差协方差），资料同化为集合预报每个成员提供准确的初始场。集合卡尔曼滤波在预报过程中不断通过集合成员来构造背景误差协方差，使得观测资料在模式格点上的权重系数不断随天气流型变化而变化，这样一种特性被称作“流依赖”特性，这使得集合卡尔曼滤波优于三维变分等静态同化手段。

6. 混合同化法

混合同化（hybrid data assimilation）是将变分方法的静态背景误差协方差和集合卡尔曼滤波“流依赖”进行混合的方法理论。这种方法一方面可以继承部分集合卡尔曼滤波“流依赖”的特性；另一方面也可以利用变分静态协方差来优化滤波协方差矩阵不满秩的问题。

7. 粒子滤波法

粒子滤波（particle filtering）又叫顺序蒙特卡罗滤波，它是基于贝叶斯采样估计的序贯重要性采样滤波思想发展起来的一种滤波方法。粒子滤波算法的基本思想是利用状态空间一组加权随机样本粒子逼近状态的概率密度分布，随着粒子数目的增加，粒子的概率密度函数逐渐逼近状态的真实概率密度函数。相比卡尔曼滤波系列算法，粒子滤波算法不受模型状态量和误差高斯分布假设的约束，适用于任意非线性非高斯动态系统。

在实际应用的过程中，采用何种同化方法主要取决于所采用的模型和观测资料的质量、可用的计算资源，以及所要估计的模型场和参数。3D－VAR 在业务中得到了广泛的应用和推广，随着研究的深入以及计算机水平的不断提高，4D－VAR 将成为资料同化方法的主流。

4.3.3　观测资料的同化应用

1. 地面资料的应用

世界上许多国家和地区都已建立分布密集的地面观测站，包括人工站、自动站和加密站等，形成了高时空分辨率的地面观测网。这些地面观测资料数据量很大，使用频率也很高。地面自动站资料与其他观测资料相比，其最大优点是观测量为模式变量以及高时间分辨率，且全国性的高密度分布，站与站间的距离只有几十千米，是中小尺度天气过程分析和数值模式预报的基础，可较为准确地描述中小尺度天气现象。但由于受地形地貌、大气边界层过程等多种因素影响，地面观测站资料在数值模式中的利用率较低，资料在很大程度上被浪费，并且地面常规观测资料同化工作进展相对于其他非常规资料也较缓慢。

WRF 中尺度模式中有两个主要的地面资料同化方案：Ruggiero 地面资料方案和郭永润地面资料方案。

（1）Ruggiero 地面资料方案：考虑到模式地形与实际观测站地形高度有一定的差异，将地面观测资料分三类情况分别进行同化：①当测站地形高度高于模式最低层高度时，将地面观测资料作为高空资料进入模式；②当模式最低层高度高出测站地形的高度超过 100m 时，该站点资料则剔除不用；③当模式最低层高度比测站地形高度高，且模式最低层高度与测站地形的高度差小于 100m 时，则利用背景场信息将观测资料通过近地层相似理论计算到模式最低层，然后和探空资料一样进行同化分析。

（2）郭永润地面资料方案：为了将地面资料充分利用起来，假定所有测站的资料除地面气压都位于模式面，然后利用相似理论建立 10m 高度风场和 2m 高度温度以及湿度观测算子以及相应的切线和伴随程序，不考虑实际观测站地形与模式地形高度的差异，同时在进行极小化运算前将地面气压折算到模式最低层。采用同化系统每小时同化一次，直接将地面观测物理量场同化到数值模式，取得了一定的效果。该方案比 Ruggiero 地面资料方案更充分地将地面资料利用起来，但没有考虑模式与实际测站地形的高

度差异。

2. 雷达资料的应用

雷达资料具有高时空分辨率，能够及时监测雷暴等天气的发生时间及位置，但将其定量的应用于数值预报，却存在很多的挑战：①多普勒雷达观测的径向速度和反射率因子都不是模式常规量，不能直接用于模式初始化，因此，成功反演模式所需要的气象场是同化雷达资料的一个很重要的目标；②雷达资料的覆盖区域有限，以S波段雷达为例，反射率因子一般只有230km的有效覆盖半径，径向速度只有165km的有效覆盖半径，虽然世界上美国和中国两个最大的天气雷达网，都各有超过150部雷达，但均不能达到全面的覆盖；③雷达资料量大并且有很多质量控制方面的难点，需要准确、高效率的预处理和质量控制专业软件；④雷达观测反映的是对流尺度现象，受对流尺度动力规律支配，与其他类型天气尺度的大气观测资料有很大的不同，由于雷达资料高时空分辨率的特点，最好的同化方式是四维变分同化或者集合卡尔曼滤波同化。

（1）四维变分同化是三维变分在时间上的扩展。四维变分目标函数的定义可以考虑同化时窗内任意时刻模式预报结果与实际观测值之间的距离，从而可以使用连续观测资料，且在模式预报积分过程中，背景误差结构随大气环流变化也在演变，信息更为准确。

（2）集合卡尔曼滤波同化是一种顺序资料四维同化方法，它不需要模式反向积分，不需要预报模式的切线性模式和伴随模式，因此与四维变分方法相比，比较容易实现，可移植性强。基本思想是从集合预报来估计状态变量与观测变量之间的协方差，再利用观测资料和协方差更新，通过分析方程来更新预报结果。

3. 气象卫星资料

卫星利用星载探测器遥测来自地球大气系统的电磁波辐射信息，从而间接推导出表征大气物理状态的各种参量，属于被动式遥感。气象卫星探测大都采用被动遥感方式，大气中各种物质的热辐射是被动式遥感的重要信号源，因此，大气辐射传输理论是大气遥感方法的理论基础。被动遥感推动了用极轨气象卫星对全球大气和地表温度、成分廓线、地表性质，以及辐射通量分量进行研究。卫星资料同化有两种方式，即反演同化和直接同化。

（1）卫星资料反演同化首先解决反演问题，用卫星的辐射率探测资料确定温度和湿度等大气参数的垂直廓线和其他地球物理参数，然后同化反演结果，其反演过程与数据同化过程是相互独立、分别进行的。这种同化方式中，卫星资料反演起到把卫星辐射率与模式变量的非线性关系转变为卫星反演值与模式变量的线性关系的作用，使得其后的同化过程可以应用OI法等较易实现的线性同化方法。

（2）卫星资料直接同化就是在观测算子中包含大气辐射传输正演模式，并用变分法等有效的数据同化方案直接同化“原始”形式或近“原始”形式的卫星辐射率（或亮温），这样不仅能从观测中获取更多的信息，而且避免了复杂卫星资料反演计算及其带来的反演误差。卫星资料的同化分析和反演都是由一组已知观测确定大气状态的反问题，区别仅在于同化获得的是模式格点上大气真值的近似，而反演获得的是探测点上大气真值的近似，因此具有内在统一性。直接同化卫星辐射率的优点就在于统一了反演与同化过程，避免了反演误差，并能从卫星资料中获取更多的信息。变分法能处理观测量与模式变量间的非线性或非直接关系，已成为直接同化卫星辐射率资料时最常采用的同化方法。

4.3.4　资料同化的质量控制

大气资料同化是根据“最优”统计的方法将各种已知信息（包括模式和观测）融合在一起，得到能够“最好”地描述给定分辨率下大气状态的一个过程。不同的资料同化方法在不同的假定条件下通过不同的标准来直接或间接定义“最好”的大气状态。同化的结果与同化方法有关，但更重要的是用于同化的资料质量。质量控制的重要性可从两方面理解：一是在资料同化过程中如果错误的资料与好的资料具有相同的权重，这可能会给分析带来“坏”的影响；二是在高斯分布的假定下，分析场可通过求解目标泛函的极小值得到，如果模式误差和观测误差都是高斯分布，那么实际观测资料计算得到的频率分布也应该是高斯分布，而错误的资料会使得频率呈非高斯分布，从而影响资料同化的结果，降低分析场的精度。因此同化前，资料质量控制是关键环节之一。

1. 地面资料质量控制

我国现有的地面气象观测资料质量控制（quality control，QC）方法，从观测台站到数据中心经历了 QC0、QC1、QC2 和 HQC 四个级别的质量控制流程。针对气象数据的质量控制，可以分为四个方面：一是对观测仪器的质量控制，针对气象站所在的海拔高度、仪器安装等质量控制；二是通过实施监测系统在线实时数据检查，包括观测值范围和极值检查、内部一致性检查、时间连续性检查；三是非实时质量控制，主要是在实时质量控制之后，与周边气象站点进行比较的空间上连续性检查，可以使用统计分析和内插方法检验；四是人工质量控制，即人工检查可能出现的可疑值。在质量控制的各个层面，排除气象站本身的误差，质量控制检验一般包括以下方面：

（1）格式检查。格式检查主要是检查台站的相关参数是否正确，资料的格式是否符合《地面气象观测规范》（气象出版社，2003 年）的要求，其中的逻辑检查主要是针对观测到的数据进行逻辑判断，若观测以非数据、非缺测字符存在时，相应的数据应该按非缺测处理。另外，检查观测站号是否正确，若出现重复的站号，需要对该站的观测仔细斟酌处理。经过检测，发现观测资料中的数据格式和逻辑没有错误。

（2）极值检查。极值检查包括气候学界限检查和台站极值检查。气候学界限检查是从气候角度考虑不可能出现的要素临界值，超出该临界值可认为是错误的资料。台站极值检查指的是该站的观测要素值不超过历史上该气象站曾出现的最高或最低值，若发现该站观测超过历史极值，则需要仔细分析和检验，判断该数据是否真实合理。

（3）时间一致性检查。时间一致性检查指与观测要素时间变化规律性是否相符的检

查，主要检查观测值的时间变化率，剔除不真实的跳跃值，有 5min 时变检查、1h 时变检查等方法。观测要素与时间具有良好的一致性，将此类数据与其前、后时间的测值相比较，来判断其数据是否发生异常。若相邻两个样本的差值超过指定的限制，则可以标注此样本异常。

（4）空间一致性检查。空间一致性检查也常被称之为水平一致性检查，主要是考虑到空间上距离较近的观测站其观测要素具有较大的相似性。空间一致性检查实施的前提条件是台站密度达到一定的程度，如果台站密度过低，则不适合进行空间一致性检查。空间一致性检查的原理类似于时变检查，即计算观测值与估计值的差值，如果差值大于给定的判据，则被定义为可疑数据。对可疑数据：一方面要根据历史气候资料和地形特点，检验观测资料的可用性和真实性；另一方面要结合观测时候的天气形势，判断误差是否是由于中小尺度天气系统造成的。

（5）内部一致性检查。内部一致性检查是检查气象要素之间是否符合一定的规律，主要有同一时刻不同要素之间的一致性检查和同一时刻相同要素不同项目之间的一致性检查。当观测要素在一定时间内超出给定的变化范围，则该观测就被定义为可疑数据。

2. 雷达资料质量控制

实际应用中，人们常在多普勒雷达观测资料中发现数据短缺的现象。一般有两种情况的数据短缺，一种是某些单元点在暴雨气候中出现单一的或者若干的单元数据丢失，使得这些点的暴雨过程变化监测数据出现不连贯；另一种是雷达体扫描过程中沿轴向出现整体性的数据短缺，这种情况对于气象分析更为不利。多普勒雷达回波 dBZ＞70（dBZ 为表示雷达回波强度的物理量）时，会有一些点的回波数据发生异常的突变现象，常常呈现出与周围临近点数据差异巨大的情况。这些异常点一般都是一些孤立的点，其数值与气象的连续性完全不符合，基本不具备合理性，无法作为分析参考的对象。晴空无云天气下，多普勒雷达进行探测时，也会产生回波。这些区域降雨量基本为零，出现晴空回波会对气象分析产生较大的误判。

多普勒雷达的数据质量控制措施主要有以下几点：

（1）对数据短缺进行插补延长。对短缺的数据进行插补，主要有两种方法：第一种是利用气象数据连续性的特征进行插补，一般情况下，气象数据总是呈现出局部的连续性，短缺数据点周围的数据与短缺数据应该是一种连续的关系，可以利用短缺数据左右两个方向临近的数据进行线性延长插补；第二种是利用同一个单元点不同时间段获得的数据进行插补，云团的移动带来单元点监测数据的变化，对于同一片云团而言，这种变化的规律基本上一致。因此观测其他单元点，尤其是短缺点附近单元点数据的变化，可以拟推出短缺单元点的数据变化，进而进行短缺数据插补。

（2）对异常点回波进行处理。多普勒雷达的回波具有一定的阀值，正常情况下，回波不会超过这个阀值。而异常点的数据在许多情况超过了回波阀值。因此这可以作为异常点判定的一个依据。对于异常点的处理，常采用二维中值滤波法。首先对超过回波阀值的数据点采用中值滤波法处理，另外对于没有超过阀值但是比周围回波都大于 6dBZ

的数据，也进行中值滤波法的处理。

（3）剔除晴空回波。在晴空回波的处理问题上，将监测区域按照经纬度坐标划分成网格，对于每一个网格点，根据其长期的雷达回波规律与地面监测数据的关系确定基础回波值；然后将监测到的回波与基础回波进行对比，低于基础回波值，基本上可以认为是晴空回波，没有发生实际降雨。

3. 卫星资料质量控制

广大基层台站不能及时得到反演的各种卫星资料，即使得到也会因精度较差而不能使用。由于云图反映的是整个大气从低层到高层的总效果，它受到高山积雪等因子的干扰，同时考虑到云图资料受大气、云及仪器本身的影响，再加上灰度值同温度（或湿度）存在较大的非线性对应关系，因此用灰度值反演出的温度场和湿度场存在一定误差，这些会对模式预报带来误差。因此，须设法把有用信息分离出来，对非常规资料场进行合理的订正，质量控制工作好坏将直接影响到云图资料反演的效果。

卫星资料质量控制主要有反演值误差订正和系统误差订正两种订正方法。

（1）反演值误差订正。以客观分析后的常规资料场格点值作为标准，逐格点检查非常规资料场的可靠性。具体做法是用非常规资料场格点值与常规资料对应格点值加以对比和判别，剔除差值大于一定标准者，而以常规资料场该格点的 5 点平均值代替。判别标准对各要素是不同的，温度可以在 5 ℃以内，相对湿度可以为 20％～30％，取此标准时主要应考虑该值既能保留非常规资料场中的中小尺度信息，又能剔除一些不合理的奇异点。

（2）系统误差订正。由于受到大气、云及仪器本身的影响，同时红外云图在接收过程中把地（云）面看作是黑体，由此推算的表面温度比实际要低，另外灰度值同系统误差随湿度（或温度）近似呈线性变化，因此用灰度值反演出的温度和湿度存在系统误差。系统误差随湿度（或温度）近似呈线性变化且各层斜率不一样，因此可以近似对反演值进行系统误差订正，公式为

$$Q_{SN}^{L}=K_{N}^{L}Q'^{L}_{SN}+E_{N}^{L} \tag{4-1}$$

式中　Q——订正后的值；

Q'——订正前的值；

S——作为下标，云图反演值；

N——要素（分别为温度和湿度）；

L——作为上标，订正的等压面（分别为 500hPa、700hPa 和 850hPa）。

K、E——由样本统计得出的订正系数。

4.3.5　WRFDA 及其应用

WRF 资料同化模块（WRF Data Assimilation System，WRFDA）是由 NCAR 的 WRFDA 小组在 WRF 天气预报系统的基础上开发的一套免费获取的工具集，提供了服务于资料同化的各种功能，包括观测数据预处理、模式背景场误差生成、同化算法的运

行、同化后初始场和边界条件的生成等。由于 WRF 模式的开放性，WRF 模式已经成为全球范围内应用最为广泛的中尺度天气预报模式，在科学研究和业务预报领域都得到了很强的认可。WRFDA 在 2018 年 6 月已更新至 4.0 版本。

WRF 资料同化模块主要支持三维变分同化、四维变分同化算法，同时也对卡尔曼滤波、混合同化等算法有一定支持，用户可根据需要选择相应的编译参数，编译生成对应的可执行程序。

作为 WRF 模式系统的一个模块，WRFDA 的程序主框架与 WRF 模式保持一致，而且能够与 WRF 模式进行无缝衔接，为用户提供了便捷有效的资料同化方案。WRFDA 资料同化模块示意图如图 4-5 所示，包括 OB/SPROC、gen _ be、UPDATE _ BC 以及 WRFDA 等单元。WRFDA 的运行首先要利用 OB/SPROC 进行观测资料的处理，去除重复和无效的观测资料，并转换为 WRFDA 可识别的 ASCII 格式；然后利用 gen _ be 生成模式背景场误差数据；其次，由 WRFDA 读入处理后的观测数据 y^0、观测误差 R、由 WPS 和 real 程序生成的模式背景场 x^b，以及背景场误差 B_0，计算得到同化后的分析场 x^a；最后，运行 UPDATE _ BC 单元，更新模式边界条件，这样就完成了一次完整的 WRFDA 流程。

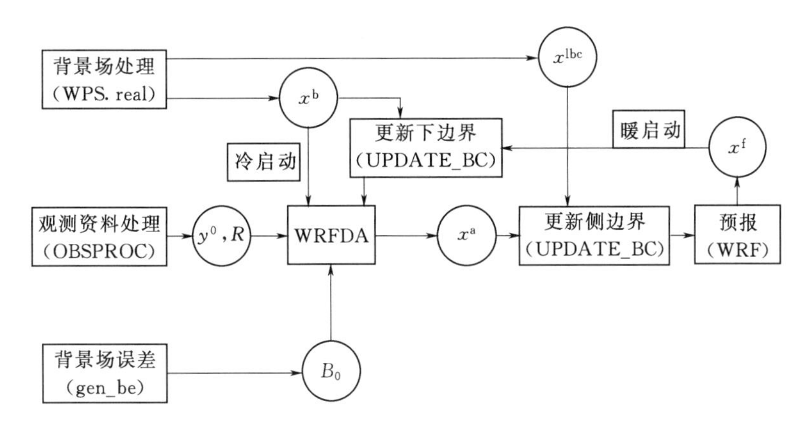

图 4-5 WRFDA 资料同化模块示意图

1. 资料同化对风速的影响

采用 WRFDA 系统对 2013 年 6 月 26 日 UTC12 时的我国内陆地区进行数据同化试验。WRF 模式以及 WRFDA 同化系统的版本为 V3.5.1，初始场采用 GFS 模式的 00h 分析场，同化的观测场数据包括地面观测、高空气球、飞机航空报以及 GPS 水气观测数据等 NCEP GDAS 观测数据，数据格式为 BUFR 格式。采用四维变分同化算法，背景场误差协方差矩阵选择 NCEP 模式背景协方差。同化系统采用的观测资料时间窗口为从 26 日 12：00 至 15：00，模式水平分辨率为 27km×27km，模拟范围网格数为 200×171。模式的物理过程参数化方案采用以下配置：

mp _ physics=3，

ra _ lw _ physics=1，

ra _ sw _ physics=1,
radt=30,
sf _ sfclay _ physics=1,
sf _ surface _ physics=2,
bl _ pbl _ physics=1,
cu _ physics=1,
cudt=5,
num _ soil _ layers=4,
mp _ zero _ out=2,
co2tf=0

可以发现，经过 WRFDA 同化后的底层风场，在新疆北部、甘肃西北部的风速增强了 2m/s 左右，内蒙古中部减小了 3m/s 左右，我国中东部则基本无变化。可见，资料同化过程会使得数值天气预报模式的初始场产生明显的改变，从而改变模式的运行结果。

2. 资料同化对辐射的影响

采用 WRFDA 系统对 2018 年 5 月 24 日 UTC12 时的我国内陆地区进行数据同化试验。WRF 模式以及 WRFDA 同化系统的版本为 V3.5.1，初始场采用 GFS 模式的 20h 分析场，同化的观测场数据包括欧亚大陆的地面观测站、全国的自动站和 GPS 水汽资料、北半球的探空站以及江浙沪的风廓线资料，数据格式为 Litter 格式。采用三维变分同化算法。模式水平分辨率为 15km×15km，模拟范围网格数为 449×353。模式的物理过程参数化方案采用以下配置：

mp _ physics=8,
ra _ lw _ physics=4,
ra _ sw _ physics=4,
radt=30,
sf _ sfclay _ physics=1,
sf _ surface _ physics=2,
bl _ pbl _ physics=1,
cu _ physics=1,
cudt=5,
num _ soil _ layers=4,
mp _ zero _ out=2,
co2tf=0

可以发现，长江中下游地区 12：00 的辐射值不足 400W/m^2，这主要是由于该地区有一次明显的强降水过程。经过资料同化后的总辐射在长江中下游地区明显比未同化前的总辐射要小，且辐射值降低的范围也进一步扩大。这说明同化的资料使得数值天气预

报模式的初始场产生明显的改变，造成降水的范围和强度变化，从而导致总辐射的变化，改变模式的运行结果。

4.4 数值天气预报的一般性检验

数值天气预报的一般性检验是针对预报质量的较为宏观的评估，其思路是将模式预报变量与对应变量的观测数据进行对比，得出检验结论。在检验步骤方面，一般性检验采用的方法间具有一定的逻辑性，是关于应用的检验中最为直接也容易理解的环节。

数值天气预报模式需要有合适的配置方案，如水平网格分辨率、垂直分辨率、边界划分、参数化方案配置等，不同的输入参数会产生不同的预报结果。数值天气预报的检验则是为了验证模式结果是否能够满足应用需求，确定模式的最优配置方案。本节将从数值天气预报检验的目的与范畴、基本原理与方法两个方面进行介绍。

4.4.1 数值天气预报一般性检验的目的与范畴

新能源短期功率预测的时间尺度为0～72h，空间尺度为新能源场站所处的局地微区域，一般的统计方法从时间尺度上已经不能满足新能源短期功率预测的要求，因此需要利用数值天气预报技术来实现新能源短期功率预测。数值天气预报能够提供新能源场站处未来72h以上的局地气象要素预报信息，且时间分辨率可达15min，可以作为短期功率预测模型的输入，从而给出未来一定时段内逐15min的功率预测信息。

上文已经介绍，数值天气预报作为一种对未来天气信息进行预报的工具，其结果存在一定的误差。这种误差与使用者对数值天气预报的理解程度有密切关系，经验丰富的使用者能够利用数据天气预报比一般的统计方法得到较高精度的预报结果。

面向新能源功率预测的中尺度数值天气预报检验通常具有一定的局限性，这一现状主要是由新能源功率预测中数值天气预报产品的应用目的所决定。

数值天气预报检验与新能源释用的关系示意图如图4-6所示。在图4-6中可以看出，数值天气预报模式在使用前需要进行输入参数配置，如预报区域的大小、水平网格分辨率、垂直层数、物理过程参数化方案配置等。数值天气预报模式对输入参数配置有一定的要求，需要在合适的输入参数配置下，模式才能正常、有效地运行。通过丰富的使用经验可以配置较为合理的输入参数，但数值天气预报模式过于复杂，单纯依靠经验可能仍然无法达到最优结果，因此，需要客观、有效的方法对模式预报信息进行检验，以获得模式最优参数配置，得到更精确的数值天气预报结果。

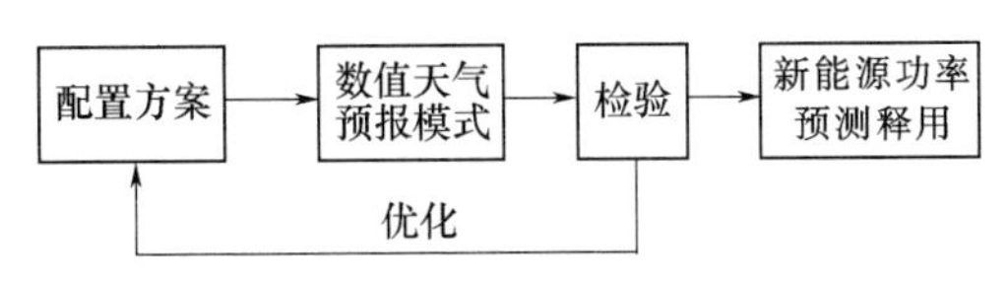

图4-6 数值天气预报检验与新能源功率预测释用的关系示意图

在新能源功率预测研发过程中，人们寄希望于中尺度数值天气预报提供尽可能准确的风速、太阳总辐射等要素的序列值，那么风电场、光伏电站中装配的气象要素自动监测设备就成了最为有效也最为

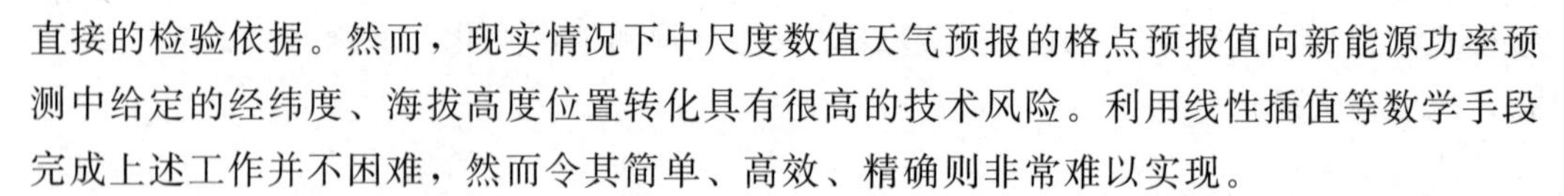

直接的检验依据。然而，现实情况下中尺度数值天气预报的格点预报值向新能源功率预测中给定的经纬度、海拔高度位置转化具有很高的技术风险。利用线性插值等数学手段完成上述工作并不困难，然而令其简单、高效、精确则非常难以实现。

数值天气预报是对真实大气的数值化模拟，是根据天气演变过程的流体力学和热力学方程组，在一定的初值和边界条件下，求解未来一定时段大气运动状态和天气现象的方法。由于数值预报模型不可能完美地再现真实大气运动规律，大气观测的稀少性和不可避免的误差的存在，导致数值天气预报对真实大气的模拟必然存在着误差。不仅如此，由于大气系统本身的混沌性，数值天气预报即使在初始状态只有微小误差，其后的积分过程中也会不断地将误差放大，直至完全丧失可预报性。

因此，数值天气预报一般性检验的目的首先是对数值天气预报系统的各个重要环节的实证分析，通过有效的技术手段，判定既定模式物理过程参数化方案、模式边界选取以及多层嵌套等环节是否具备充分的合理性。其次，通过检验，可以为模式使用者了解模式的预报性能提供帮助，进而将这部分经验应用于新能源功率预测的建模环节。正因如此，数值天气预报检验的科学性、合理性与规范性十分重要，判断其预报误差水平及分布特征是提高数值天气预报产品释用技术的基础，也是提高最终预报产品精度的重要前提。

数值天气预报检验的范畴通常是随着人们的认识进步而不断发展的。宏观上，数值天气预报的检验可分为天气学检验方法和统计学检验方法两大范畴。其中，数值天气预报的天气学检验是根据天气学原理，对单独的天气过程个例，利用数值天气预报输出的关键气象要素分布与变化场，与对应的气象观测数据进行对比，分析预报场与实测场具体差异的检验方法。而统计学检验方法则是利用一段时间内数值天气预报产品与对应的实际气象观测数据，制定并分析其统计学指标，从而判断数值天气预报产品效果的方法。两种方法涉及的各类检验指标是随着技术发展而不断丰富起来的，在扩充检验范畴的同时，也令人们对于数值天气预报的认识得到了进一步的深入。

关于天气预报最古老的检验是专家经验法，一般通过目视和主观分析给出误差结论。时至今日，即使对于科研经验非常丰富的人员，目视也已无法适应海量数据客观分析，而且人工检验的结论也会带有一定的主观性和非定量的特点，因此很难提供有效的、量化的判别标准。

20世纪末，数值天气预报检验较为普遍和通用的方法是通过高空、地面观测或模式再分析数据进行点对点的对比或者利用列联表根据事件发生与否对预报、观测进行分类并统计观测点上预报、观测事件发生的次数。在检验范畴上也不断扩充，定义了诸如命中率、误警率、预报偏差等一系列评分指数来判别数值天气预报的预报技巧优劣。这种检验方法通常被称为传统或经典检验方法。

近年来，数值天气预报的检验技术得到了快速发展：一方面是由于观测资料更加丰富，诸如天气雷达、卫星、自动站等一系列高时空分辨率的数据为模式校验提供了更加多样的参照物，使得检验结果更具有针对性；另一方面，模式产品不断更新，高分辨

率、集合预报等的出现也触发了新的检验手段。新发展的邻域法或模糊法在关注传统技巧评分的同时，更加注重预报、观测在空间上的差异；尺度分离法将傅里叶分析、小波变换等数字滤波技术应用到模式检验中分离不同尺度的变量；面向对象法把预报量解析为不同的对象，并计算其面积、振幅、轴角等各种属性；集合预报系统产生的具有动力学意义的概率预报也为其检验方法注入了新的活力，概率密度分布函数、连续分级概率评分、关联性预报特征（relative operating characteristic，ROC）分析等一系列方法也运用于集合预报系统检验中并在不断改进。

4.4.2 数值天气预报一般性检验的基本原理与方法

4.4.2.1 天气学检验

数值天气预报天气学检验一般是分析影响预报区的天气系统，如高低压形势分析等。检验的方法是将预报结果和观测数据（如再分析资料、监测数据）做对比。一般天气学检验包括天气系统预报分析和气象要素预报分析。天气系统预报分析的主要内容有：①天气系统漏报、空报和正确预报的情况，即天气系统的存在是否预报准确；②天气系统强度预报情况，即天气系统的强度是否预报准确；③天气系统移动预报情况，即天气系统的移动是否预报准确。

气象要素预报分析的主要内容有：①降水预报分析；②温度预报分析；③地表辐射通量预报分析；④10m 风场预报分析等。

新能源功率预测与太阳辐射和风速关系密切，面向新能源的数值天气预报检验更加注重于地表辐射通量预报、10m 风场预报的检验，这一点与常规气象要素预报分析有所区别。

下面以 500hPa 位势高度场、850hPa 风场、850hPa 温度场为例，说明数值天气预报检验的方法。

1. 500hPa 位势高度场检验

500hPa 位势高度场检验步骤如下：

（1）读取 WRF 模式原始输出结果 WRFOUT 文件中各时间点的“PH”“PHB”“P”变量，分别代表位势高度扰动量、位势高度基准量和气压场。

（2）根据位势高度扰动量和位势高度基准量，计算各模式 Sigma 高度层的位势高度 GHT 为

$$GHT=PH+PHB \tag{4-2}$$

（3）利用模式气压场 P，将 Sigma 坐标系下的位势高度场转换为 500hPa 气压层的位势高度场。

（4）利用模式水平坐标系参数，建立 Lambert - Conformal 投影坐标系地图，并绘制 500hPa 位势高度场等值线图。

（5）对比模式预报的 500hPa 高度场和实际观测的高度场或其他模式的预报高度

场，分析模式预报误差。

因为 WMO 全球气象观测网的统一高空气球观测时间为 UTC 时间 0 点和 12 点整，对应的北京时间为早 8：00 和晚 20：00，采用模式预报时间点为 UTC 时间第一天、第二天、第三天和第四天 0：00 的预报场数据，对应的预报时长分别为 0h、24h、48h、72h。

2. 850hPa 风场检验

在天气分析中，500hPa 气压层的风场和温度场是分析近地面天气形势的主要手段。由于 850hPa 位于对流层下层，其风场和温度场分布特征直接影响地面的天气现象。

850hPa 风场天气学检验步骤如下：

(1) 读取 WRF 模式原始输出结果 WRFOUT 文件中各时间点的“U”“V”“T”“P”变量，分别代表投影坐标系中 I 方向风速分量、J 方向风速分量、温度和气压场。

(2) 对模式空间中各网格点，计算其 Lambert－Conformal 坐标系中的 I、J 方向与经纬度坐标系中 X、Y 方向夹角 α，并根据夹角 α 计算该网格点 X、Y 方向的风速分量：

$$\begin{cases} U_{\text{met}} = U \cdot \cos\alpha + V \cdot \sin\alpha \\ V_{\text{met}} = -U \cdot \sin\alpha + V \cdot \cos\alpha \end{cases} \tag{4-3}$$

(3) 利用模式气压场 P，将 Sigma 坐标系下的风场转换为 850hPa 气压层的风场。

(4) 利用模式水平坐标系参数，建立 Lambert－Conformal 投影坐标系，并绘制 850hPa 温度等值线图。

(5) 在 Lambert－Conformal 投影坐标系中绘制 850hPa 风速矢量图。

(6) 对比模式预报风场、温度场和实际观测场的差异，分析模式预报误差。

为了进行 850hPa 风场检验，选取了 2014 年 2 月 16 日至 18 日时段的天气过程作为实际案例，生成此次天气过程的 WRF 模式第一层区域的 850hPa 风速矢量场预报结果，与该时段的实测风速矢量分析场、EC 预报模式以及 T639 预报模式预报场进行了比较和分析 WRF850hPa 风速矢量预报场如图 4－7 所示。

从 2014－02－16 20：00 的 WRF 850hPa 风速矢量预报场可以看出，从江淮到江南地区有一条切变线，该切变线由自印度的暖湿气流组成，有可能在江淮到江南地区产生雨雪天气；2014－02－17 20：00，该切变线基本维持在原地但强度减弱，将继续影响江淮到江南地区；到 2014－02－18 20：00，切变线消散。

对 850hPa 风场进行检验，如 WRF 850hPa 风速矢量（黑色标）、温度（红线）预报场所示，对位于江淮到江南地区的切变线，WRF 模式对安徽、湖北地区的风向预报较好，成功预报出切变线影响，但在切变线周围某些风向上还有一定误差；对位于江淮到江南地区的切变线，T639 模式对安徽、湖北地区的风向预报存在较大偏差，切变线预报有一定误差。EC 模式对切变线北段把握较好，但南段风向预报偏差较大，风速较实况显著偏弱，切变线预报的把握较差。

3. 850hPa 温度场检验

为了进行 850hPa 温度场检验，选取 2014 年 2 月 16—18 日时段的天气过程作为实

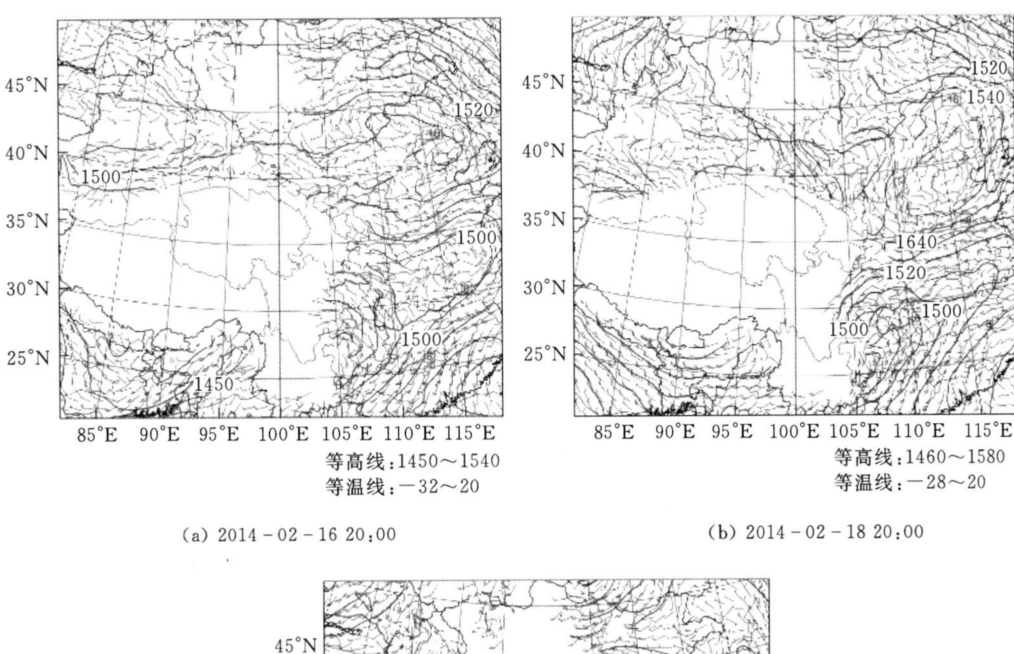

(a) 2014-02-16 20:00　　(b) 2014-02-18 20:00

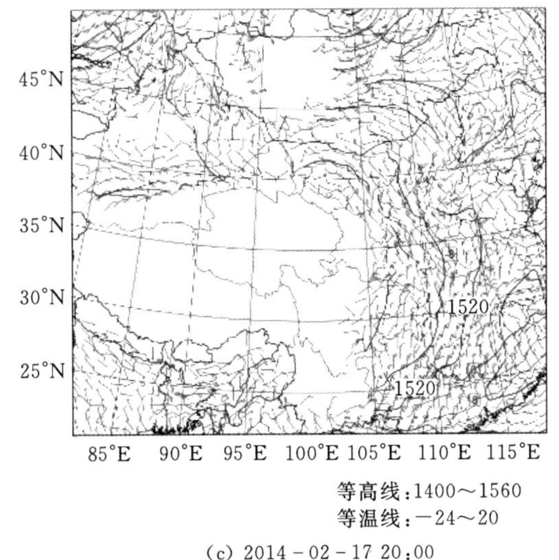

(c) 2014-02-17 20:00

图 4-7　WRF 850hPa 风速矢量预报场

际案例，生成此次天气过程的 WRF 模式第一层区域的 850hPa 温度场预报结果，与该时段的实测温度分析场、EC 预报模式以及 T639 预报模式预报场进行了比较和分析。

由 2014-02-16 20：00 时的 WRF 850hPa 温度预报场可以看出，0℃等温线向东延伸到江苏中部，向西延伸到新疆南部，在华中地区呈现为 S 型的曲线，贯穿四川、湖南、湖北等地区；而从 850hPa 实测温度场可见，0℃等温线整体上与 WRF 预报结果符合程度较好，特别是在东部沿海地区和西北部地区，但在四川、重庆地区符合程度较差。由 2014-02-17 20：00 时的 WRF 850hPa 温度预报场可以看出，0℃等温线整体向南移动，表明我国大部分地区处于一次北方冷空气入侵的降温过程；到了 18 日 20：00，由 WRF 850hPa 温度预报场可见，0℃等温线继续向南移动，已经靠近我国广东、广西

地区。

850hPa 温度预报场如图 4－8 所示。对比 WRF 模式的 850hPa 温度场预报结果与 EC 以及 T639 模式预报结果，可以看出三种模式的预报结果基本相似，不同之处在于 WRF 模式的预报结果和 T639 模式结果更为接近，而 EC 模式的预报结果与实测温度场更为符合。

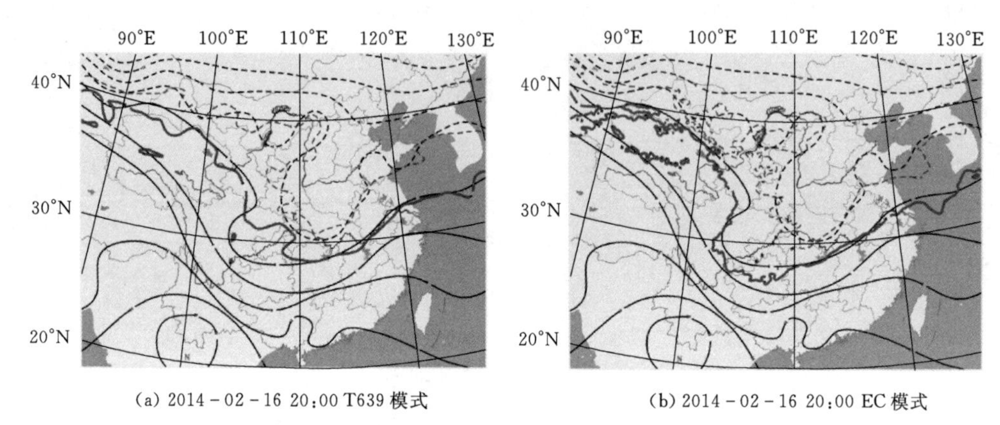

(a) 2014－02－16 20:00 T639 模式 (b) 2014－02－16 20:00 EC 模式

图 4－8 850hPa 温度预报场

4. 模式 24h 降水量检验

数值天气预报模式中，降水量的预报是检验模式准确性的重要指标，因为降水预报涉及模式预报的多方面，包括大范围的大气流场形势、水汽输送带、局地对流强度、次网格参数化方案等。降水过程的复杂性，也导致了准确降水预报的困难。

模式降水量天气学检验步骤如下：

(1) 读取 WRF 模式原始输出结果 WRFOUT 文件中各时间点的“*RAINC*”“*RAINNC*”变量，分别代表积云参数化累积降水量和非参数化累积降水量。

(2) 由“*RAINC*”和“*RAINNC*”计算总累积降水量 P，其公式为

$$P = RAINC + RAINNC \tag{4-4}$$

(3) 根据第 24h、48h、72h 的总累积降水量，计算 24h 累积降水量。其中，0～24h 累积降水量为

$$P_{0\sim24} = P_{24} - P_0 = P_{24} \tag{4-5}$$

24～48h 累积降水量为

$$P_{24\sim48} = P_{48} - P_{24} \tag{4-6}$$

48～72h 累积降水量为

$$P_{48\sim72} = P_{72} - P_{48} \tag{4-7}$$

(4) 利用模式水平坐标系参数，建立 Lambert－Conformal 投影坐标系，并绘制 24h 累积降水量等值线图。

(5) 对比模式预报降水量分布场和实际观测场的差异，分析模式预报误差。

为了进行 24h 地面降水量预报检验，选取了 2014 年 1 月 19—20 日时段的一次降水

过程作为实际案例，生成此次过程的 WRF 模式第一层区域 24h 累积降水量预报结果，与该时段的实测降水量分布进行了比较和分析。

在 2014 年 1 月 19—20 日 24h 预报降水量分布图中。云南东北部、贵州西部至四川、西藏部分地区有一个降水区域，而东北内蒙古、吉林、辽宁等地区也出现了一片降水区域，两个降水区域的降水强度都在 10mm 以下。与同时段的实测降水量分布图相比，WRF 降水预报将西南和东北两个主要降水区域都进行了成功的预报，而且对降水落区范围和降水强度的预报都与实测结果相当符合，不足之处是对四川地区的降水落区范围预报有偏差。总体来说，WRF 模式对大范围的降水范围和降水强度预报效果都较好。

5. 模式地表入射短波辐射通量检验

模式地表入射短波辐射的检验为场检验，需要利用预报区域的观测数据、模式预报数据进行对比分析。模式地表入射短波辐射检验不是气象学中常规的天气学检验项目之一，是面向新能源功率预测的必要检验项目之一。

模式地表入射短波辐射检验的步骤主要如下：

(1) 读取 WRF 模式原始输出结果 WRFOUT 文件中各格点、各时间点的“*SWDOWN*”变量，代表地表入射短波辐射通量。

(2) 读取 NCEP 再分析资料 dswrf 文件中各格点、各时间点的向下短波辐射通量变量。

(3) 利用 NCEP 再分析资料 dswrf 文件水平坐标系参数，按时间分辨率绘制向下短波辐射通量色斑图。

(4) 利用模式水平坐标系参数，按 NCEP 再分析资料 dswrf 文件的时间分辨率绘制地表入射短波辐射通量色斑图。

(5) 对比模式预报场与再分析资料场，分析模式预报误差。

4.4.2.2 统计学检验

数值天气预报统计学检验一般是利用统计量对预报区域内的气象要素进行分析，如形势场均方根误差、距平相关系数分析等。下面分别对降水、温度、灾害性天气落区等预报信息统计学检验进行举例介绍。

1. 降水预报检验

(1) 检验内容。检验内容分为降水分级、累计降水量、晴雨检验等。

降水分级检验：将降水量分为小雨、中雨、大雨、暴雨、大暴雨、特大暴雨，检验各级降水预报情况。降水等级划分表见表 4-9。

累计降水量级检验：检验对不小于 0.1mm、10.0mm、25.0mm、50.0mm 降水的预报情况。

晴雨检验：对有降水、无降水两种类别进行检验。

表 4-9　　降水等级划分表　　单位：mm

降水等级	12h 降水量	24h 降水量
小雨	0.1～4.9	0.1～9.9
中雨	5.0～14.9	10～24.9
大雨	15.0～29.9	25～49.9
暴雨	30.0～69.9	50.0～99.9
大暴雨	70.0～140.0	100.0～250.0
特大暴雨	>140.0	>250.0

（2）检验方法。检验包括降水分级检验和累加降水量级检验，包含的项目为：

TS 评分，其表达式为

$$TS_k=\frac{NA_k}{NA_k+NB_k+NC_k}\times 100\% \tag{4-8}$$

技巧评分，其表达式为

$$SS_k=TS_k-TS'_k \tag{4-9}$$

漏报率，其表达式为

$$PO_k=\frac{NC_k}{NA_k+NC_k}\times 100\% \tag{4-10}$$

空报率，其表达式为

$$FAR_k=\frac{NB_k}{NA_k+NB_k}\times 100\% \tag{4-11}$$

式中　NA_k——预报正确站（次）数；

NB_k——空报站（次）数；

NC_k——漏报站（次）数；

k——各级降水预报等级，$k=1\sim12$；

TS_k——对应等级的降水评分；

TS'_k——各级降水的数值预报或上级指导预报的 TS 评分。

降水预报检验分类表见表 4-10。

表 4-10　　降水预报检验分类表

项　目		预　报	
		有	无
实况	有	NA_k	NC_k
	无	NB_k	

晴雨检验有以下公式：

预报正确率为

$$PC=\frac{NA+ND}{NA+NB+NC+ND}\times 100\% \tag{4-12}$$

技巧评分为

$$SS=PC-PC' \tag{4-13}$$

式中 NA——有降水预报正确站（次）数；

NB——空报站（次）数；

NC——漏报站（次）数；

ND——无降水预报正确的站（次）数；

PC'——数值预报的 PC 评分。

晴雨检验分类表见表 4-11。

表 4-11　　晴雨检验分类表

项　目		预　报	
		有	无
实况	0.0mm	NA	ND
	≥0.1mm	NB	NC
	无降水	NB	ND

单站降水预报：逐日检验只评定是否正确和是否属“空、漏”报，并保存每日预报与实况资料。月、季、年检验依据当月、季、年的预报正确总次数、空报总次数、漏报总次数计算 TS、SS、PC、空报率、漏报率。

区域降水预报：逐日检验依据当日预报正确站数、空报站数、漏报站数，计算 TS、SS、PC、空报率、漏报率，并保存各站每日预报与实况资料；月、季、年检验依据当月、季、年的预报正确总站（次）数、空报总站（次）数、漏报总站（次）数，计算 TS、SS、PC、空报率、漏报率。

季、年的评分不是月评分的平均，而是对季、年所有样本的统计结果。

2. 温度预报检验

最高、最低气温和定时气温预报误差，包括以下项目：

均方根误差为

$$T_{\text{RMSE}}=\sqrt{\frac{\sum_{t=1}^{N}(F_i-O_i)^2}{N}} \tag{4-14}$$

平均绝对误差为

$$T_{\text{MAE}}=\frac{\sum_{t=1}^{N}|F_i-O_i|}{N} \tag{4-15}$$

预报准确率为

$$TT_K=\frac{Nr_K}{Nf_K}\times 100\% \tag{4-16}$$

式中 F_i——第 i 站（次）预报温度；

O_i——第 i 站（次）实况温度；

Nr_K——预报正确的站（次）数；

Nf_K——预报的总站（次）数。

K 作为下脚，当$|F_i—O_i|\leqslant 1$℃时，$K=1$；当$|F_i—O_i|\leqslant 2$℃时，$K=2$。

温度预报准确率的实际含义是温度预报误差不大于 1℃（2℃）的百分率。

单站温度预报：逐日检验计算绝对预报误差，并保存每日预报与实况资料，月终计算平均绝对误差、均方根误差和预报准确率。季、年检验依据当季、年的每日预报与实况资料计算均方根误差、预报准确率，平均绝对误差采用季、年的平均值。

区域温度预报：逐日检验计算平均绝对误差、均方根误差、预报准确率，并保存每日预报与实况资料；月、季、年检验依据当月、季、年的每日预报与实况资料计算均方根误差、预报准确率，平均绝对误差采用月、季、年的平均值。

3. 灾害性天气落区预报检验

此检验包括冰雹、雷暴、冻雨、霜冻、雾（雾、浓雾、强浓雾）、强降雪（中雪、大雪、暴雪）、强降雨（暴雨或大雨以上等级）、沙尘天气（沙尘暴、强沙尘暴）、大风（≥6 级、≥8 级、≥10 级、≥12 级）、高温（≥37℃、≥40℃）、强降温（≥8℃、≥12℃）等 11 类 23 项灾害性天气预报检验。

TS 评分，其公式为

$$TS=\frac{NA}{NA+NB+NC}\times 100\% \tag{4-17}$$

漏报率，其公式为

$$PO=\frac{NC}{NA+NC}\times 100\% \tag{4-18}$$

空报率，其公式为

$$FAR=\frac{NB}{NA+NB}\times 100\% \tag{4-19}$$

式中　NA——预报正确站（次）数；

NB——空报站（次）数；

NC——漏报站（次）数。

灾害性天气落区预报检验分类表见表 4-12。

表 4-12　灾害性天气落区预报检验分类表

项　目		预　报	
		有	无
实况	有	NA	NC
	无	NB	

将灾害性天气分为冰雹，雷暴，冻雨，霜冻，雾、浓雾、强浓雾，中雪、大雪、暴雪，暴雨 [新疆等 6 省（自治区）为大雨]、大暴雨 [新疆等 6 省（自治区）为暴雨]、特大暴雨 [新疆等 6 省（自治区）为大暴雨]，沙尘暴、强沙尘暴，不小于 6 级大风、不小

于 8 级大风、不小于 10 级大风、不小于 12 级大风，不小于 37℃高温、不小于 40℃高温，不小于 8℃强降温、不小于 12℃强降温等，分别检验各种灾害性天气的预报情况。

逐日检验依据当日预报正确站数、空报站数、漏报站数计算 *TS* 评分、空报率、漏报率，并保存每日预报与实况资料；月、季、年检验依据当月、季、年的预报正确总站（次）数、空报总站（次）数、漏报总站（次）数，计算 *TS* 评分、空报率、漏报率。

4. 检验时段

（1）降水预报。降水分级检验：评定 0～12h、12～24h、0～24h、24～48h、48～72h、72～96h、96～120h、120～144h、144～168h 预报。

累加降水量级检验和晴雨检验：评定 0～24h、24～48h、48～72h、72～96h、96～120h、120～144h、144～168h 预报。

（2）温度预报。评定 0～24h、24～48h、48～72h、72～96h、96～120h、120～144h、144～168h 最高、最低气温预报和 72h 之内定时温度预报。

（3）灾害性天气落区预报。评定 0～12h、12～24h、0～24h、24～48h、48～72h 预报。具体为：0～12h、12～24h 预报评定的灾害性天气种类包括冰雹、雷暴、冻雨、霜冻、雾（雾、浓雾、强浓雾）、强降雪（中雪、大雪、暴雪）、强降雨（暴雨或大雨以上等级）、沙尘天气（沙尘暴、强沙尘暴）、大风（≥6 级、≥8 级、≥10 级、≥12 级）、高温（≥37℃、≥40℃）等 10 类 21 项。

其中，0～24h 预报评定不小于 8℃强降温、不小于 12℃强降温。24～48h 预报评定的灾害性天气种类包括冻雨，霜冻，雾、浓雾、强浓雾，中雪、大雪、暴雪，暴雨（或大雨）、大暴雨（或暴雨）、特大暴雨（或大暴雨），沙尘暴、强沙尘暴，不小于 6 级大风、不小于 8 级大风、不小于 10 级大风、不小于 12 级大风，不小于 37℃高温、不小于 40℃高温、不小于 8℃强降温、不小于 12℃强降温等 9 类 21 项。48～72h 预报评定的灾害性天气种类包括霜冻，暴雨（或大雨），沙尘暴、强沙尘暴，不小于 6 级大风、不小于 8 级大风，不小于 37℃高温、不小于 40℃高温，不小于 8℃强降温、不小于 12℃强降温等 6 类 10 项。

4.4.2.3 新能源功率预测产品检验

用于新能源功率预测的数值天气预报检验与常规数值天气预报检验有所不同，用于新能源功率预测的数值天气预报检验需要考虑地表入射短波辐射场、10m 风场的检验。然而，新能源功率预测的对象是具体经纬度的新能源场站，即需要提供一个点或者局地微区域的气象要素预报，因此有必要对新能源功率预测的产品进行检验，检验的对象主要是太阳辐射预报产品和风速预报，还包括影响新能源出力的其他气象要素，如温度、湿度、气压等。本节以风速预报产品和太阳辐射预报产品为例，介绍新能源功率预测产品检验的方法。

1. 风速预报产品检验

在新能源功率预测产品的统计检验中，通常采用的统计学检验指标包括相关系数

R、平均绝对误差 MAE、相对平均绝对误差 $RMAE$、均方根误差 $RMSE$ 等。将统计时段内的时刻总数记为 n（如统计时段为一天，时间间隔为 15min，则 $n=96$），某一时刻记为 t（$t=1$，…，n），该时刻风速的预报值记记为 V_{Pt}、观测值记为 V_{Mt}，统计时段内风速的预报平均值记为$\overline{V}_P$、观测值记为$\overline{V}_M$。统计检验指标的表达式为如下：

（1）相关系数 R 为

$$R=\frac{\sum_{t=1}^{n}[(V_{Pt}-\overline{V}_P)(V_{Mt}-\overline{V}_M)]}{\sqrt{\sum_{t=1}^{n}(V_{Pt}-\overline{V}_P)^2\sum_{t=1}^{n}(V_{Mt}-\overline{V}_M)^2}} \tag{4-20}$$

相关系数能够反应预报与观测值之间的相关程度。

（2）均方根误差 $RMSE$ 为

$$RMSE=\sqrt{\frac{\sum_{t=1}^{n}(V_{Pt}-V_{Mt})^2}{n}} \tag{4-21}$$

均方根误差反映了预报值与观测值的平均偏离程度。

（3）平均绝对误差 MAE 为

$$MAE=\frac{\sum_{t=1}^{n}|V_{Pt}-V_{Mt}|}{n} \tag{4-22}$$

平均绝对误差反映了预报值与观测值的平均绝对偏离程度。

（4）相对平均绝对误差 $RMAE$ 为

$$RMAE=\frac{\sum_{t=1}^{n}|V_{Pt}-V_{Mt}|}{n\overline{V}_M} \tag{4-23}$$

相对平均绝对误差反映了预报值与观测值的平均绝对偏离程度在观测平均值上的贡献。

2. 太阳辐射预报产品检验

与风速预报统计检验指标类似，太阳辐射预报产品的统计检验指标也包括相关系数、均方根误差等，需要注意的是其中的变量由风速变为了太阳辐射（如总辐射）。但与风速统计检验不同的是，辐射的误差统计时间段为日出到日落时段，不包括从日落之后、日出之前的时段。本节以某地区 9 个辐射监测站的水平面总辐射变量为例，对预报产品进行了检验分析，并以某辐射监测站为例，列出了观测与预报总辐射对比分析曲线。2013 年 6 月 6—20 日某监测站观测与预报总辐射对比如图 4－9 所示。

从图 4－9 中可以看出，预报产品与观测数据总体上保持了较高的一致性。下面将应用新能源功率预测产品检验方法，计算 9 个监测站水平面总辐射变量的相关系数、均

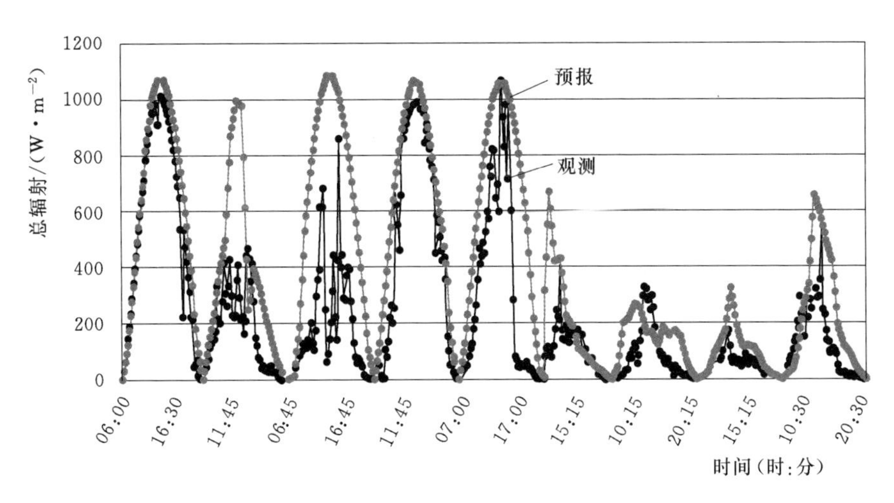

图 4-9　2013 年 6 月 6 日—20 日某监测站观测与预报总辐射对比

方根误差、平均绝对误差、相对平均绝对误差等指标。监测站误差统计表见表 4-13，由表 4-13 可见，9 个监测站的相关系数都为 0.8～0.9，具有较高的相关性。平均绝对误差为 120～130W/m²，具有较高的精度，但仍可通过更好的释用方法得到更高精度的产品。

表 4-13　　监测站误差统计表

编号	R	RMSE/(W·m⁻²)	MAE/(W·m⁻²)	RMAE/%
1	0.85	175.87	125.56	35.81
2	0.81	180.13	128.6	36.67
3	0.84	177.54	126.75	38.15
4	0.79	182.89	131.57	35.23
5	0.86	170.78	120.92	33.77
6	0.86	173.06	125.55	36.23
7	0.91	168.41	120.23	32.29
8	0.84	170.23	121.53	37.66
9	0.85	178.97	129.77	36.44

不同日期的总辐射特征不同，而不同特征的总辐射预报误差也有差别，一般可分为晴天和阴雨天。

在晴天的情况下，预测总辐射与实测总辐射差别很小，都呈现中间高、两边低的钟形曲线。某监测站观测与预报总辐射对比如图 4-10 所示，从当日 06：00 至 12：00，预报与观测曲线基本重合，仅在 12：00 后出现了偏大的趋势，经检验该日的均方根误差为 75W/m²。

在阴雨天的情况下，总辐射全天都较低，且振荡波动较为剧烈，最高值不超过 400W/m²，且一般出现在中午。数值天气预报在这种天气情况下也能得到较好的预报

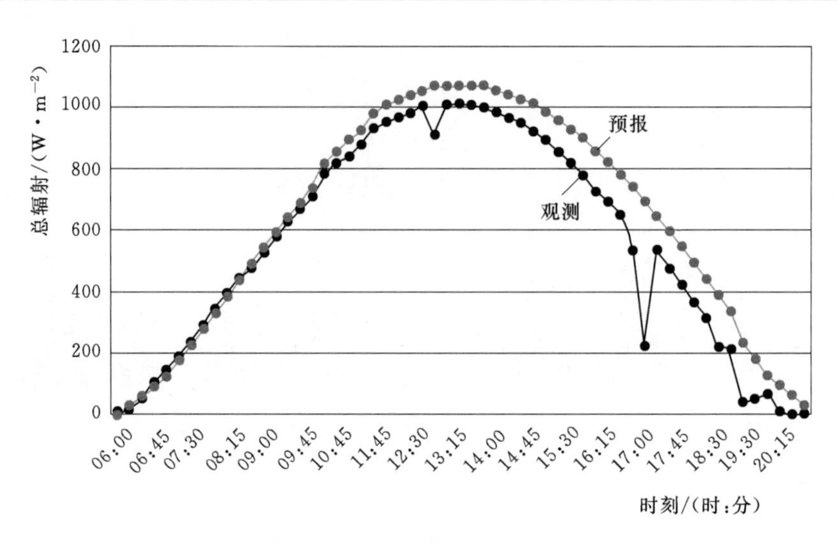

图 4-10　某监测站观测与预报总辐射对比

效果。

2013 年 6 月 17—20 日某监测站观测与预报总辐射对比如图 4-11 所示。两者对比可见，这几天内的总辐射预报与观测曲线的趋势较为一致，总体上都处于较低的水平，且对辐射的变化趋势有着准确的把握，经检验平均绝对误差为 $92\mathrm{W/m^2}$。

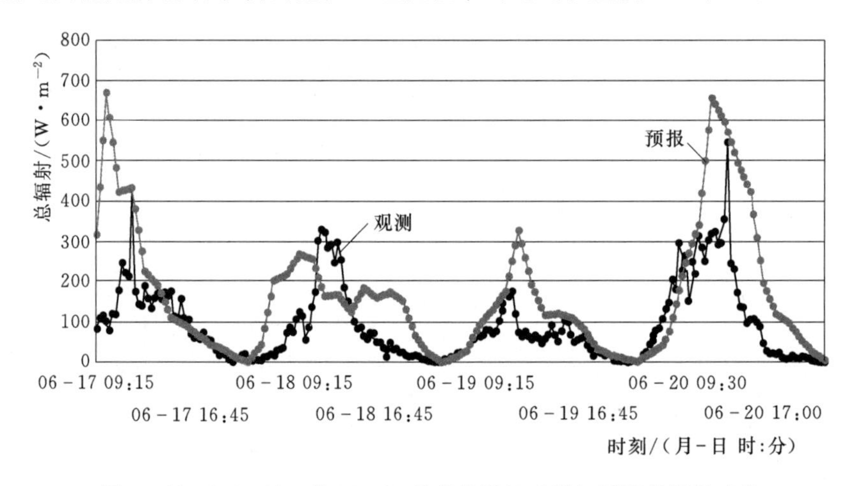

图 4-11　2013 年 6 月 17—20 日某监测站观测与预报总辐射对比

4.5　重要天气过程的预报检验

常规的新能源功率预测中，基于数值天气预报的短期功率预测主要采用风电场或光伏发电站所处局部微气象区域某一“点”气象要素（主要包括风速、风向、水平面总辐射、直接辐射环境温度、相对湿度等）的预测时间序列作为输入，结合预测模型，给出未来一定时段内 15min 间隔的有功功率信息。然而，数值天气预报产品在不同的天气形势下，其预报准确率的水平差异较大。当重要天气过程发生时，数值天气预报系统能否准确、有效

地给出近地层气象要素的预估值，将会显著地影响到新能源功率预测结果的可信水平。

本节主要介绍影响我国的重要天气过程以及形成这类天气现象的典型概念模型，并介绍相应的预报检验方法。

4.5.1 不同气候区域的重要天气过程

4.5.1.1 我国的气候分区特点

我国幅员辽阔，地理位置特殊，地形复杂且下垫面类型丰富多样。从气候演变趋势而言，不同区域内影响气候的因素既多样且差异性显著。特别是在夏季，影响气候的环流成员更加呈现多元化。

传统气候区划的目的是系统地了解气候状况的区域分异规律，掌握各地的典型气候特征，从而有针对性地为工农业生产、社会经济发展提供助力。从科学研究的角度，气候区划研究的另一个重大目标是研究人类与气候之间的关系，以及如何应对气候变化，使人类的生产生活与宏观的气候环境相适应。

我国的气候区划研究始于20世纪初，至今已有80余年的历史。大众所了解的区划情况仍与1929年竺可桢提出的8个气候区（华南、华中、华北、东北、云贵高原、草原、西藏和蒙新）相类似，由于当时我国的气象学研究处于初始起步阶段，能够使用的气候观测资料十分稀少，因而在划分结果上并不完全地符合客观事实。

近年来，中国科学院结合近30年逐日气象观测资料，参考中国科学院《中国自然地理》编辑委员会制定的气候区划三级指标体系，2010年对我国气候进行了重新区划。将我国划分为12个温度带、24个干湿区、56个气候区。我国气候区划新方案中的温度带与干湿区见表4-14。通过与以往区划方案对比发现，我国亚热带北界与暖温带北界均出现了北移，北方半湿润、半干旱分界线出现不同程度的东移与南扩。简言之，气候区域的分界实际上是随着全球气候调整而缓慢变化的，而新增的气象观测资料与气象观测站点的加密，也使得以往未能得到确切分析的特征逐渐显现。

4.5.1.2 典型气候区域的重要天气过程

尽管气候特点的总结与归纳主要基于长期（一般为30年甚至50年）历史数据的分析与统计，但从细节上看，某一地区的气候特征始终是由每日的天气特征累积而来。各地的气候特点之所以存在显著差异，其根本原因是地区间常见的典型性天气过程之间的差别。

以属于暖温带干旱区的敦煌为例，对该地区常见的重要天气过程及其对新能源发电的影响进行概要性介绍。依据气候统计，敦煌全年日照时数为3246.7h，年平均降水量42.2mm年平均气温9.9℃，最高气温41.7℃，最低气温−30.5℃。影响该地区的重要天气过程主要包括锋面活动、沙尘暴、寒潮大风、持续性高温等。尽管敦煌地区风能资源、太阳能资源储量丰富，适宜大规模的风力发电、光伏发电开发利用。然而，受天气

表4-14　　我国气候区划新方案中的温度带与干湿区

温度带	干湿区	下级气候区数量	代表点	备注
寒温带	湿润区	1	图里河	
中温带	湿润区	1	伊春	
	半湿润区	3	宝清、长春、扎兰屯	
	半干旱区	9	赤峰、林西、海拉尔、锡林浩特、呼和浩特、清源、青河、塔城、昭苏、伊宁	伊犁谷地地势起伏较大，故代表点选取昭苏、伊宁
	干旱区	5	临河、张掖、蔡家湖、福海、达坂城	
暖温带	湿润区	1	岫岩	
	半湿润区	4	锦州、济南、西安、洛川	
	半干旱区	1	太原	
	干旱区	1	敦煌	
北亚热带	湿润区	3	信阳、武汉、安康	
中亚热带	湿润区	6	南昌、沅陵、贵阳、芷江、成都、会泽、叙永、会理	贵州高原山地代表站选取贵阳、芷江，川西南滇北山地选取会泽、叙永
南亚热带	湿润区	4	台北、广州、景东、临沧	
边缘热带	湿润区	3	恒春、海口、勐腊	
中热带	湿润区	1	三亚	
赤道热带	湿润区	1	珊瑚岛	
高原亚寒带	湿润区	1	若尔盖	
	半湿润区	1	达日	
	半干旱区	2	伍道梁、申扎	
	干旱区	1	昆仑高山	昆仑山区缺资料
高原温带	湿润区	1	康定	
	半湿润区	1	昌都	
	半干旱区	2	西宁、拉萨	
	干旱区	2	大柴旦、狮泉河	
高原亚热带	湿润区	1	察隅	

过程影响，敦煌地区的风能与太阳能变化特点始终对新能源并网产生较大的干扰。其中，季节性的大气环流调整是导致敦煌地区风能、太阳能资源极不稳定的主要诱因之一。研究显示，除高山、峡谷、盆地等复杂地形及其影响下的边界层次天气尺度系统外，多发于春季的中一高纬西风带长波调整使得甘肃河西地区的局地天气形势变化速率加快。中一高纬度冬季盛行的环流形势向夏季盛行的环流形势过渡时，冷暖空气的相互作用异常频繁，最终导致的结果是风电的最大出力、连续最大出力、连续最小出力均多发于春节。同时，由于大风日数、平均风速高值时段均集中于春季，受特殊的地理环境影响，沙尘暴和强沙尘暴也常见于3月、4月、5月，其中以4月为多，这就使得该时段内的太阳能资源以及光伏发电站系统效率的发生显著变化，同样对新能源出力特性以及新能源功率预测造成很大影响。因此，能否有效地对影响区域天气形势的大气环流进行有效预报，同时加强特定大气环流形势下重要天气过程的预报效果分析，是数值天气预报检验的一项重要环节。

而对于新能源功率预测而言，重要天气过程的分析与预报检验无疑是预测精度诊断的重要环节之一。尤其是各类重要天气过程中，直接或间接导致风电场、光伏发电站出力显著波动甚至变化趋势发生转折的天气过程（如强降水、台风、暴雪、沙尘暴等天气），更应当成为未来数值天气预报释用技术研究的关键场景。在技术与应用两方面，它们既是未来技术发展的基石，也将是评价某一数值天气预报系统能否满足电网调度应用的必要指标之一。

4.5.2 重要天气过程的概念模型

重要天气过程的概念模型是指造成某类重要天气过程的大气环流的典型类型，通常包括气象学常用的500hPa形势场、700hPa形势场、850hPa形势场分析。在概念模型的命名上，一般采用导致某类重要天气过程的环流背景或动力学因子，例如高空槽型、副热带高压外围型或热带气旋型等。它们不仅是揭示重要天气过程成因的必要环节，也是未来开展相应预报时应当重点关注的主要因素。

4.5.2.1 华南前汛期暴雨概念模型

华南前汛期（4—6月）暴雨是影响我国广东、广西、海南、福建等地的重要天气过程之一。这一时期的降水主要发生在副热带高压北侧的西风带中，4月初降水量开始缓慢增大，5月中旬雨量迅速增大进入华南前汛期盛期。5月中旬前大雨带位于华南北部，主要是北方冷空气侵入形成的锋面降水，5月中旬后受东亚季风影响，大雨带移至华南沿海，降水量增大，雨量主要降落于冷锋前部的暖区之中。

研究显示，造成华南前汛期暴雨发生的天气系统主要包括地面锋面、850hPa切变线、低涡切变、静止锋式切变（或暖式切变）、西南低空急流、500hPa低槽等。当上述天气系统的高低空动力结构与水汽输送形成有利配置时，极易诱发暴雨灾害发生。

结合历史资料统计，前汛期暴雨的概念模型大致包括华北槽＋冷空气型、南支槽＋

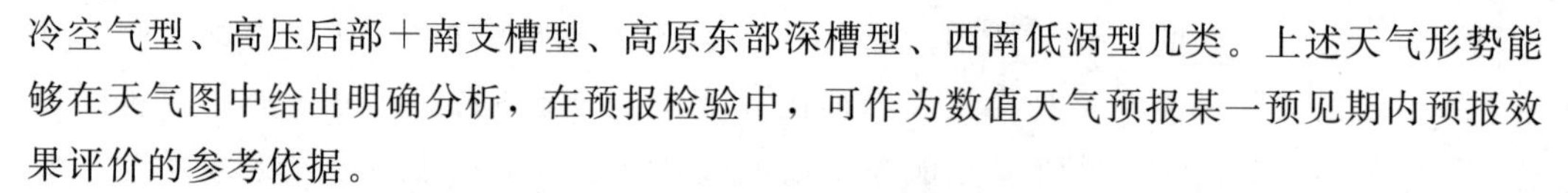

冷空气型、高压后部+南支槽型、高原东部深槽型、西南低涡型几类。上述天气形势能够在天气图中给出明确分析，在预报检验中，可作为数值天气预报某一预见期内预报效果评价的参考依据。

由于华南前汛期暴雨发生涉及多尺度，其物理概念模型可分为如下几类：

（1）西太平洋副热带高压或南海高压稳定在 18°N 左右，有利于华南及沿海地区盛行偏南气流。

（2）华南位于南亚高压和副热带西风急流的高空辐散区。

（3）欧亚中高纬盛行“两槽一脊”等环流形势，冷空气南下到达华南地区。

（4）南半球冷空气活跃，东非索马里、105°E、90°E 以及 125°E 等通道的越赤道气流加强，有利于季风气流加强和华南及南海北部低空急流的形成与加强，为暴雨区输送大量水汽和高温高湿、层结不稳定气团。

（5）热带辐合带（Inter tropical convergence zone，ITCZ）位置偏北，东亚季风槽、东风波、台风频繁活动影响华南，为华南暴雨提供辐合条件。

在上述有利形势下，由于华南地区特殊的地形、下垫面属性、海陆差异、不均匀加热、大气内部动力热力过程以及不同尺度间的相互作用等多种因素，造成华南地区中小尺度辐合、切变及对流系统活动频繁，从而造成华南地区暴雨天气；降水凝结潜热释放的非绝热加热和暴雨、对流、急流等中尺度系统之间又存在正反馈作用，促使暴雨维持和发展。另外，暖云和冷云（冰相）物理过程同时存在是华南强降水形成的重要原因。

4.5.2.2　台风概念模型

受台风等热带天气系统影响，通常 7—9 月华南还会出现后汛期，为一年中第二个多雨时段。在此期间，台风活动以及台风与副热带高压间的相互作用将使得沿海地区的风电场出力产生显著变化。

有研究指出，台风等热带气旋活动可能带来近地层风能资源的显著增强，使得距离适宜的风电场或风电场群连续高出力，但正面侵袭时，台风的极大风速以及台风引起的湍流加强将对风电机组造成一定破坏甚至损毁。因此，尽管台风等热带气旋的模式预报发展得十分迅速且卓有成效，但这类重要天气过程的概念模型分析也是十分必要的。

台风预报的主要手段如下：

（1）数值模式：随着探测手段、通信和超级计算机等技术的快速发展，数值模式能为预报员提供准确率越来越高、时效不断延长、表现形式日益丰富的产品。

（2）集合预报：集合预报技术的发展和应用，为预报员又增添了预报台风的“新利器”，尤其是基于台风集合预报的订正技术，为提高台风路径预报准确率方面发挥了至关重要的作用。

（3）多源观测资料：基于静止气象卫星 TBB 资料、模式细网格资料 10m 风场、台风风速经验廓线、台风实时定位信息、常规海岛自动站、浮标、船舶、石油平台和 ASCAT 洋面风场等多源资料的反演融合分析结果均被运用到台风分析中。

4.5.2.3 大雪暴雪概念模型

一般而言，降雪不仅需要产生降水的一些必备条件，同时还需要较强的冷空气与适宜的温度层结，但是在具备这些条件的同时，对雨夹雪、一般降雪还是大雪的区分则需要更为细致的研究。根据区域的不同，降雪所受的天气系统影响有所不同。以河南省为例，大到暴雪分型过去主要是基于500hPa中高纬度的环流形势划分的，传统划分为横槽型、不稳定小槽发展型、两槽一脊型。

后来研究发现中高纬度的环流形势固然重要，但很多大到暴雪个例的主要影响系统是中低纬度的环流形势。因此，根据产生大到暴雪的主要影响系统，既考虑中高纬度的环流又考虑中低纬度的环流形势，重新划分为以下三种类型：

（1）高原低槽型：孟加拉湾地区有低槽发展东移，最终在青藏高原东部形成明显的南支低槽，河南省处在槽前强盛西南气流中。同时考虑中高纬度的环流特点，高原低槽槽前的西南气流为黄淮流域的暴雪提供充沛的水汽来源。

（2）阻高-横槽型：乌拉尔山地区为阻塞高压，贝加尔湖到巴尔克什湖为一横槽，当横槽破坏时，冷空气沿中纬度平直西风急流东移与西南气流在交汇产生暴雪。

（3）L型：鄂霍茨克海到朝鲜半岛为明显低槽，贝加尔湖地区为高压脊，中纬度地区环流平直，南支低槽不明显，黄淮流域主要受平直西风气流控制，从巴湖地区不断分裂小槽沿平直西风环流东移并加深，与孟加拉湾东移到高原东部的弱南支槽相配合，从而产生暴雪天气。

4.5.2.4 沙尘暴概念模型

沙尘暴作为一种突发性强、影响区域大的灾害性天气多发生在冬春季节的华北和西北地区，强沙尘暴也可影响到南方。基于沙尘暴的观测研究，东亚沙尘暴形成机理的概念模型有以下特点：

（1）高空系统呈现出高度槽从850hPa到500hPa向西倾斜，而且高空天气系统的温度槽要明显落后于高度槽，大气环境具有明显的斜压性。

（2）高空槽位于地面高压和低压之间的中间地带，波长为3100～6000km的天气系统非常有利于沙尘暴长时间维持和大范围输送。

（3）地面层处于最有利于沙尘暴发生发展的区域（如冷锋后，地面低压的西侧和西南侧），沙尘的生成区位于冷锋的后部，而且是地面气压梯度的高值区，同时满足以下条件：无降水或降水很小的天气系统位于我国的主要沙漠区和蒙古国境内；当地面产生6～8m/s以上的风速时，在沙物质丰富的干燥地区会产生沙尘暴。

（4）沙尘输送的机理是在冷锋后部，大风吹起的沙尘上升到一定高度后会进入槽前上升气流区域。在上升气流的带动下，沙尘可以继续上升到700hPa甚至500hPa以上高度，并随基本气流向下风方向输送。同时，上升气流对沙尘有筛选作用，粒径较大的沙尘容易在沙尘生成区域附近沉降，而粒径小于20μm的沙尘容易随气流做长距离输送。

（5）若高空槽进一步发展，高度场中的等值线可能闭合，使高空槽演变为高空冷涡，则更容易生成大范围的强沙尘暴，有助于沙尘向东亚以东地区输送。

4.5.3　重要天气过程预报检验方法

天气过程的预报检验需要从多种时空尺度以及多种变量对模式进行评估。评估模式性能的理想方法是将模式结果和观测资料对比，但一般的观测资料不论从分辨率还是变量数目，都不能完全满足预报检验的需要。

数值天气预报由于不同模式的初始场、初始扰动生成、模式框架、参数化方案等各不相同，因此其对重要天气过程的预报效果也具有明显的时间和空间上的差异。模式的预报检验是使用和发展数值预报系统的重要环节，尤其是重要天气过程的检验不仅可以为模式设计者有效判断模式的物理方案、参数化及陆面过程等的合理性提供参考，而且可以为模式使用者了解模式的预报性能提供帮助。

世界气象组织（World Meteorological Organization，WMO）的世界天气研究计划（the World Weather Research Project，WWRP）设置了专门的专家组来研究世界天气预报技术检验。经过多年的总结提炼，给出了各种天气预报适用的检验方法，其对照表见表 4－15。

表 4－15　WMO 世界天气研究计划（WWRP）的预报分类与适用检验方法对照表

预报分类	预报举例	检验方法
确定预报	降水预报	主观比对、有无预报检验、多级多类预报检验、连续量检验、空间场检验
概率预报	降水概率、集合预报	主观比对、概率检验、集合预报检验
定性预报	未来 5 天预测	主观比对、有无检验、多级多类预报检验

通过客观的预报质量检验能科学地评价数值模式性能，对于总结积累重要天气过程的预报经验，提升新能源功率预测的准确率和电网防灾减灾水平具有重要的作用。

4.5.3.1　检验方法

1. 经典检验

经典检验方法也称为传统检验方法，首先设计了两变量预报验证列联表，通过列联表将事件进行分类，然后将预报事件与观测事件进行匹配并计算一系列评分指数，如命中率（probability of detection，POD），虚警率（false alarm rate，FAR）等。随后又提出了 *TS* 评分或临界成功指数 *CSI*，但这些评分指数在很大程度上并不能反映预报的真实水平，也不能对预报技巧进行显著性检验，1989 年提出了真实技巧评分 *TSS*；1990 年发现计算小概率事件预报评分时，*TSS* 常趋于 *POD*，为此对 *TSS* 做了修订，

提出了 *HSS* 评分。随后发展了一系列评分指数，可分为两种类型的离散形变量主要包括预报偏差、胜算比 *OR*、*GSS* 或 *ETS* 评分、准确率 *ACC* 等。对于可分为多种类型的离散型变量来说，可采用 $n\times2$ 的列联表将不同分级上事件发生的频率分别归类来计算评分指数，这种方法也应用于检验概率预报中不同事件发生概率的准确性。根据建立评分指数的准则，评分指数除了简单易懂、能反映预报能力变化、对预报的改进有指示作用外，还应包括列联表中的所有元素，评分指数本身概率独立且没有倾向性错误。按照这些准则，早期提出的 *POD* 和 *FAR* 等指数在某些情况下不能反映预报的好坏，*CSI* 对小概率事件的评分趋于气候概率，*TSS* 评分能真实反映预报水平且能够对预报技巧进行显著性检验，但对小概率事件 *TSS* 趋于 *POD*，尽管 *TSS* 的改进评分 *HSS* 有更好的表现，然而对小概率事件来说仍然存在不足，因此，综合利用多个评分指数更有利于客观评估模式的预报技巧。

对于连续性变量来说更关注的是预报相对于观测的整体表现，除了可以用离散变量方法来计算一系列评分指数外，主要计算标准差、异常相关系数、斯皮尔曼相关系数、Kendall 等级相关系数、均方根误差、误差百分位数等，在表现形式上，通常有散点图、盒子图、泰勒图等多种方法。对于诸如风场之类的矢量来说，可以先将其分解为标量，然后分别统计。

2. 空间诊断检验

天气变量在空间上具有连续性。点对点的传统检验方法拆离了变量的空间关系，其检验结果不仅不具有明确的物理意义，而且高分辨率模式产品在空间上具有更多的小尺度变化，使得传统检验方法无法正确评估模式的预报技巧，因此随着模式的改进，诊断检验方法被孕育而生。预报误差可分解为位移、振幅和剩余残差三部分，这种分解为寻找和发现模式预报中的物理问题提供了帮助，随后发展了一系列的空间诊断检验方法。按照诊断目的的不同，这些方法可以分为滤波、位移两大类，其中滤波技术主要考虑分辨模式在不同尺度上的预报能力，而位移方法更多考虑的是位置、面积、方位等方面的偏差。根据实时数据处理的差异，滤波技术可进一步分解为邻域法、尺度分离法，邻域法通过选择不同的邻域半径来对要素场进行平均，然后计算传统的技巧评分；尺度分离法利用傅里叶分析、小波变换等方法将预报要素的尺度分离开来。位移技术可细化为属性判别法、形变评估法，属性判别法主要关注预报与观测的相似程度，位置面积、轴角方位等的不同；形变法在构造变形矢量的基础上分析模式的预报能力，诊断的主体是形变矢量场。

3. 概率预报检验

概率预报检验中最通用的方法是计算概率预报的均方根误差即 *Brier* 评分，但 *Brier* 评分对事件发生的气候频率敏感，因此对极端天气事件来说，*Brier* 评分有较好的表现，但这并不表示其具有实际的预报技巧。*Brier* 评分可分解为可靠性、分辨能力和不确定项 3 部分，随后对 *Brier* 评分进行了重新组合，减小了计算时分辨能力项对概率分段间隔大小敏感的问题，并评估了集合成员个数对其概率预报 *Brier* 评分的影响，发现对不同成员个数的集合预报 *Brier* 评分进行比较，可能会出现误导性的结果。

可靠性图和 *ROC* 分析是评价预报准确性和分辨能力的常用方法。在理想的情况下，预报事件发生的概率与观测的频率相等，可靠性图中诊断曲线和理想曲线重合，当诊断曲线高于或低于理想曲线时表示预报概率偏大或偏小。*ROC* 分析是信号探测理论在预报检验中的应用，它通过计算预报的命中率和空报率来描述系统的预报能力。*ROC* 分析能够通过评估曲线下方的面积将预报系统对事件发生或者不发生的预报能力区分开来。但 *ROC* 分析中的面积计算方法仍然需要注意，首先，梯形面积计算方法依赖于评估站点的数量，面积可能会被低估；其次，计算和解释 *ROC* 图时需要了解样本的大小；最后，*ROC* 分析在表现小概率事件时存在困难，当然这可以通过增加低概率区的分割间隔数来改进。对确定性预报而言，命中率越高，空报率越低，预报效果越好；对概率预报而言需要将概率预报转化为确定性预报然后再进行 *ROC* 分析。

概率密度函数是在可靠性不变的前提下评估概率预报好坏的标志之一，一个“尖窄”的概率分布比“平宽”概率分布能够提供更多的信息，也具有更多的应用价值。

4. 集合预报检验

将集合预报转换成单个值的确定性预报或离散事件的概率预报是检验集合预报的通用方法。其中连续分级概率评分（continuous ranked probability score，CRPS）在检验连续变量的概率预报中应用最为广泛。*CRPS* 是所有可能阈值 *Brier* 技巧的积分，本质上表现的是集合预报变量的累计概率分布函数（cumulative distribution function，CDF）与观测值函数之间的差异。*CRPS* 去除了确定性预报中的平均绝对误差，因此能够直接用来比较集合预报与确定性预报之间的准确性，*CRPS* 越小表示预报准确率越高，理想情况下 *CRPS* 等于零。

等级直方图或 Talagrand 图是用来衡量集合预报成员与观测值离散程度分布是否一致的评分，理想的集合预报系统 Talagrand 图应该是平直的，但是在大多数情况下集合预报各成员的发散度不够，落在两端的概率要比落在中间的概率大，这是集合预报系统普遍存在的问题。U 形等级直方图表示集合成员的发散度偏低，钟形等级直方图则表示发散度偏高。

“未知”评分（Ignorance score，IG）是信息理论在集合预报检验中的应用，其目的是检验预报与观测要素概率分布函数的相似程度，它是负向的对数概率密度分布函数。*IG* 评分严格适用且仅适用于连续变量，当预报事件发生的概率为零时，*IG* 评分变为无穷大；当然可以设定一个较小的数来避免概率为零的情况，但这会影响 *IG* 评分的正确性，因为预报员事先知道小概率事件的 *IG* 评分，正是由于存在这种限制，*IG* 评分在集合预报中的应用并不广泛。

4.5.3.2 暴雨或暴雪检验

降水分级检验：将降水量分为小雨、中雨、大雨、暴雨、大暴雨、特大暴雨和小雪、中雪、大雪、暴雪 10 个等级，检验各级降水、一般性降水［小雨（雪）至大雨（雪）］和暴雨（雪）以上（暴雨至特大暴雨和暴雪）预报情况。

1. 检验方法

对降水分级检验和累加降水量级检验，可以采用的方法有：

TS 评分，其公式为

$$TS_k=\frac{NA_k}{NA_k+NB_k+NC_k}\times 100\% \tag{4-24}$$

技巧评分，其公式为

$$SS_k=TS_k-TS'_k \tag{4-25}$$

漏报率，其公式为

$$PO_k=\frac{NC_k}{NA_k+NC_k}\times 100\% \tag{4-26}$$

空报率，其公式为

$$FAR_k=\frac{NB_k}{NA_k+NB_k}\times 100\% \tag{4-27}$$

式中 NA_k——预报正确站（次）数；

NB_k——空报站（次）数；

NC_k——漏报站（次）数。

2. 分级检验

分级检验一般包含以下内容：

（1）预报有降水或实况出现降水（≥0.1mm）时均要进行检验。

（2）当实况出现的降水量级与预报量级一致时，该量级评定为“预报正确”。

（3）当实况出现的降水量级和预报的量级不一致时，选择较大量级作为检验的级别。

评分时只评定该级别。如预报大雨，出现暴雨，评定暴雨为漏报，不评定大雨空报。预报大雨，出现中雨，评定大雨为空报，不评定中雨漏报。

（4）以 24h 为一预报时段时（如 0～24h、24～48h、48～72h、72～96h、96～120h、120～144h、144～168h），一般只预报和检验一个降水量级；如果预报两个不同量级，则只对量级偏大的用语进行检验。如预报“小雨转大雨”，则只检验“大雨”预报，不检验“小雨”预报。

（5）预报一般性降雨（或雪），实况为一般性降雪（或雨），评定一般性降雪漏（空）报，不评定一般性降雨。预报降雨（或暴雪），出现暴雪（或降雨），评定暴雪漏（空）报，不评定降雨。预报暴雨以上降雨（或一般性降雪），出现一般性降雪（或暴雨

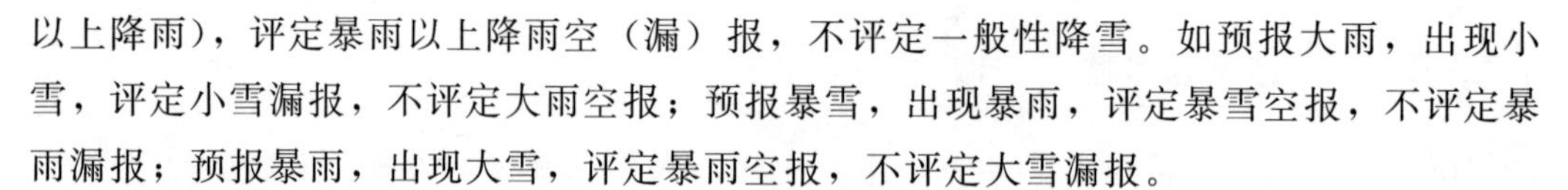

以上降雨），评定暴雨以上降雨空（漏）报，不评定一般性降雪。如预报大雨，出现小雪，评定小雪漏报，不评定大雨空报；预报暴雪，出现暴雨，评定暴雪空报，不评定暴雨漏报；预报暴雨，出现大雪，评定暴雨空报，不评定大雪漏报。

（6）预报一般性雨夹雪，实况为一般性雨夹雪或小雪时，评定小雪正确；实况为小雨时，评定小雨正确；实况为无降水时，评定小雪空报；实况为其他级别降水时，评定该级别降水漏报。当预报小雨（或雪），实况为一般性雨夹雪时，评定小雨（或雪）预报正确。当预报无降水时，实况为一般性雨夹雪，评定小雪漏报。当预报其他级别降水，实况为一般性雨夹雪时，评定该级别降水空报。如预报雨夹雪，出现中雨，评定中雨漏报。预报中雪，出现一般性雨夹雪，评定中雪空报。如果预报雨夹雪时未明确量级，则按照小雨（雪）等级检验。

（7）对于未明确量级的阵雨、雷阵雨、阵雪，按照小雨（雪）进行检验。

3. 落区检验

降水落区检验包括检验的内容和检验的指标。检验内容分降水强度和降水落区两方面：降水强度主要从模式预报的强降水中心与实况的差值情况和强降水中心的偏离程度进行检验；降水落区则主要是模式相对实况整体雨区的偏离程度和偏离方向。检验的指标有偏离程度（模式相对实况偏离经纬度 1°、2°、＞2°、准确 4 项）、偏离方向、模式漏报和有指示意义 4 项。具体定义如下：

（1）偏离程度：分为“准确”和“偏离”两部分，“准确”是指模式预报的强降水落区或强降水中心主体与实况大部分吻合且部分偏离基本不超过 0.5°，大于 0.5°为偏离，当模式预报的强降水落区或强降水中心距离实况偏离的经纬度分别为 0.5°～1°、1°～2°、2°以上，简称为偏离“1”“2”“＞2”。

（2）偏离方向：模式预报的强降水落区或强降水中心主体相对实况偏离方向，包括东、西、南、北、东北、西北、东南和西南 8 个方位。

（3）模式漏报：实况出现强降水而模式没有报出，或者模式未给出降水中心的预报。

（4）有指示意义：模式预报与实况均出现降水中心且模式预报降水落区与实况相比偏离小于 2°。

4. 暴雨或暴雪检验

暴雨或暴雪检验需要分两种情况：第一种为当预报为暴雨（雪）或以上时，第二种为未预报有降水（雨或雪）时。下面对两种情况分别进行介绍。

（1）当预报为暴雨（雪）或以上时：

1）实况为一般性降水时（雨 0.1～49.9mm，雪 0.1～9.9mm），暴雨（雪）或以上评定为“空报”。

2）实况降水为雨不小于 50.0mm，雪不小于 10.0mm 时，暴雨（雪）以上评定为“预报正确”。

3）实况无降水时，暴雨（雪）以上评定为“空报”。

（2）未预报有降水（雨或雪）时：

1）实况为一般性降水时（雨 0.1～49.9mm，雪 0.1～9.9mm），一般性降水评定为“漏报”。

2）实况降水为雨不小于 50.0mm，雪不小于 10.0mm 时，暴雨（雪）以上评定为“漏报”。

4.5.3.3 台风检验

21 世纪以来，热带气旋路径预报误差逐渐减小，热带气旋强度预报水平也在不断提高，但是热带气旋风雨分布预报仍然是一个世界难题。近年来，发展高分辨率热带气旋数值模式已成为国际上提高热带气旋预报能力，尤其是精细结构预报能力的主要手段和发展趋势。高分辨率数值模式发展特征主要体现在动力框架、模式网格/ 谱分辨率、资料同化和涡旋初始化、物理过程参数化等方面。

1. 台风预报检验

（1）预报评定。评定台风中心位置、登陆点、强度和风雨预报。中心位置和强度的评定依据为台风最佳路径；评定样本为每个热带气旋达到热带风暴及以上级别的的所有预报样本，未达到热带风暴级别样本不参与台风预报质量评定。

（2）误差计算。首先确定台风最佳路径，然后以位置误差、移向误差、移速误差和综合评定指标进行评定。

位置误差（ΔR）、移向误差（$\Delta\alpha$）和移速误差（ΔSP）计算公式为

$$\left.\begin{aligned}&\Delta R=6371\arccos[\sin\varphi_F\sin\varphi_R+\cos\varphi_F\cos\varphi_R\cos(\lambda_F-\lambda_R)]\\&\Delta\alpha=\arccos[(\cos A-\cos B\cos C)/(\sin B\sin C)]\\&\Delta SP=6371(\arccos B-\arccos C)/\Delta t\end{aligned}\right\}\tag{4-28}$$

$$\left.\begin{aligned}&\cos A=\sin\varphi_F\sin\varphi_R+\cos\varphi_F\cos\varphi_R\cos(\lambda_F-\lambda_R)\\&\cos B=\sin\varphi_F\sin\varphi_I+\cos\varphi_F\cos\varphi_I\cos(\lambda_F-\lambda_I)\\&\cos C=\sin\varphi_R\sin\varphi_I+\cos\varphi_R\cos\varphi_I\cos(\lambda_F-\lambda_I)\end{aligned}\right\}\tag{4-29}$$

其中，6371 是地球半径，单位为 km。

预报误差示意图如图 4-12 所示。

（3）综合评定指标。综合考虑预报的距离稳定度、方向稳定度、有效稳定度、转型灵敏度、变速灵敏度、相对于气候持续法的技巧水平等各要素，再取以上 6 个要素的权重分别为 0.2、0.2、0.3、0.1、0.1、0.1，在此基础上得到一级综合评定指标。取 24h 和 48h 预报的一级综合评定指标的权重为 0.4、0.6，得到二级综合评定指标。

（4）台风登陆点预报误差评定。台风路径误差示意图如图 4-13 所示，若预报台风路径为 AB，AB 线段与大陆的交点为 C，登陆实况点为 D，则 CD 线段长度即为预报登陆点的误差值。

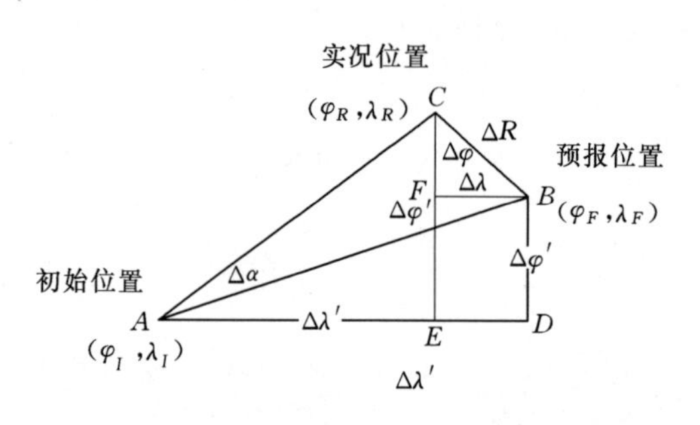

图 4-12　预报误差示意图

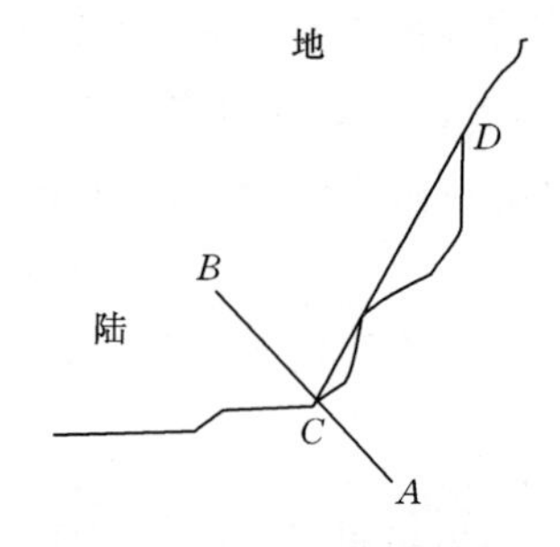

图 4-13　台风路径误差示意图

(5) 台风强度预报误差评定。首先确定台风最佳强度，然后以平均绝对误差、均方根误差和趋势一致率作为基本指标进行评定。假设 I_k 表示第 k 次最佳强度，I_{fk} 为第 k 次定强或预报强度，N 为总的定强或预报次数，I_{k0} 表示起报时刻的最佳强度，I_{fk0} 为起报时刻的实时定强。

平均绝对误差 MAE 为

$$MAE = \frac{1}{N}\sum_{k=1}^{N} | I_k - I_{fk} | \tag{4-30}$$

均方根误差 $RMSE$ 为

$$RMSE = \sqrt{\frac{1}{N}\sum_{k=1}^{N}(I_k - I_{fk})^2} \tag{4-31}$$

趋势一致率 RCT 为

$$RCT = \left(\frac{1}{N}\sum_{k=1}^{N} P_k\right) \times 100\% \tag{4-32}$$

$$P_k = \begin{cases} 1, & [(I_k - I_{k0})(I_{fk} - I_{fk0}) > 0] \\ 1, & [(I_k - I_{k0}) = 0]\text{并且}[(I_{fk} - I_{fk0}) = 0] \\ 0, & \text{其余情况} \end{cases} \tag{4-33}$$

2. 预报技巧水平的评定

在误差评定的基础上，采用 C. J. Neumann 提出的公式计算某方法相对于气候持续法的技巧水平 P 为

$$P = \frac{\text{气候持续法平均误差} - \text{该方法平均误差}}{\text{气候持续法平均误差}} \times 100\% \tag{4-34}$$

式中的气候持续法统一使用上海台风研究所建立的西北太平洋台风强度气候持续性预报方法。计算结果若是正值，表示有技巧，正值越大，技巧水平越高；反之，负值表示无技巧。

3. 预报路径检验

台风预报路径一般使用的是欧洲中心台风集合预报资料，共有集合成员 51 个。热带气旋的实况信息使用中国国家气象中心的实时定位数据。

控制试验和确定性预报是欧洲中心数值预报直接生成，集合预报方案使用等权平均

法。预报检验主要采用平均误差和平均绝对误差，其表达式分别为

$$\begin{cases} e = \dfrac{1}{n}\sum_{i}^{n}(F_i - O_i) \\ E = \dfrac{1}{n}\sum_{i}^{n} | F_i - O_i | \end{cases} \tag{4-35}$$

式中 e——平均误差；

E——平均绝对误差；

F——预报数据；

O——实况数据；

i——第 i 个样本；

n——样本总数。

4.6 本章小结

本章以中尺度数值天气预报的关键环节为脉络，主要介绍了中尺度数值天气预报特点、物理过程参数化、资料同化以及数值天气预报的一般性检验和重要天气过程的预报检验等相关内容。

中尺度数值天气预报的发展已经相对成熟，具有较高的预报精度和灵活的分辨率，在新能源功率预测中的应用相当广泛。中尺度数值天气预报的动力框架已较为成熟，然而数值模式仍然存在次网格过程以及初始和边界条件的问题，这些问题的合理处理对于预报精度的提升至关重要。针对这些问题，本章对次网格过程的重要性以及与新能源功率预测密切相关的积云、边界层和辐射过程参数化分别进行阐述，并从解决初始和边界条件的资料同化技术入手，介绍了不同观测资料在资料同化中的应用以及中尺度 WRF 模式中的资料同化模块，便于读者更好地理解与深化中尺度数值预报技术在新能源功率预测中的应用。

本章从数值天气预报的一般性检验和重要天气过程检验着手，阐述了数值天气预报检验的目的与范畴和检验的基本原理与方法，并对影响我国新能源功率预测的重要天气过程及其检验方法进行介绍。中尺度数值天气预报需要通过检验来验证其结果的合理性，这样能够提高中尺度数值天气预报应用的有效性。中尺度数值天气预报的性能对于新能源功率预测而言是一个非常关键的问题。有效提高中尺度数值天气预报在新能源功率预测中的应用效果，需要在常规预测的基础上，考虑不同天气过程对预报效果的影响，并将其应用于新能源确定性预测。

参 考 文 献

[1] 刘永前，韩爽，胡永生. 风电场出力短期预报研究综述 [J]. 现代电力，2007 (5)：6-11.

[2] 牛东晓，范磊磊．风电功率预测方法综述及发展研究 [J]．现代电力，2013 (4)：24-28.
[3] 韩爽．风电场功率短期预测方法研究 [D]．北京：华北电力大学，2008.
[4] 杨金焕，于化丛，等．太阳能光伏发电应用技术 [M]．北京：电子工业出版社，2009：19-40.
[5] 钱振，蔡世波，顾宇庆，等．光伏发电功率预测方法研究综述 [J]．机电工程，2015 (5)：651-659.
[6] 曹煜祺，张立梅．光伏发电功率预测方法综述 [J]．黑龙江科学，2017 (21)：31-33.
[7] 李安寿，陈琦，王子才，等．光伏发电系统功率预测方法综述 [J]．电气传动，2016，46 (6)：93-96.
[8] Stocker T F，Qin D，Plattner G K，et al. Climate Change 2013：The Physical Science Basis. Contribution of Working Group I to the Fifth Assessment Report of IPCC the Intergovernmental Panel on Climate Change [J]．Computational Geometry，2014，18 (2)：95-123.
[9] Bacher P.，Madsen H.，Nielsen A.. Online short-term solar power forecasting [J]，Solar Energy，2009，83 (10)：1772 - 1783.
[10] Lange M. On The Uncertainty Of Wind Power Predictions - Analysis Of The Forecast Accuracy And Statistical Distribution Of Errors [J]．Journal of Solar Energy Engineering，2005，127 (2)：177-184.
[11] 沈桐立，田永祥，葛孝贞，等．数值天气预报 [M]．北京：气象出版社，2003.
[12] 曾庆存．数值天气预报的数学物理基础 [M]．北京：科学出版社，1979.
[13] 石广玉．大气辐射学 [M]．北京：科学出版社，2007.
[14] 陈静，薛纪善，颜宏．物理过程参数化方案对中尺度暴雨数值模拟影响的研究 [J]．气象学报，2003，61 (2)：203-218.
[15] 刘奇俊，胡志晋．中尺度模式湿物理过程和物理初始化方法 [J]．气象科技，2001，29 (2)：1-10.
[16] 陈东升，沈桐立，马革兰，等．气象资料同化的研究进展 [J]．大气科学学报，2004，27 (4)：550-564.
[17] 盛春岩，浦一芬，高守亭．多普勒天气雷达资料对中尺度模式短时预报的影响 [J]．大气科学，2006，30 (1)：93-107.
[18] 叶成志，欧阳里程，李象玉，等．GRAPES 中尺度模式对 2005 年长江流域重大灾害性降水天气过程预报性能的检验分析 [J]．热带气象学报，2006，22 (4)：393-399.
[19] 李湃，管晓宏，吴江，等．基于天气分类的风电场群总体出力特性分析 [J]．电网技术，2015，39 (7)：1866-1872.
[20] 杨建平，丁永建，陈仁升，等．近 50 年来中国干湿气候界线的 10 年际波动 [J]．地理学报，2002，57 (6)：655-661.
[21] 郑景云，尹云鹤，李炳元．中国气候区划新方案 [J]．地理学报，2010，65 (1)：3-12.
[22] 毛飞，孙涵，杨红龙．干湿气候区划研究进展 [J]．地理科学进展，2011，30 (1)：17-26.
[23] 郑景云，卞娟娟，葛全胜，等．1981～2010 年中国气候区划 [J]．科学通报，2013，58 (30)：3088-3099.
[24] 孟翊星．近 50 年新疆地区降水变化及天气分型 [D]．南京：南京大学，2017.
[25] 翟盘茂，倪允琪，陈阳．我国持续性重大天气异常成因与预报方法研究回顾与未来展望 [J]．地球科学进展，2013，28 (11)：1177-1188.
[26] 张胜才，杨先荣，张锦泉，等．春季西风急流异常对甘肃极端天气的影响 [J]．中国沙漠，2012，32 (4)：1089-1094.
[27] 胡娟，王明洁，张蕾，等．深圳重大灾害性天气的概念模型系统介绍 [J]．广东气象，2012，34 (4)：35-37.

[28] 唐熠，韦健，周文志，等．广西重大低温雨雪冰冻天气过程概念模型分析［J］．灾害学，2013，28（2）：25-30.

[29] 侯淑梅，盛春岩，万文龙，等．山东省极端强降水天气概念模型研究［J］．大气科学学报，2014，37（2）：163-174.

[30] 王炜．东亚沙尘暴形成机制概念模型的理论分析［J］．自然灾害学报，2011，20（2）：14-19.

[31] 常军，李祯，布亚林，等．大到暴雪天气模型及数值产品释用预报方法［J］．气象与环境科学，2007，30（3）：54-56.

[32] 张建海，诸晓明．数值预报产品和客观预报方法预报能力检验［J］．气象，2006，32（2）：58-63.

第5章　模式产品在新能源功率预测中的释用

模式产品的释用就是对数值预报产品的进一步解释和应用。具体来说，就是在数值天气预报输出的格点预报基础上，结合预报经验，考虑本地区天气、气候特点，综合运用动力学、统计学、天气学和人工智能等多种方法，建立预报模型，对数值天气预报产品进行分析和订正，最终给出更为优良的预报结果以及定制化的预报产品。

新能源功率预测需要借助数值天气预报产品提高预报时效和精度，并克服统计方法在气象要素预测和新能源功率预测中的局限性。这使得数值天气预报产品成为了新能源功率预测中不可或缺的组成部分。正因如此，模式产品释用环节的精细化、高效化显得十分重要。

作为风力发电和光伏发电短期功率预测的关键数据源，近地层气象要素的预测质量将极大地影响功率短期预测的精度。由于模式动力框架和参数化方案等的局限性，数值天气预报直接输出的产品不可避免地存在一定程度的预报系统误差；模式产品释用的目标就是充分挖掘数值天气预报产品的价值，提高局地气象要素的预报精度，给出更加符合实际应用需求的预报产品。

本章首先对模式产品释用的必要性进行分析，阐述了模式产品释用的主要影响因素；接着对模式产品释用中不可或缺的监测数据的获取与处理方法进行介绍；最后着重介绍了模式产品的降尺度方法和统计释用方法，并结合新能源功率预测中的应用需求介绍了风速和辐射预报产品的生成和订正方法，从而使读者对模式产品的释用技术是如何在新能源功率预测领域发挥作用有比较清晰的认识。

5.1　模式产品释用的必要性

数值天气预报是新能源功率预测的重要输入，为风力发电、光伏发电功率预测及相关应用软件提供定制化的模式产品。通常情况下，数值天气预报的模拟区域会覆盖几万或几十万平方公里，而风电场、光伏电站的空间范围却小得多。风力发电、光伏发电功率预测无法直接应用中尺度模式的格点预报，需要利用模式产品释用技术，将水平格距较大的气压坐标格点预报转为风电场、光伏电站所需的“定点、定时、定量”预报。

在新能源功率预测应用中，数值天气预报产品的释用具体可以理解为在数值天气预报输出产品的基础上，综合考虑风电场、光伏电站区域的局地天气、环境等特征的影响，运用动力方法、统计方法等手段进行分析与处理，从而给出更加精确的气象要素预报结果，提升新能源功率预测的精度。

随着新能源产业的发展，新能源功率预测已成为新能源发电并网的常规需求，随之而来的是对数值天气预报产品质量提出了更高的要求。数值天气预报技术进步与预报质量的提升高度依赖基础理论的发展，短期内取得重大突破较为困难。单以精度指标而论，历次提升往往需要10年以上周期。因此，数值天气预报产品的释用成为提升新能源功率预测精度的重要途径。

数值天气预报产品的释用能够有效提升气象要素的预报精度。现阶段的模式产品在具体的预测场景中预报能力有限，同时对突变性天气过程的预报能力不足，这是数值天气预报在描述天气系统演变过程方面的局限性。此时，借助于风电场、光伏电站的其他数据信息，进一步对数值天气预报产品进行解释应用，可以得到定点定量的预报结果，这对于提高新能源功率预测精度十分有效。另外，结合风电场、光伏电站的气象要素监测，对数值预报结果进行系统性误差订正，可以获取精度更高的预报结果。数值天气预报释用技术弥补了数值天气预报的不足，进一步挖掘了数值天气预报的潜在价值，是实现气象要素精细化预报的重要手段。

数值天气预报产品的释用使得模式产品的应用更加多元化。在新能源功率预测领域，模式产品最直接的利用方式是获取指定预报点的气象要素确定性预报结果。随着新能源功率预测技术的发展，概率区间预测成为预测领域关注的一个重要方向，单一的确定性预测结果远不能满足电网调度部门的实际需求，而是希望得到预测结果可能的波动范围。通过模式预报结果的不确定性分析，获取预报误差的概率分布信息，可以明确预报结果的预报风险，提供更加丰富的应用信息。数值天气预报在概率预测中的释用，不但是数值天气预报产品的应用延伸，更是满足电力调度机构等各种用户定制化、专业化需求的有效途径。

5.2　模式产品释用的影响因素

模式产品释用的关键在于将模式直接输出的格点预报结果转变为风电场、光伏电站的“定点、定时、定量”预报结果。这一过程需要考虑风电场与光伏电站的局地性特点，分析格点位置与风电场、光伏电站所在位置时空上的关联特征，实现模式产品的降尺度。此外，还需要考虑模式产品自身的不确定性，通过合理的订正手段修正系统性误差，以提升气象要素的预报精度。

本节对模式产品释用的主要影响因素进行了介绍，从风电场与光伏电站的局地性特点以及模式产品的不确定性进行展开。

5.2.1　风电场与光伏电站的局地性特点

5.2.1.1　局地风能资源的影响因素

数值天气预报为风电场功率预测提供风速、风向等重要预报信息。风速、风向等气象要素在空间上存在一定的连续性，受近地层环境的影响较为明显，这种影响使得模式产品的预报结果往往与监测数据之间存在较大的差异。

对于风速等气象要素的定点预报，局地微地形特征是需要考虑的主要因素之一。我国幅员辽阔，地形和地表特征复杂，随着风电开发的深入，平坦地形下的优质风能资源已大多被开发，开发热点逐步转向复杂的山地地形。在复杂地形条件下的风电场内，风电机组分布相对分散，不同风电机组周围的微地形环境差异性较大，且轮毂高度可能存在较大的海拔差异。然而，当下的中尺度模式水平分辨率一般不超过1km，垂直方向上在近地面100m内一般只有一到两层，无法精确模拟出风电场区域内的风电机组轮毂高度处的风速。

除了局地微地形的影响，地表植被、建筑等也会影响局地风能资源的分布，造成风速在水平方向和垂直方向上的变化。风速在垂直方向上的变化可以通过风廓线来体现，当气流从一种粗糙度表面过渡到另一种粗糙度表面的过程中，高层的风廓线没有发生变化，而近地层的风速由于受到新的地表粗糙度影响而发生变化，风廓线呈现出不规则状态。模式产品输出的格点预报结果往往是均匀网格的格点数据，无法反映这种垂直方向的变化。

此外，当风经过风电机组时，部分能量被风电机组吸收，使得风速在一定程度上减弱。因此，下风向所接受的风能会受到上风向风电机组的影响，这种影响称之为尾流效应。风电机组空间上的排布，决定了各台风电机组受影响的程度，且机组间距离越接近，这种影响越大。因此，对于风电场的局地风能资源分布，还需要考虑风电机组的排布，考虑机组间的相互影响。

因此，为了实现复杂地形条件下的风速预报，需要将大尺度、低分辨率的格点预报结果通过一定的统计学或动力学方法转化为精细化的定点、定量气象要素预报结果。

5.2.1.2　局地太阳能资源的影响因素

太阳辐射是影响光伏电站预测的重要因素，中尺度数值模式生产的直接辐射、散射辐射等数据是光伏短期功率预测的重要数据源。太阳辐射主要影响因素有日出日落时间、太阳天顶角与方位角、大气成分与天气现象等。日出日落时间、太阳天顶角与方位角等天文因素存在一定的规律性，模式预测产品已经考虑了相应的影响，而大气成分与天气现象等因素的影响则较为复杂，对太阳辐射的短期变化影响也较大。这里介绍在0～72h中存在显著变化的几类因素，包括气溶胶、云等。

大气中的气溶胶成分可以吸收太阳辐射中的一定波长的辐射能，同时也对太阳辐射有一定的散射作用。气溶胶浓度（PM2.5、PM10等）具有明显的日变化特征，当大气中的相对湿度、气压以及风速风向等要素发生变化时，气溶胶粗、细粒子的浓度特征均会发生不同幅度的变化。此外，土壤、地表植被等情况也会对某一区域的扬沙、浮尘产生影响，甚至可能在一定的气压或风速条件下产生沙尘暴。实际应用中发现；在我国西北地区的光伏电站受沙尘天气影响较大，在遭遇沙尘天气时，中尺度模式的辐射预报结

果往往偏大；在我国东部地区，雾霾天气对光伏电站的影响较为明显，增加了模式辐射预报的难度。

云的存在对太阳辐射的影响较为显著。云能强烈地反射太阳短波辐射，尤其在天气变化剧烈或大气对流旺盛时，云的变化对太阳辐射起到很大的影响。按照云层高度可以分为低云和高云。低云尤其是浓积云和积雨云的水滴含量高，凝结核复杂，对太阳辐射的衰减效应较强；高云则主要以冰晶为主，太阳辐射的透过率强，衰减作用仅为低云的几分之一。地面太阳辐射通量会随着云量的增加而逐渐减少。云的移动生消对光伏电站发电的影响尤为明显，云的出现会造成到达地表的太阳辐射发生不同程度的衰减。

5.2.2 模式产品的不确定性

数值天气预报具有一定的不确定性，其模式产品的误差主要来自求解过程与模式初始场等几个方面。在求解过程方面，存在的主要问题是离散化的模式大气与真实大气的误差。模式初始场方面，用于驱动模式运转的初值始终会一定程度地偏离真实大气状态。模式初始场是通过插值方法和客观分析将非均匀分布的、非常稀疏的气象要素值插值到规则网格点上，这仅是真实大气状态的一个近似值，以此为初值的数值模式解仅仅是实际情况的一个可能解。而大气的高度非线性使大气系统具有混沌特性，这使得数值模式对初值误差具有高度敏感性。因此，模式求解过程中产生的误差、初始场误差以及大气的混沌特性会导致数值天气预报存在不确定性。

由检验可知，模式产品的准确性并不总是令人满意的。即使是 ECWMF 等较为成熟的预报产品，在新能源功率预测中的应用效果也时常不尽如人意。

关于数值天气预报的准确性问题，可以从初始误差、模式误差、天气的可预报性三个方面对模式预报的不确定性及其来源进行分析，使读者能够更为清晰地了解到模式预报在应用中需要注意的关键问题。

5.2.2.1 初始误差

对于数值天气预报而言，模式初始条件的准确性是至关重要的。由于客观原因，模式的初始条件只能是大气真实状态的一种近似，因而初始条件的误差是始终存在的。通常初始条件的误差来源主要包括观测误差、观测覆盖范围、观测数据多元性等三个方面。

1. 观测误差

观测误差由两个方面引起：①使用计量器具的过程中，由于观测者主观所引起的误差；②在使用非常规气象观测数据时，也可能由于仪器原理、反演方法以及其他干扰等因素，造成数据误差。

大气对可见光的散射作用会使得卫星数据中红外辐射资料反演云顶高度和地面温度产生偏差；利用合成孔径雷达（synthetic aperture radar，SAR）卫星反演海面风场资料，可以较好弥补海风能资源监测点稀疏问题，以 SAR 卫星反演风速数据为基础计算

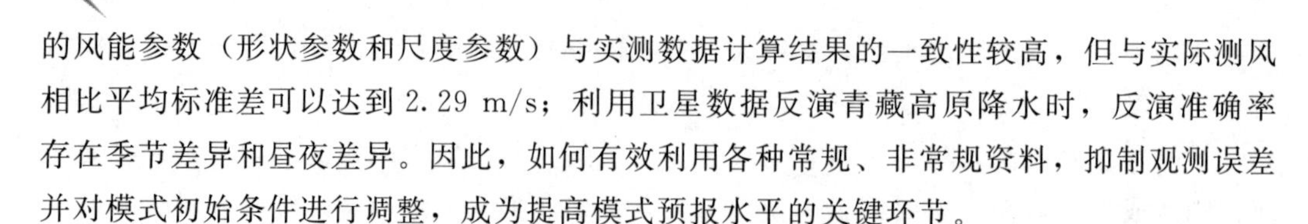

的风能参数（形状参数和尺度参数）与实测数据计算结果的一致性较高，但与实际测风相比平均标准差可以达到 2.29 m/s；利用卫星数据反演青藏高原降水时，反演准确率存在季节差异和昼夜差异。因此，如何有效利用各种常规、非常规资料，抑制观测误差并对模式初始条件进行调整，成为提高模式预报水平的关键环节。

在数值天气预报产品的制作过程当中，模式所依赖的初始条件始终受到不同程度观测误差的影响，而随着预报时长的延伸，某一微小的误差都可能造成比较显著的预报误差。为此，不断发展并完善气象观测网络十分必要。

2. 观测覆盖范围

理想情况下，全球性的大气观测网应能为数值天气预报提供时空分布均匀、分辨率合理的观测数据。然而现实情况是，目前大部分的常规气象观测布设于人口密集或经济发达的地区，而在自然条件相对复杂、恶劣的地区（如海洋、青藏高原、地球南北两极等地），气象观测数据则十分稀少，改善这一现状的代价可能十分巨大。其原因在于，在人烟稀少、自然条件恶劣及极端气候的地区建设气象观测站点需要消耗大量的财力和物力，而观测数据质量的提高将是一项长期、困难的工作。

常规气象观测存在盲区，制约了气象、海洋、环境等学科的发展。为了有效解决这一问题，卫星、雷达等非常规气象观测技术手段近年来在不断发展，在一定程度上弥补了部分区域的观测空白，缓解了资料匮乏的状况。

与常规气象观测资料中测风、测雨等内容的标准化不同，世界各国研发的非常规气象观测设备在技术参数等方面一直存在明显的差异。其中，比较具有代表性的有气象卫星的扫描区域、多星在轨综合观测体系、观测时空分辨率、探测精度，以及针对特殊对象的定量观测等。

如前所述，非常规气象观测资料的微小偏差，可能使得同化过程中模式初始条件的估计产生较大误差，甚至发生错误。因此，气象观测的覆盖范围与气象观测数据的质量至关重要；观测方法与技术上的缺陷容易导致初始误差问题复杂化，进而影响数值天气预报精度。

3. 观测数据多元性

气象观测技术经历了许多发展阶段，全球观测系统中已包含了大量的地面气象要素自动测量仪器、探空仪器等常规气象观测设备，以及气象卫星、气象雷达、风廓线仪、大气电场仪等非常规气象观测设备。这些气象观测设备所提供的各类观测数据在类型、时间、空间等方面往往不一致，因而使得模式使用时需要针对性地解决很多技术难题。

早期常规气象观测资料是通过手工的方法，将各气象要素值插值到模式网格上，原因是气象站的空间分布位置与模式网格点差别大，实施观测的时间与数值天气预报的模式初始时间不完全一致，因此需要很多的前期处理工作。

国际上较为先进的数值天气预报中心通常采用一种观测资料和模式预报结果相结合的方法来制作模式初始条件，这种资料处理方式被视为提高数值天气预报水平的一个重

要手段，也就是越来越为人们所熟知的“资料同化”。将不同时间、不同时间间隔和不同地点通过不同方式观测取得的资料，在物理方程的约束下组合成为统一的资料系统，即将不同来源的数据通过一系列的处理、调整，最终实现综合运用。

非常规观测资料（卫星资料、雷达资料等）的大量增加，极大地丰富了全球范围内的气象观测资料；特别是卫星资料的使用技巧方面，以 ECMWF 等为代表的科研机构取得了长足进步，能够利用气象卫星覆盖面广、时空密度大、探测要素丰富的优势，显著改善模式的初始条件。

5.2.2.2 模式误差

通常所说模式就是围绕着描述旋转地球大气运动的非线性偏微分方程组建立起来的数学模型。来源于模式的误差主要包括物理/动力过程描述不准确、物理/动力过程缺陷和模式求解不准确三类。

1. 物理/动力过程描述不准确

模式很大程度上无法克服次网格过程产生的影响。其中就包括了大气湍流运动，小尺度天气系统生成和消亡等。事实上，大气是一种连续介质，因此无论模式的分辨率如何精细，网格的选取始终是建立在连续介质的离散化这一假设之上，那么小于网格尺度的大气运动及其物理、动力作用自然无法被精确地描述。

在模式中，次网格尺度过程的参数化利用了一种平均过程的方法，将次网格尺度的物理和动力过程对网格以上尺度大气运动的平均影响表示出来，这种方式使得模式中的模拟计算无法真实地反映不同尺度特征大气运动相互影响、相互作用的许多细节，因此这是导致模式误差的重要来源。

2. 物理/动力过程缺陷

物理/动力过程缺陷是指仍有不少未被人类观测发现的大气运动细节及特征，人们对大气运动规律的认识仍存在局限性，这些未被发现、认识的规律还无法掌握与进入模式。

3. 模式求解不准确

由模式的数值求解不准确而造成的计算误差来自于离散化时产生的截断误差与计算机的舍入误差。

求解大气运动方程组时，需要将连续的偏微分方程离散为差分方程；在将任意函数进行傅里叶展开，取其前 n 项时，就会产生截断误差。

舍入误差则是利用计算机进行计算时，由于精度有限（16 位、32 位、64 位），原始数据及计算过程中产生的数据位数超过规定位数进行舍入而产生的误差。

5.2.2.3 天气的可预报性

如前所述，大气的复杂性是一个无法回避的客观事实。由大气自身的特点，天气与气候的预报预测也就不可避免地存在着理论上的预报能力极限。可预报性是指天气预报在时效上的一种上限，这是由天气预报中的不确定性造成的。

著名气象学家 Charney 在 1951 年就指出，即使模式性能提高了，人们对大气预报的技巧仍然有限，他认为这种局限性是由模式不可避免的缺陷和初始条件的有限误差造成的。同样，Edward N. Lorenz 指出，即使在模式本身完美无缺、初始条件近乎完全正确的情况下，天气尺度的预报也存在时间局限，而且这种局限在两周左右。现实情况下，数值天气预报业务系统自身的缺陷很难在短时间内完全消除，而驱动业务模式运转的初始条件也可能存在一定的误差，使得未来数日的天气尺度大气运动变化过程的预测变得较为困难。

当应用到新能源功率预测中时，其具体表现为风速或其他相关要素的日变化曲线与实际监测得到的气象要素日变化曲线之间的偏差呈现一定的随机特征，很难清晰地分辨出系统性误差，气象要素预报曲线的校正模型存在适用性和鲁棒性等技术问题，提高校正模型的实际应用能力存在较大难度。

5.3　模式产品释用的实测数据来源

模式产品的释用需要实测数据作为输入，实测数据主要包括风速、风向、辐射、气温、气压、降水、气溶胶等。为了适应中尺度、短时效的精细化数值天气预报的需求，除了卫星遥感、探空站、船舶探测、风廓线雷达及 GPS 监测数据外，地面自动气象站观测资料也是重要资料源之一。随着气象要素监测技术的发展，地面气象观测资料种类不断丰富，精度也得到提高。

本节对风电场、光伏电站的地面自动气象站监测体系进行了系统的介绍，主要内容包括气象要素实时监测设计、风电场气象要素监测要求、光伏电站气象要素监测要求和气象要素监测数据质量控制等。

5.3.1　气象要素实时监测设计

气象要素特指表征大气物理现象、物理变化过程的物理量，如气温、气压、湿度、风、云、降水量、能见度、日照、太阳辐射等。随着风能、太阳能资源在能源气象领域关注度的不断提高，风速、太阳辐射等气象要素的监测越来越受到重视。气象要素实时监测数据通常被视作风电场、光伏电站超短期预测的重要输入，因此对数据传输实时性、可靠性等方面提出了较高要求。

气象要素实时监测系统主要包括气象监测站、通信信道和中心站。气象监测站一般由数据采集器、通信终端、传感器及电源等组成，通过实时采集风速、风向、辐照度、气温、相对湿度、气压等气象数据，进行运算处理，按照通信规约经通信信道发送至中心站。为适应野外应用环境，在数据传输上，需要选择稳定可靠、经济实用的通信方式。中心站主要负责实时接收各监测站的上传数据，并对数据进行整理和存储。气象要

素实时监测系统示意图如图 5－1 所示。

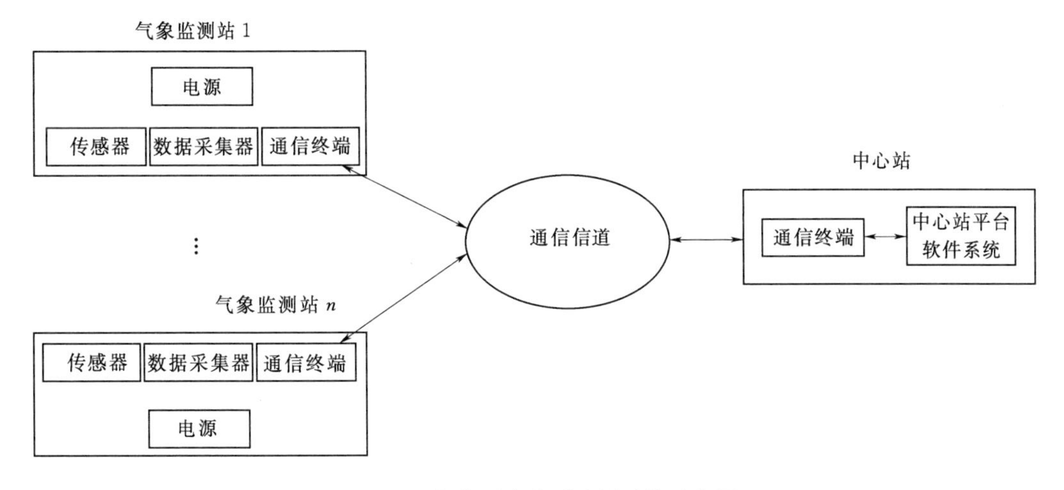

图 5－1　气象要素实时监测系统示意图

气象监测站和中心站均有较为成熟的产品和解决方案，而通信方式与场站所处环境息息相关，通信信道的设计与组网需重点考虑；气象监测站在通信方式上可以采用光纤、通用分组无线服务技术（general packet radio service，GPRS）、甚高频（very high frequency，VHF）、北斗卫星等多种方式，每种方式都有各自的优缺点，采用哪种方式需要依据现场的具体情况而定。

5.3.2　风电场气象要素监测要求

风电场的风能资源实时监测对实现模式产品的释用具有重要作用。选址恰当、工作正常的测风塔，可以真实、实时地反映风电场区域气象状况，为模式产品的释用提供气象实时数据。本小节介绍测量设备的性能指标、气象要素的采样与算法、测风塔的选址和数量、传感器标定、传感器安装高度、防雷、测风塔数据传输等方面的具体要求。

5.3.2.1　测量设备的性能指标

为了获得准确可靠的风电场气象要素值，测风塔测量设备的性能指标必须满足一定的要求。在参照《地面气象观测规范　第 1 部分：总则》（QX/T 45—2007）基础上，测量设备的技术性能指标要求如下：

（1）风速传感器要求为

测量范围：0～60m/s。

分辨力：0.1 m/s。

最大允许误差：±(0.5＋0.03v)m/s，其中 v 为实际风速。

（2）风向传感器要求为

测量范围：0°～360°。

分辨力：3°。

最大允许误差：±5°。

（3）温度传感器要求为

测量范围：−50～50℃。

分辨力：0.1℃。

最大允许误差：±0.2℃。

（4）湿度传感器要求为

测量范围：0～100%RH。

分辨力：1%RH。

最大允许误差：±4%RH(≤80%RH)，±8%RH(>80%RH)。

（5）气压传感器要求为

测量范围：500～1100hPa。

分辨力：0.1hPa。

最大允许误差：±0.3hPa。

（6）数据采集装置应具有上述所有测量要素的采集、计算和记录功能；应具有远程传输数据和现场下载数据的功能；应能完整地保存不低于 3 个月采集的数据量；应具备定时自动校时功能，时钟误差不超过 30s/月；应能在现场工作环境下连续可靠运行；数据采集完整率不低于 95%。

5.3.2.2　气象要素的采样与算法

除了气象传感器性能指标，气象要素的采样与算法对数据的准确性也至关重要。

由于大气的流体特性，对于某一空间位置的风来说，其方向和速度都是随时变化的，风向、风速的这种变化可以通过风传感器的高速采样得到。风是三维矢量，通常测量到的是空气的水平运动瞬时值，在预测系统实际应用中，需要计算风速风向的平均值。计算平均风向时，先将风的水平分量分解成 x，y 方向的分量，求出 x，y 方向分量的平均值，再进行合成，即可求得平均风向。假设第 i 次采集到的风矢量 $\vec{v}_i$ 的风速值为 v_i，风向值为 θ_i，它在 x，y 方向分量为

$$\begin{cases} x_i = v_i \sin\theta_i \\ y_i = v_i \cos\theta_i \end{cases} \tag{5-1}$$

假设在观测时段内采样次数为 n，则有 n 个风矢量的样本，它们在 x，y 方向分量的平均值相应为

$$\overline{X} = \sum_{i=1}^{n} x_i / n$$

$$\overline{Y} = \sum_{i=1}^{n} y_i / n$$

将 $\overline{X}$，$\overline{Y}$ 合成后的风向为

$$\theta = \arctan \overline{X} / \overline{Y}$$

由于风向在0°～360°变化，因此风向需依据$\overline{X}$，$\overline{Y}$分量进行判断。规定南北分量气流向北为正值，向南为负值；东西分量气流向东为正值，向西为负值，判断方法为

$\overline{X}=0$，$\overline{Y}>0$；则$\theta=0°$(N)。

$\overline{X}>0$，$\overline{Y}=0$；则$\theta=90°$(E)。

$\overline{X}=0$，$\overline{Y}<0$；则$\theta=180°$(S)。

$\overline{X}<0$，$\overline{Y}=0$；则$\theta=270°$(W)。

$\overline{X}>0$，$\overline{Y}>0$；则θ不变。

$\overline{X}>0$，$\overline{Y}<0$，或$\overline{X}<0$，$\overline{Y}<0$；则$\theta=180°+\theta$。

$\overline{X}<0$，$\overline{Y}>0$；则$\theta=360°+\theta$。

计算风速、气温、相对湿度、气压时，采用算术平均方法计算，公式为

$$\overline{Y}=\frac{\sum_{i=1}^{N}y_i}{m} \tag{5-2}$$

式中 $\overline{Y}$——观测时段内风速的平均值；

y_i——观测时段内风速的第i个样本，其中，异常样本应剔除，不参与计算；

N——观测时段内的样本总数，由“采样频率”和“平均值时间区间”决定；

m——观测时段内的正确样本数（$m\leqslant N$）。

在参照《地面气象观测规范 第17部分：自动气象站观测》（QX/T 61—2007）基础上，各测量要素的采用频次和统计方法如下：

（1）平均风速。每秒采样1次，自动计算和记录每5min的算术平均风速，单位为m/s。

（2）平均风向。与风速同步采集该风速的风向，自动计算和记录每5min的平均风向，单位为°。

（3）风速标准偏差。以5min为时段，每秒采集和记录瞬时风速，自动计算和记录每5min的风速标准偏差，单位为m/s。

（4）气温。每10s采样1次，在每分钟采样的6个样本中去掉异常值、1个最大值和1个最小值，余下样本的算术平均为该分钟的瞬时值，若余下样本数为0，则本次瞬时值缺测。以瞬时值为样本，自动计算和记录每5min的算术平均值，单位为℃。

（5）相对湿度。每10s采样1次，在每分钟采样的6个样本中去掉异常值、1个最大值和1个最小值，余下样本的算术平均为该分钟的瞬时值，若余下样本数为0，则本次瞬时值缺测。以瞬时值为样本，自动计算和记录每5min的算术平均值，无量纲值一般用百分数表示。

（6）气压每10s采样1次，在每分钟采样的6个样本中去掉异常值、1个最大值和1个最小值，余下样本的算术平均为该分钟的瞬时值，若余下样本数为0，则本次瞬时值缺测。以瞬时值为样本，自动计算和记录每5min的算术平均值，单位为hPa。

数据采集器在每次求平均值时，需检验每个采样值的合理性，剔除异常数据。参照

《地面气象观测规范　第 22 部分：观测记录质量控制》（QX/T 66—2007）和《风电场气象观测及资料审核、订正技术规范》（QX/T 74—2007），气象要素采样值合理性指标见表 5-1，所有不满足此表合理性要求的采样值视为异常值。

表 5-1　气象要素采样值合理性指标

气象要素	传感器测量范围	时间相邻样本最大变化值
气温	依照传感器性能指标确定	2℃
相对湿度		5%
气压		0.3hPa
风向		360°
风速		20m/s

5.3.2.3　测风塔的选址和数量及传感器的标定、安装高度、防雷等要求

为了避免局部地形的影响，充分反映本地气象要素特点，满足风电场发电功率预测的需求，根据《风电场风能资源测量方法》（GB/T 18709—2002）、《地面气象观测规范　第 1 部分：总则》（QX/T 45—2007）、《地面气象观测规范　第 5 部分：气压观测》（QX/T 49—2007）、《地面气象观测规范　第 6 部分：空气温度和湿度观测》（QX/T 50—2007）、《地面气象观测规范　第 7 部分：风向和风速观测》（QX/T 51—2007）和《风电场风测量仪器检测规范》（QX/T 73—2007）等的要求，测风塔的选址和数量、传感器标定、安装高度及防雷需要具备如下条件：

（1）基本要求。风速、风向传感器的安装执行 GB/T 18709－2002 的规定。

风向标应根据当地磁偏角修正，按地理“北”定向安装。

温度、湿度传感器应设置在防辐射罩内。

传感器支架必须牢固安装，在高影响天气条件下，应能保持传感器的初始安装状态。

（2）测风塔位置要求。测风塔位置应具有代表性，能代表风电场风能资源特性。

测风塔位置宜选在风电场主导风向的上风方，距离最近风电机组 3～5km。

测风塔位置附近应无高大建筑物、树木、输电杆塔等障碍物，与障碍物的距离宜保持在障碍物高度的 10 倍以上。

（3）测风塔数量要求。测风塔的数量应满足风电功率预测系统要求，综合考虑风场地形条件、气候特征、风场区域范围、装机容量等。

每套风电场功率预测系统应至少配置 1 个测风塔，对装机容量较大或地形复杂的风电场，应适当增加测风塔的数量。

对于风电场群和大型风电基地，应统一规划确定测风塔位置和数量。

（4）标定要求。所有传感器在安装之前应经过国家授权的计量检定单位标定。

观测期间应按照传感器设备规定的校验周期进行定期校验。

(5) 安装高度要求。测风塔高度应为10m整数倍，且高于风电场风机轮毂高度10m以上。

风速风向至少需要四层，即10m高度、50m高度、风电机组轮毂高度附近和测风塔最高层，其他宜选择10m的整数倍安装。

温度、湿度和气压传感器应安装在10m高度附近，宜在风电机组轮毂高度附近加装温度和湿度传感器。

70m高和100m高测风塔传感器安装高度及典型配置如图5-2所示。

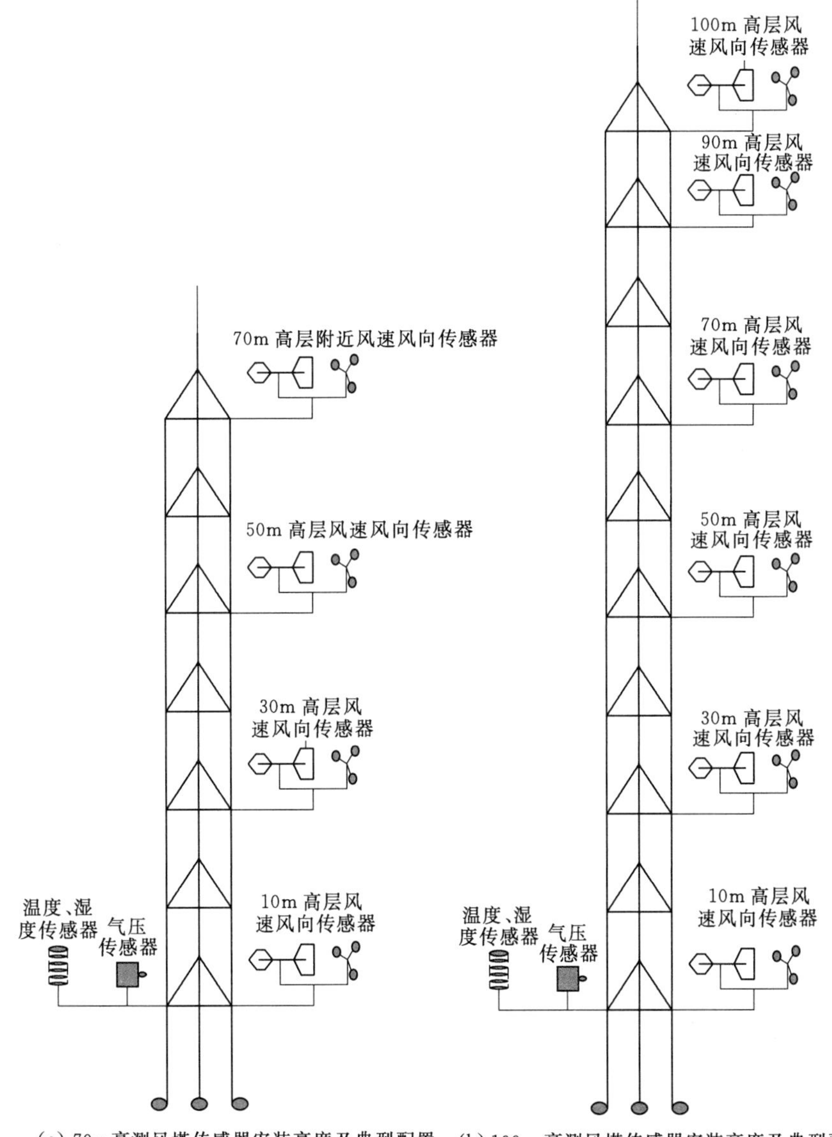

(a) 70m高测风塔传感器安装高度及典型配置　(b) 100m高测风塔传感器安装高度及典型配置

图5-2　测风塔传感器安装高度及典型配置

（6）防雷要求。测风塔塔架需安装有独立引下线的防雷击接地装置，接地电阻宜小于 4Ω。

测风塔与传感器位置应在避雷装置的防护范围内。

5.3.2.4　测风塔数据传输

测风塔数据传输主要强调数据传输格式和上报频率、数据延迟、传输畅通率等。考虑到系统运行的实时性和可靠性，对数据的延时、畅通率及数据补传提出如下要求：

（1）数据格式。需上报的测量值具体数据格式见表 5-2。

表 5-2　　数　据　格　式

数　据　类　型	数　据　格　式
测风塔编号	整数，测风塔的唯一性标识
时标	日期时间类型，精确到秒
第 1 层（最低层）平均风速	4 字节浮点数，保留 1 位小数
第 1 层平均风向	4 字节浮点数，保留 1 位小数
第 1 层风速标准偏差	4 字节浮点数，保留 1 位小数
第 2 层平均风速	4 字节浮点数，保留 1 位小数
第 2 层平均风向	4 字节浮点数，保留 1 位小数
第 2 层风速标准偏差	4 字节浮点数，保留 1 位小数
⋮	4 字节浮点数，保留 1 位小数
第 n 层（最高层）平均风速	4 字节浮点数，保留 1 位小数
第 n 层平均风向	4 字节浮点数，保留 1 位小数
第 n 层风速标准偏差	4 字节浮点数，保留 1 位小数
气温	4 字节浮点数，保留 1 位小数
相对湿度	4 字节浮点数，保留 1 位小数
气压	4 字节浮点数，保留 1 位小数

（2）数据传输。数据传输需要采用可靠的有线或无线传输方式，传输时间间隔不大于 5min，数据延迟不超过 1min，每天数据传输畅通率大于 95%，且具备数据补传功能。

5.3.3　光伏电站气象要素监测要求

气象监测设备所处位置需要在光伏发电站范围内，且能较好地反映本地气象要素的特点，四周障碍物的影子不能投射到辐射观测仪器的受光面上，附近没有反射阳光强的物体和人工辐射源的干扰。

1. 测量设备的性能指标

为了获得准确可靠的光伏电站气象要素值，测量设备的性能指标必须满足一定的要

求。在参照《地面气象观测规范 第1部分：总则》（QX/T 61—2007）基础上，测量设备的技术性能指标要求如下：

（1）直接辐射表：具备自动跟踪装置；光谱范围：280～3000nm；测量范围：0～2000W/m^2；分辨力：1W/m^2；准确度：2%。

（2）散射辐射表：光谱范围：280～3000nm；测量范围：0～2000W/m^2；分辨力：1W/m^2；准确度：5%。

（3）总辐射表：光谱范围：280～3000nm；测量范围：0～2000 W/m^2；分辨力：1 W/m^2；准确度：5%。

（4）组件温度计：测量范围：－50～150℃；分辨力：0.1℃；准确度：0.5℃。

（5）全天空成像装置：可视角：不小于150°；图像分辨率：不低于352×288全彩，24位色；采样时间间隔：5min。

（6）风速计：测量范围：0～60m/s；分辨力：0.1m/s；准确度：(0.5＋0.03v)m/s，其中v为实际风速。

（7）风向计：测量范围：0°～360°；分辨力：3°；准确度：5°。

（8）温度计：测量范围：－40～60℃；分辨力：0.1℃；准确度：0.2℃。

（9）湿度计：测量范围：0～100%；分辨力：1%；准确度：4%（≤80%），8%（>80%）。

（10）气压计：测量范围：500～1100hPa；分辨力：0.1hPa；准确度：0.3hPa。

（11）数据采集装置：应具有上述所有测量要素的采集、计算和记录功能；应具有远程传输数据和现场下载数据的功能；应能完整地保存不低于1个月采集的数据量；应具备定时自动校时功能，时钟误差不超过30s/月；应能在现场工作环境温度下可靠运行。

2. 气象要素的采样与算法

除了气象传感器性能指标，气象要素的采样与算法对数据的准确性也有着重要影响。在参照《地面气象观测规范 第17部分：自动气象站观测》（QX/T 61—2007）的基础上，各测量要素的采用频次和统计方法要求如下：

（1）法向直射辐照度。每10s采样1次，每1min采样的6个样本去掉1个最大值、1个最小值和异常值，余下样本的算术平均为该分钟的瞬时值。以瞬时值为样本，自动计算和记录每5min的平均值，单位为W/m^2。

（2）散射辐照度。每10s采样1次，每1min采样的6个样本去掉1个最大值、1个最小值和异常值，余下样本的算术平均为该分钟的瞬时值。以瞬时值为样本，自动计算和记录每5min的平均值，单位为W/m^2。

（3）总辐照度。每10s采样1次，每1min采样的6个样本去掉1个最大值、1个最小值和异常值，余下样本的算术平均为该分钟的瞬时值。以瞬时值为样本，自动计算和记录每5min的平均值，单位为W/m^2。

（4）组件温度。每10s采样1次，每1min采样的6个样本去掉1个最大值、1个最小值和异常值，余下样本的算术平均为该分钟的瞬时值。以瞬时值为样本，自动计算和记录每 5min 的平均值，单位为℃。

（5）日照时数。每 5min 自动累计当天的日照时数，单位为 h。

（6）地基云图。每 5min 由安装在地表的全天空成像装置自下而上观测到的云图像，单位为帧。

（7）平均风速。每 1s 采样 1 次，自动计算和记录每 5min 的平均风速，单位为 m/s。

（8）平均风向。与风速同步采集该风速的风向，自动计算和记录每 5min 的平均风向，单位为°。

（9）环境温度。每 10s 采样 1 次，每 1min 采样的 6 个样本去掉 1 个最大值、1 个最小值和异常值，余下样本的算术平均为该分钟的瞬时值。以瞬时值为样本，自动计算和记录每 5min 的平均值，单位为℃。

（10）相对湿度。每 10s 采样 1 次，每 1min 采样的 6 个样本去掉 1 个最大值、1 个最小值和异常值，余下样本的算术平均为该分钟的瞬时值。以瞬时值为样本，自动计算和记录每 5min 的平均值，没有单位，一般用百分数表示。

（11）气压。每 10s 采样 1 次，每 1min 采样的 6 个样本去掉 1 个最大值、1 个最小值和异常值，余下样本的算术平均为该分钟的瞬时值。以瞬时值为样本，自动计算和记录每 5min 的平均值，单位为 hPa。

以上测量要素的数据采集器在每次求平均值时，需检验每个采样值的合理性，剔除异常数据。参照《地面气象观测规范　第 22 部分：观测记录质量控制》（QX/T 66—2007）和《风电场气象观测及资料审核、订正技术规范》（QX/T 74—2007），气象要素采样值合理性指标见表 5-3，所有不满足此表合理性要求的采样值视为异常值。

表 5-3　　气象要素采样值合理性指标

气象要素	传感器测量范围	时间相邻样本最大变化值
气温	依照传感器性能指标确定	2℃
相对湿度		5%
气压		0.3hPa
风向		360°
风速		20m/s
总辐射		800W/m^2
直接辐射		800W/m^2
散射辐射		800W/m^2

3. 传感器的选址、标定、安装高度及防雷等要求

为了避免局部地形的影响、充分反映本地气象要素特点，满足光伏电站发电功率预测的需求，在参照《地面气象观测规范　第 1 部分：总则》（QX/T 45—2007）、《地面气象观测规范　第 5 部分：气压观测》（QX/T 49—2007）、《地面气象观测规范　第 6 部分：空气温度和湿度观测》（QX/T 50—2007）、《地面气象观测规范　第 7 部分：风

向和风速观测》（QX/T 51—2007）和《地面气象观测规范　第11部分：辐射观测》（QX/T 55—2007）基础上，对传感器的选址、标定、安装高度及防雷做出要求如下：

（1）选址要求。气象监测设备所处位置需在光伏发电站范围内，且能较好地反映本地气象要素的特点，四周障碍物的影子不能投射到辐射观测仪器的受光面上，附近没有反射阳光强的物体和人工辐射源的干扰。

（2）标定要求。所有传感器在安装之前应经过国家授权的计量检定单位标定。

观测期间应按照传感器设备规定的校验周期进行定期校验。

（3）安装高度要求。安装前应认真阅读仪器技术手册，按照要求进行安装。

总辐射表、直接辐射表、散射辐射表应水平安装在专用的台柱上，距地面不低于1.5m。宜增加与光伏组件安装方式相适应的倾斜面辐照度观测。

气压计宜安装在数据采集装置机箱内，距地面不低于1.5m。

环境温度计、湿度计需置于专用防护设备内，该设备能防止太阳对仪器的直接辐射和地面对仪器的反射辐射，保护仪器免受强风、雨、雪等的影响，并使仪器感应部分有适当的通风，能真实地感应外界空气温度和湿度的变化。环境温度计、湿度计距地面不低于1.5m。

组件温度计需紧贴光伏组件背板，安装位置靠近光伏组件中心处，不同光伏组件类型至少安装1个。

风速传感器、风向传感器需安装在牢固的高杆或者塔架上，距地面10m。

全天空成像装置需安装在固定平台上，在装置可视范围内没有障碍物遮挡。

（4）防雷要求。观测站需布置在避雷装置的防护范围内。如无法做到，需加设独立避雷装置。

观测站支架需安装有独立引下线的防雷击接地装置，接地电阻小于4Ω。

4. 测光站的数据传输

考虑到系统运行的实时性和可靠性，测光站数据的格式和传输要求如下：

（1）数据格式。需上报测量值的具体数据格式说明，见表5-4。

表5-4　数据格式说明

数据类型	数据格式	数据类型	数据格式
测站编号	整数，观测站的唯一性标识	平均风速	4字节浮点数，保留1位小数
时标	日期时间类型，精确到秒	平均风向	4字节浮点数，保留1位小数
法向直接辐照度	4字节浮点数，保留1位小数	环境温度	4字节浮点数，保留1位小数
散射辐照度	4字节浮点数，保留1位小数	相对湿度	4字节浮点数，保留1位小数
总辐照度	4字节浮点数，保留1位小数	气压	4字节浮点数，保留1位小数
组件温度	4字节浮点数，保留1位小数	地基云图	JPEG/PNG
日照时数	4字节浮点数，保留1位小数		

（2）数据传输。数据传输应采用可靠的有线或无线传输方式，传输时间间隔不大于

5min，数据延迟不超过1min，每天数据传输畅通率大于95%。

5.3.4　气象要素监测数据质量控制

在气象数据采集、传输过程中，受电源、通信条件和观测环境等诸多因素的影响，监测数据可能会出现缺测、漏报、异常等情况，为此需要对采集到的原始数据进行数据质量控制，使气象数据具有良好的连续性和准确性。

中心站接收到数据后，对其进行预处理，并对数据进行质量检查，数据通过检查则进行入库处理，未通过检查的数据参考3.3.3节的方法进行数据质量控制。数据检查包括极值检查、时间一致性检查、内部一致性检查和空间一致性检查等。

极值检查包括气候界限值检查和台站极值检查，极值检查的关键是合理选择极值上、下界值。采用的方法是从台站历史资料中挑选各月最大值和最小值，再加减 n 倍标准差作为极值的上、下界限值，n 值应根据不同地区采用对应的界限值，该方法还需要动态更新台站历史极值表。

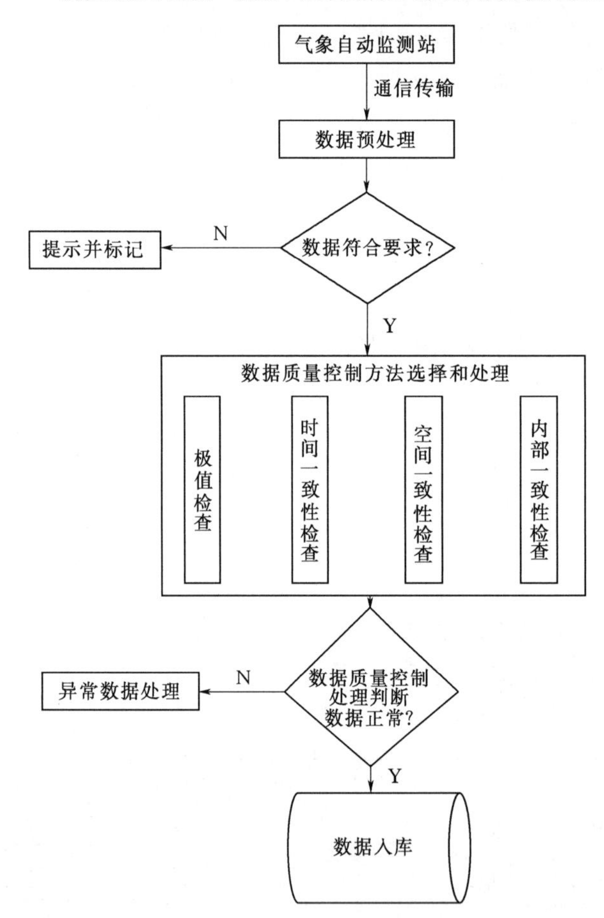

图5-3　数据质量控制流程图

时间一致性检查可根据气象要素的时间变化规律，检验数据是否合理，通常包括5min时变检查、1h时变检查等方法。

内部一致性检查是判断气象要素之间是否符合一定的规律，主要有同一时刻不同要素之间的一致性检查和同一时刻相同要素不同地点之间的一致性检查。

空间一致性检查是气象要素在空间上的相关性检查，主要方法有空间插值法回归检验、Madsen-Allerup方法、气候统计比较法等。

数据质量控制流程如图5-3所示。具体操作方式参照《地面气象观测规范》。

5.4　模式产品的释用方法

模式产品的释用是对数值预报产品的进一步分析和处理，其目的是获取定制化的预

报产品和更好的预报结果。模式产品的释用过程可以分为降尺度过程和统计释用过程，降尺度是为了获取高分辨率的模式预报产品，统计释用则是为了提升模式预报产品的预报精度。

本节主要介绍模式产品的降尺度方法和统计释用方法，然后以风速预报和辐射预报为例，介绍适用于新能源功率预测释用的模式产品订正方法。

5.4.1 模式预报产品的降尺度方法

模式预报产品降尺度的目的在于将大尺度、低分辨率的模式预报产品转化为小尺度、高分辨率的预报结果。降尺度方法主要分为两类：一类是统计降尺度；另一类是动力降尺度。

5.4.1.1 统计降尺度方法

统计降尺度，也称为经验降尺度，其基本思路是通过建立大尺度气象要素与局地小尺度气象要素的统计关系，将大尺度、低分辨率的气象要素空间变量代入统计模型，以获取局地变量的高分辨率气象要素信息。统计降尺度具有计算量小、建模方法多、简单灵活等特点，已经取得了比较广泛的应用与发展。统计降尺度方法示意图如图5-4所示。

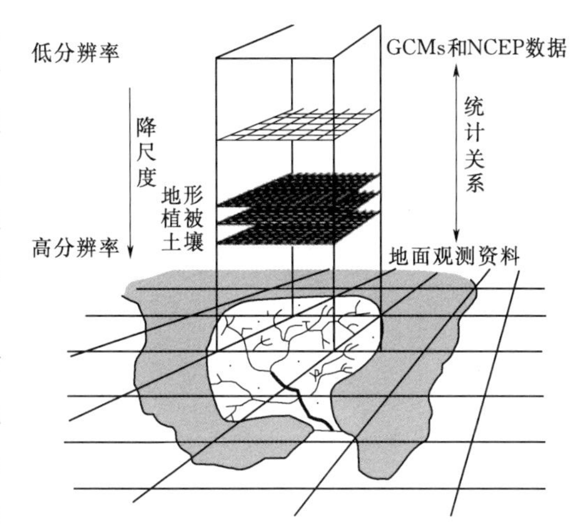

图5-4 统计降尺度方法示意图

统计降尺度的应用需要考虑三个方面的问题：一是大尺度气象要素与局地气象要素之间是否具有显著的统计关系；二是大尺度气象要素是否被很好地模拟；三是这种统计关系在未来一段时间内是否能保持有效。以上三个条件是统计降尺度方法取得良好应用的前提。

统计降尺度方法主要包括转换函数法、天气分类法和天气发生器法。其中，传递函数法应用最早且最为广泛。其原理是利用函数关系来表示大尺度气象要素与局地气象要素之间的统计关系。传递函数法通常可以分为线性方法和非线性方法。常用的线性方法主要有多元线性回归、主成分分析、奇异值分解、经验正交函数等，非线性方法以人工神经网络为代表。天气分类方法是将大气环流信息与天气形势分类相结合的一种局地气象要素预报方法。其基本步骤是，首先根据历史的大气环流信息进行天气形势分类，然后根据未来的大气环流信息匹配对应的天气形势，从而确定未来该区域的天气特征。这种方法通常借助于一些分类算法来实现，常见的有K均值聚类、模糊聚类等。天气发生器法是通过一系列统计模型生成与观测资料较为类似的气象要素时间序列的一种方法，这种方法很好地考虑了气象要素的时空相关性。常见的天气发生器包括马尔科夫链模型、团聚点过程模型等。

天气分类方法和天气发生器法在降水预报等形势预报上取得了较好的效果，但是难以满足新能源功率预测的定量化释用需求。相比之下，传递函数法在定量化释用方面的优势较为明显，应用相对成熟。其中，线性方法由于方法简单、建模方便，取得了较好的应用效果。这里着重介绍一种经验正交分解与多元线性回归方法相结合的统计降尺度模型。

以观测风速数据作为降尺度模型的目标变量，以大尺度的模式预报风速数据作为预测因子变量，分别移除各自的气候平均态后，利用经验正交函数（empirical orthogonal function，EOF）对观测风速矩阵和模式预报风速矩阵进行空间模态分解，提取各自的空间 EOF 模态主成分 PC，建立两者直接的统计关系，其公式为

$$PC_i^{\text{obs}} = \sum_{j=1}^{20} \alpha_{ij} PC_j^{\text{pre}} + \varepsilon \quad i = 1,2,\cdots,15 \tag{5-3}$$

式中　PC_i^{obs}——观测风速矩阵的第 i 个模态主成分；

PC_j^{pre}——模式预报风速矩阵的第 j 个模态主成分；

α_{ij}——多元线性回归系数；

ε——多元线性回归拟合后的残差。

这里观测风速矩阵取前 15 个模态，预报风速矩阵取前 20 个模态。

在确立变量之间的统计关系后，将大尺度粗分辨率的风速预报变量转化为高分辨率的风速预报量。

$$PCX_i = \sum_{j=1}^{20} \alpha_{ij} (X \cdot EOF_j) \quad i = 1,2,\cdots,15 \tag{5-4}$$

$$Y_{\text{SD}} = PCX \cdot EOF^{\text{obs}} \tag{5-5}$$

式中　EOF_j——大尺度预报风速矩阵的第 j 个空间模态；

X——大尺度预报变量移除其气候平均态后生成的异常场协方差矩阵；

PCX——根据式（5-4）所形成的新主成分序列；

EOF^{obs}——降尺度模型构建时观测风速矩阵的空间模态；

Y_{SD}——预报风速的异常场矩阵。

将计算得到的异常场叠加到观测风速的气候平均态上，即可得到降尺度模拟的高分辨率风速数据。

线性方法虽然取得了较好的应用效果，但从发展趋势上看，未来非线性的统计降尺度技术将获得更加广泛的应用。在面对非线性的映射关系时，线性模型的局限性尤为明显，而以人工神经网络、支持向量机为代表的非线性方法具有更强的拟合能力，因而具有较好的应用前景。

统计降尺度的方法很多，其应用效果不仅与方法本身有关，还与气象要素的特征、历史资料以及区域特征等因素相关，因此，需要综合考虑多方面的因素，选择合适的统

计降尺度方法。

5.4.1.2 动力降尺度方法

统计降尺度根据多年观测资料建立表征大尺度环流状况和区域要素之间的统计关系，将大尺度信息代入统计模型中得出区域尺度信息。虽然统计降尺度计算量少，但其需要有足够的观测资料来建立统计关系，且缺少物理基础，对于大尺度场与局地要素相关不明显的区域应用效果较差。相比统计降尺度方法而言，动力降尺度具有比较明确的物理意义，且受观测资料的影响较小。随着 WRF 等区域气候模式和计算能力的不断发展，动力降尺度方法的应用越来越广泛。

动力降尺度是通过数值计算的方法（如数值模式），利用大尺度气候背景信息，建立更高分辨率的气象变量分布场。例如，在 GCM 提供的大尺度强迫下，用高分辨率有限区域数值模式模拟区域范围内对次网格尺度强迫的响应，从而在精细空间尺度上增强大气环流的细节。

动力降尺度能够再现非均匀下垫面对中尺度环流系统的触发，体现大尺度背景场和局地强迫之间的非线性相互作用。如 WRF 等区域气候模式能更准确地描述陆面信息的水平非均一性，进而能较好地模拟局地环流和气候特征。WRF 模式包括多种物理参数化选项，再分析资料、GCM 或天气预报模式资料均可作为 WRF 模式驱动场，因此 WRF 模式可作为区域气候模式进行应用。基于 WRF 模式的动力降尺度研究主要集中在评估基于 WRF 模式的动力降尺度模拟效果、评估 WRF 模式不同分辨率下的模拟差异、不同物理参数化方案对模拟结果的影响采用集合预报方法（包括初始场扰动和采用不同的初始场资料，研究其对 WRF 模式模拟的影响）、陆面初始条件对 WRF 模式模拟的影响、资料同化对 WRF 模式模拟的改进、大尺度环流对 WRF 模式模拟的影响等方面。

虽然国内外已经开展了许多基于气象站或者测风塔观测资料的研究，但是由于测站分布不均、间距稀疏，使得观测数据分辨率较低，一般只能分析单点风速变化。此外，下垫面非均匀性使近地层风场分布变得十分复杂，观测数据的区域代表性非常有限。因此，利用动力降尺度方法获得高分辨率三维风场结构就显得非常重要。下面以动力降尺度模拟某区域风速为例，着重介绍基于 WRF 模式的动力降尺度方法及模拟效果评估。

试验采用完全非静力动力框架结构的 WRF 模式，其对中小尺度天气系统有较强的模拟能力，同时具有多重嵌套、多种云物理和边界层等物理过程和四维同化功能。此次模拟中心经纬度为（36.5°N，120.0°E），垂直分层为 30 层，采用三层嵌套，从外到内三层区域的分辨率分别为 9km×9km、3km×3km 和 1km×1km，将内层模拟结果降尺度至 1 km，以提高模式模拟效果。

采用的主要物理过程参数化方案有：①WSM5 微物理过程参数化方案；②Dudhia 短波辐射和 RRTM（Rapid radiative transfer model）长波参数化方案；③YSU（Yonsei University，韩国延世大学）行星边界层参数化方案；④Noah 陆面过程参数化方案；

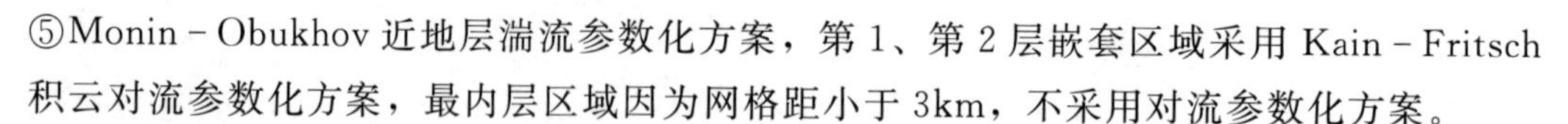

⑤Monin－Obukhov 近地层湍流参数化方案，第1、第2层嵌套区域采用 Kain－Fritsch 积云对流参数化方案，最内层区域因为网格距小于3km，不采用对流参数化方案。

陆面资料是数值模式的重要输入数据，其中植被覆盖等部分资料是动态变化的，陆面资料的准确性直接影响数值模式对陆面过程和区域气候的模拟效果，气候波动也会反作用于陆面过程参数，如反照率、粗糙度等。WRF模式需要的陆面资料包括地形、土地利用、植被覆盖度、土壤类型，这些陆面资料直接决定了反照率、粗糙度、叶面积指数、植被根深、植被阻抗、土壤孔隙率、土壤热传导率等陆面参数，对模拟结果有重要影响。因此准确的陆面资料对提高WRF模式模拟近地面乃至整个边界层气象场至关重要，然而在我国，WRF模式默认的陆面资料精度较低，且时效性不好。随着遥感资料的增多和资料精度的提高，采用高精度陆面资料提高数值模式模拟性能成为可能。此次试验采用的陆面资料包括航天飞机雷达地形测绘使命（shuttle radar topography mission，SRTM）地形、2006年中分辨率成像光谱仪（moderate resolution imaging spectrometer，MODIS）土地利用、基于2006年归一化植被指数（normalized difference vegetation index，MODIS NDVI）的植被覆盖度和世界土壤数据库（harmonized world soil database，HWSD）土壤类型资料。

使用的观测资料是覆盖该区域的28个地面气象站逐日平均风速、温度、气压和水汽压资料，包括每天08：00、20：00两次的探空资料和每天8次的地面观测资料。采用积分时间为36h的逐日模拟，模拟时间段为2016年11月，模拟结果逐小时输出，统计分析采用模式输出的后24h逐时模拟结果。

选取选址在开阔无遮挡、测风不受外界环境影响的地点，其测风仪器高度在70m。将该地点2016年11月测风资料较完整的15个自动气象站实测值与模式模拟结果进行对比分析，检验模式的模拟效果。自动气象站站点模拟值通过双线性插值方法将离站点最近的周边4个模式网格点的模拟结果插值到站点上，从而得到该站点70m高度的风速模拟值。

70m高度日平均风速模拟值和自动气象站实测值对比分析见表5－5，动力降尺度方法对该地区的模拟效果整体较好。虽然大部分模拟值略大于自动气象站的实测值，但各自动气象站70m高度实测值和模拟值的相对误差基本在20%以内，其中有12个自动气象站的实测值和模拟值相对误差不超过10%。尤其对于地势开阔、周围植被和建筑物较少的自动气象站，模式对其地形土壤和地表植被等参数描述的较准确，相对误差仅为－3.08%，模拟值可以较真实地反映出该地的实际风场。因此，模式对该地区近地层的模拟能力较强，动力降尺度方法可以较好地模拟该地区近地层实际风场特征。

动力降尺度方法不仅提高了运算效率，而且在模拟过程中综合了当地天气气候背景、细致考虑地形、海岸带等复杂的地形特征，更加真实地反映了近地层局地风场变化特征，提高了再分析资料的空间分辨率，是获得高分辨率气象资源分布等数据的重要手段。

表 5-5 70m高度日平均风速模拟值与自动气象站实测值对比分析

站名	实测值/(m·s⁻¹)	模拟值/(m·s⁻¹)	相对误差/%
滨化盐场	6.45	7.08	9.77
红光渔港	5.85	7.01	19.83
新户	6.30	7.19	14.13
土山	6.75	6.58	−2.52
屺姆岛	8.60	8.12	−5.58
大黑山	8.55	8.40	−1.75
大钦岛	7.65	8.15	6.54
岭山同岛	7.80	8.40	7.69
怡园	7.80	7.56	−3.08
皂埠	7.95	8.54	7.42
刘公岛	8.10	8.54	5.43
瓦屋石	7.35	9.04	22.99
苏山岛	8.45	8.26	−2.25
凤凰尾	7.35	7.98	8.57
红岛	6.47	7.02	8.50

5.4.2 模式预报产品的统计释用方法

在数值预报出现之前，统计方法已经应用于天气预报，人们通过不断总结历史天气变化规律，在历史资料的基础上，结合一些简单的数学方法预报未来的天气状态。然而传统的统计预报方法存在一定的缺陷，统计样本的变化导致统计规律也会不断变化，预报结果的稳定性较差。

数值天气预报的诞生与发展，改变了传统的预报方式，提高了预报准确率，成为世界各国天气预报业务的重要参考依据。然而，数值天气预报并不能有效解决具体预报场景的应用需求，在这种情况下，数值天气预报与统计方法相结合的统计释用方法逐步被认可，并且在日常业务中得到了广泛使用。

应用较为广泛的统计释用方法主要有两种，分别是完全预报（perfect prog，PP）法和模式输出统计预报（model output statistics，MOS）法。

PP法由美国W. H. Klein等人于1959年提出，MOS方法由H. R. Glahn和D. A. Lowry于1972年提出。两种方法的区别在于建立预报模型所依赖的预报因子来源不同，PP法选取历史资料中的预报对象及同时间的预报因子观测数据建立统计关系，而MOS方法以模式输出产品作为预报因子，建立预报时效对应时刻预报对象与预报因子的统计关系。PP法由于采用大量的历史资料建立统计模型，统计关系比较稳定，不受数值模式的影响，但是也因此不能解释模式偏差，对预测精度会造成一定的影响。MOS方法由于直接采用模式预报产品建立统计关系，能够部分解释模式本身的偏差，同时在预报因子的选择上也更加多样化，但是其统计关系会随着模式的变动而发生变化，往往在模式产品改动时需要重新建立 MOS 方程。

无论采用哪一种方法，通过对数值模式输出产品的进一步加工，均可以提升数值预报产品的预报精度，进一步挖掘其使用价值。两种方法在应用过程上比较相似，均是以历史资料为基础，建立预报方程，定量描述预报因子与预报对象之间的关系，此外，为了确保统计模型的有效性，通常需要进行样本检验。

综合而言，模式产品统计释用主要包含的步骤有：①样本的预处理；②预报因子的选择；③建立统计模型；④样本检验与效果分析。

本节将对模式产品统计释用的关键步骤进行讨论。

5.4.2.1 样本的预处理

有效的样本是统计方法的基础。由于监测设备性能差异，不同监测设备的分辨能力不同，数据质量也参差不齐。同时，在 MOS 方法中还需要考虑观测资料与数值预报产品分辨率的差异，因此需要对样本进行适当的预处理。

对于观测资料的数据质量，可以采用数据质量控制方法进行处理。

实际应用中，预报对象所在的预报点不一定与数值天气预报产品的格点相吻合，需要将数值预报产品的格点预报结果插值到预报点上，为后续的步骤做好资料准备。

WRF 粗网格统计插值是利用模式输出的网格预报数据，计算得到单点预报值的一种方法。在水平方向上，通常采用双线性插值法或反距离加权平均算法；在垂直方向上，考虑气象要素的特性差异，风速插值需要考虑近地面风廓线的类型，而辐射在垂直方向上通常不需要插值。

1. 水平插值

在水平插值方法中，双线性插值是对一维线性插值的二维扩展，其核心思想是对 X、Y 两个方向分别进行一次线性插值。假设要进行插值的气象要素为 $f(x, y)$，已知在点 $Q_{11}=(x_1, y_1)$、$Q_{12}=(x_1, y_2)$、$Q_{21}=(x_2, y_1)$、$Q_{22}=(x_2, y_2)$ 上的值，要得到在 (x, y) 点的要素值，水平双线性插值算法原理图如图 5-5 所示。

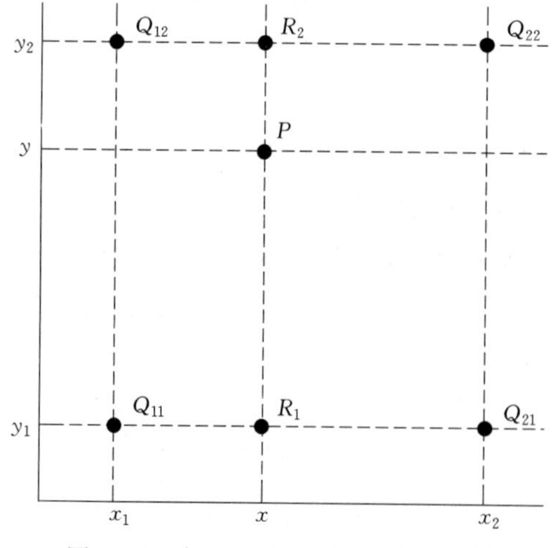

图 5-5 水平双线性插值算法原理图

首先进行 X 方向插值，得到 $R_1=(x, y_1)$ 和 $R_2=(x, y_2)$ 两点的要素值为

$$\begin{cases} f(R_1)=\dfrac{x_2-x}{x_2-x_1}f(Q_{11})+\dfrac{x-x_1}{x_2-x_1}f(Q_{21}) \\ f(R_2)=\dfrac{x_2-x}{x_2-x_1}f(Q_{21})+\dfrac{x-x_1}{x_2-x_1}f(Q_{22}) \end{cases} \tag{5-6}$$

然后进行 Y 方向插值，得到 $f(x,$

y）为

$$f(x,y)=\frac{y_2-y}{y_2-y_1}f(R_1)+\frac{y-y_1}{y_2-y_1}f(R_2) \tag{5-7}$$

这样就实现了水平方向基于双线性插值的降尺度。

对于风速的水平网格插值，采用双线性插值法可得

$$\begin{aligned}V(x,y)&=\frac{y_2-y}{y_2-y_1}V(R_1)+\frac{y-y_1}{y_2-y_1}V(R_2)\\&=\frac{y_2-y}{y_2-y_1}\left[\frac{x_2-x}{x_2-x_1}V(Q_{11})+\frac{x-x_1}{x_2-x_1}V(Q_{21})\right]\\&\quad+\frac{y-y_1}{y_2-y_1}\left[\frac{x_2-x}{x_2-x_1}V(Q_{21})+\frac{x-x_1}{x_2-x_1}V(Q_{22})\right]\end{aligned} \tag{5-8}$$

辐射的水平网格插值与之类似，这里不再赘述。

2. 垂直插值

风速在垂直方向的插值，不能简单的采用线性插值算法，因为近地面层垂直方向的风速并不是线性的变化。近地面垂直风速廓线如图 5-6 所示，可见在靠近地表的高度风速很小，随着高度的增加风速很快增大，到达一定高度后风速的增加逐渐减慢，呈现很强的非线性特征。

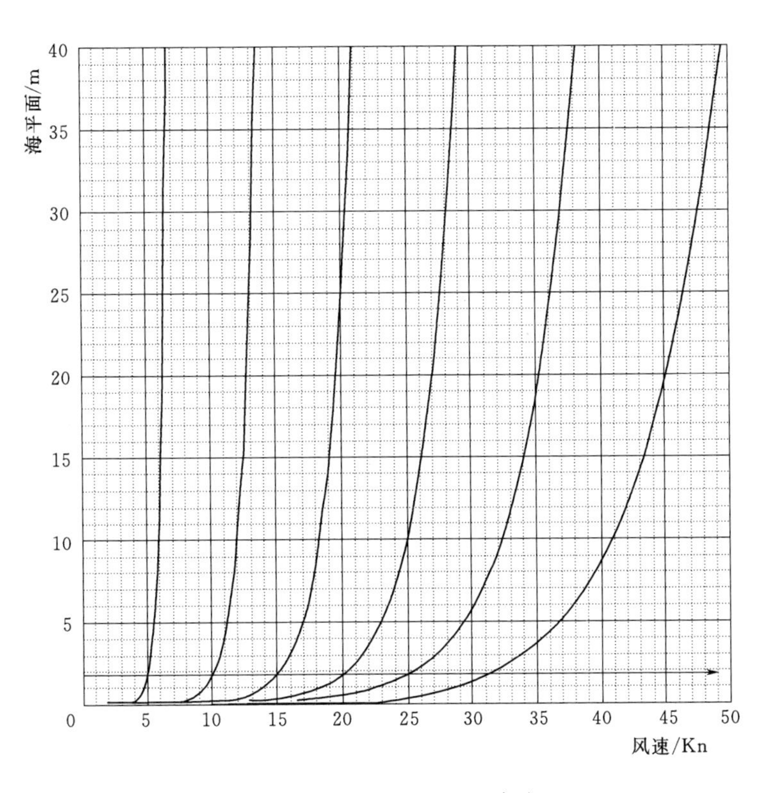

图 5-6 近地面垂直风速廓线

一般来说，中性层结下的水平风速廓线符合对数曲线，称为对数风速廓线，其表达式为

$$u(z)=\frac{u^*}{k}\ln\frac{z}{z_0} \tag{5-9}$$

式中　$u(z)$ ——高度为 z 的水平风速；

u^* ——摩擦速度，定义为 $u^*=\sqrt{\frac{\tau}{\rho_0}}$；

k——卡曼常数，一般取 $k=0.4$；

z_0——地表粗糙度。

利用对数风速廓线，即可根据模式结果中近地面两层的风速，计算得到其他高层的风速。假设模式网格近地面两层的高度分别为 z_1、z_2，风速分别为 u_1、u_2，要得到高度为 z 时的风速 $u(z)$。由对数风速廓线可得

$$\begin{cases} u_1=\dfrac{u^*}{k}\ln\dfrac{z_1}{z_0} \\ u_2=\dfrac{u^*}{k}\ln\dfrac{z_2}{z_0} \end{cases} \tag{5-10}$$

对上面两式相除，得到

$$\frac{u_1}{u_2}=\frac{\ln z_1-\ln z_0}{\ln z_2-\ln z_0}\Rightarrow \ln z_0=\frac{u_2\ln z_1-u_1\ln z_2}{u_2-u_1} \tag{5-11}$$

于是，可得 z 高度的风速 $u(z)$ 为

$$u(z)=\frac{u^*}{k}\ln\frac{z}{z_0}=\frac{u_1}{\ln\frac{z_1}{z_0}}\ln\frac{z}{z_0}=u_1\frac{\ln z-\ln z_0}{\ln z_1-\ln z_0} \tag{5-12}$$

根据式（5-12），即可实现中性大气层结下垂直方向的风速降尺度。

5.4.2.2　预报因子的选择

数值预报模式输出的产品种类较多，在建立统计关系之前，需要选择合适的预报因子来进行分析。恰当的预报因子是建立合理预报模型的关键，预报因子需要与预报对象之间存在较强的相关性，而且预报因子的数量需要控制合理，预报因子过少不能概括预报对象的信息，过多则会存在很多噪声干扰。预报因子的选择通常采用逐步回归方法和最优子集回归方法。

1. 逐步回归方法

逐步回归方法是应用较为普遍的一种预报因子选择方法。逐步回归的基本思想是考虑各个自变量对预报对象的影响，按照显著程度或者贡献的大小排序，结合一定的显著性标准，将自变量逐个引入回归方程。如果引入新变量使之前引入的变量变得不再显著，则将其剔除。引入一个变量或者剔除一个变量的每一步都需要进行 F 检验，以保证回归方程中只包含对预报对象影响显著的自变量。

假设预报对象$\boldsymbol{Y}$的一组观测数据为$\boldsymbol{Y}=[y_1 \quad y_2 \quad \cdots \quad y_n]$，$n$为样本长度。假设备选预报因子集为$\boldsymbol{X}$，包含$m$个备选预报因子，样本长度为$n$。$\boldsymbol{X}$表示为

$$\boldsymbol{X}=\begin{bmatrix} x_{11} & x_{12} & \cdots & x_{1m} \\ x_{21} & x_{22} & \cdots & x_{2m} \\ \vdots & \vdots & \ddots & \vdots \\ x_{n1} & x_{n2} & \cdots & x_{nm} \end{bmatrix} \tag{5-13}$$

建立预报对象与备选预报因子的增广矩阵（$\boldsymbol{Y}|\boldsymbol{X}$）为

$$(\boldsymbol{Y}|\boldsymbol{X})=\begin{bmatrix} y_1 & x_{11} & x_{12} & \cdots & x_{1m} \\ y_2 & x_{21} & x_{22} & \cdots & x_{2m} \\ \vdots & \vdots & \vdots & \ddots & \vdots \\ y_n & x_{n1} & x_{n2} & \cdots & x_{nm} \end{bmatrix} \tag{5-14}$$

则逐步回归法选取预报因子的一般步骤如下：

(1) 计算增广矩阵$\boldsymbol{YX}$的相关系数矩阵$\boldsymbol{R}$为

$$r_{ij}=\frac{\sum_{t=1}^{n}(x_{ti}-\overline{x}_i)(x_{tj}-\overline{x}_j)}{\sqrt{\sum_{t=1}^{n}(x_{ti}-\overline{x}_i)^2\sum_{t=1}^{n}(x_{tj}-\overline{x}_j)^2}} \tag{5-15}$$

$$\boldsymbol{R}=\begin{bmatrix} r_{yy} & r_{y1} & r_{y2} & \cdots & r_{ym} \\ r_{1y} & r_{11} & r_{12} & \cdots & r_{1m} \\ r_{2y} & r_{21} & r_{22} & \cdots & r_{2m} \\ \vdots & \vdots & \vdots & \ddots & \vdots \\ r_{my} & r_{m1} & r_{m2} & \cdots & r_{mm} \end{bmatrix} \tag{5-16}$$

(2) 计算备选因子的方差贡献，引入方差贡献最大的因子，同时计算已引入因子的方差贡献，剔除方差贡献最小的因子。在找出需要引入和剔除的因子后，进行F检验。

方差贡献计算公式为

$$p_i=\frac{[r_{iy}]^2}{r_{ii}};i=1,2,\cdots,m \tag{5-17}$$

对引入和剔除因子进行F检验，F_{sel}，F_{del}分别表示引入和剔除因子的F值，计算公式为

$$F_{\mathrm{sel}}=\frac{\frac{[r_{iy}]^2}{r_{ii}}}{\left(r_{yy}-\frac{[r_{iy}]^2}{r_{ii}}\right)/(N-L-2)} \tag{5-18}$$

$$F_{\mathrm{del}}=\frac{\frac{[r_{iy}]^2}{r_{ii}}}{r_{yy}/(N-L-1)} \tag{5-19}$$

式中 N——样本数；

L——回归方程中已有的因子数。

F_{sel}和F_{del}均是服从自由度为 1 与 $N-L-1$ 的 F 分布的统计量，对于给定的检验水平 α，从 F 分布表中查找临界值 $F_{\alpha}(1, n-m-1)$，如果 $F_{sel}\geqslant F_{\alpha}$，则表明所选因子对预报对象存在显著影响，将其引入预报方程。如果 $F_{del}<F_{\alpha}$，则表明所选预报因子影响不显著，未通过 F 检验，将其剔除。

(3) 重新计算当前的相关系数矩阵，继续重复 (2) 中的预报因子引入和剔除方案。相关系数矩阵变化方案为

$$r_{ij}=\begin{cases} r_{ij}-\dfrac{r_{ik}r_{ki}}{r_{kk}} & i\neq k, j\neq k \\ -\dfrac{r_{ik}}{r_{kk}} & i\neq k, j=k \\ \dfrac{r_{ki}}{r_{kk}} & i=k, j\neq k \\ \dfrac{1}{r_{kk}} & i=k, j=k \end{cases} \tag{5-20}$$

式中　k——待引入或剔除的因子的序号。

最终，当没有变量可以引入或剔除时，结束逐步回归过程，确定最终的预报因子选择方案。

2. 最优子集回归方法

最优子集回归方法（optimal subset regression，OSR）通过从自变量的所有可能子集中以一定的准则确定出最优子集，建立最优回归方程。

一般思路如下：假设有 m 个自变量，除去空集外，共有 2^m-1 个子集。选定一种变量选择标准 S，每一个子集回归均可以得到一个 S 值。S 值越小（或越大）表明对应的回归方程效果越好。在所有子集中，最小（或最大）值对应的回归就是最优子集回归。

选定合适的变量选择标准是实现最优子集回归的关键。这里介绍一种应用效果较好的 CSC 准则。CSC 为

$$CSC=S_1+S_2 \tag{5-21}$$

式中　S_1——数量评分；

　　　S_2——趋势评分。

数量评分 S_1 的计算方法如下：定义 $Q_y=\dfrac{1}{n}\sum\limits_{t=1}^{n}(y_t-\overline{y})^2$ 为每次以均值作为预报值得到的数量评分，其中 y_t 表示 t 时刻的预报对象观测值，$\overline{y}$ 表示观测值的平均值，n 为样本总数。假如子预报方程中引入了 k 个因子，用 $\hat{y}_t$ 表示对应的预报对象估计值，则残差平方和为 $Q_k=\dfrac{1}{n}\sum\limits_{t=1}^{n}(y_t-\hat{y}_t)^2$，数量评分定义为

$$S_1=n\left(1-\frac{Q_k}{Q_y}\right) \tag{5-22}$$

趋势评分 S_2 取最小判别信息统计量 $2I$，即

$$S_2 = 2I = 2\left\{\sum_{i=1}^{I}\sum_{i=1}^{I} n_{ij}\ln(n_{ij}) + n\ln(n) - \left[\sum_{i=1}^{I} n_i\ln(n_i) + \sum_{j=1}^{I} n_j\ln(n_j)\right]\right\} \tag{5-23}$$

式中 I——预报趋势类别数；

n_{ij}——i 类事件与 j 类估计事件列联表的个数，其中 $n_i = \sum_{j=1}^{I} n_{ij}$，$n_j = \sum_{i=1}^{I} n_{ij}$，列联表的确定与实际问题有关。

最终，通过计算自变量所有子集的 CSC 准则评分，选择 CSC 分值最大的子集作为最优子集，用于后续的回归分析。

5.4.2.3 建立统计模型

确定预报因子后，需要建立预报对象与预报因子之间的统计关系。预报因子可以分为连续型变量与离散型变量两种类型。常见的风速、风向、辐照度、温度等均属于连续型变量，降水等级、雷暴等级等则属于离散型变量。预报因子的类型不同，所选择的统计模型有所不同。新能源功率预测领域涉及的预报因子大多属于连续型变量，这里介绍几种比较常用的方法，包括回归方法、判别分析方法、相似预报方法以及自适应方法等。

1. 回归方法

多元线性回归（multiple linear regression，MLR）是应用最为广泛的一种回归方法，可以用于建立多个预报因子和预报对象之间的映射关系。

以地面风速预报为例，预报因子选择 850hPa 风速值，一元线性回归示意图如图 5-7所示。其中，Y 代表预报对象，这里指地面风速，横轴 X 表示预报因子之一的 850hPa 风速值，这里的 850hPa 风速值可以是数值预报的结果，也可以是观测结果，因此在 MOS 法和 PP 法中均可以应用。接着通过拟合一条直线使得格点到该直线的距离平方和最小，此时这条直线的表达式即是 850hPa 风速和地面风速的一元线性回归方程。

由于通常不止一个预报因子，最终建立的是多个预报因子与预报对象之间的线性拟合方程，输出结果是一组系数，每个系数对应一个预报因子和一个截距。

MLR 的线性特征可以通过改变预报因子使其近于线性变化而得以调整。例如当预报因子的变化，满足风速为零，预报因子为零，并且随风速平均值越大而变化越大。此时可以通过对数转换产生一个近于线性的变量，而且它的变化在某个范围内保持不变。

偏最小二乘（partial least squares，PLS）回归也是一种有效的回归分析方法，可以实现多因变量对多自变量的回归建模，从而打破传统多元线性回归方法的局限性。另外，偏最小二乘回归同时实现了回归建模，主成分分析和典型相关分析等多个任务，实现多种分析方法的综合应用。

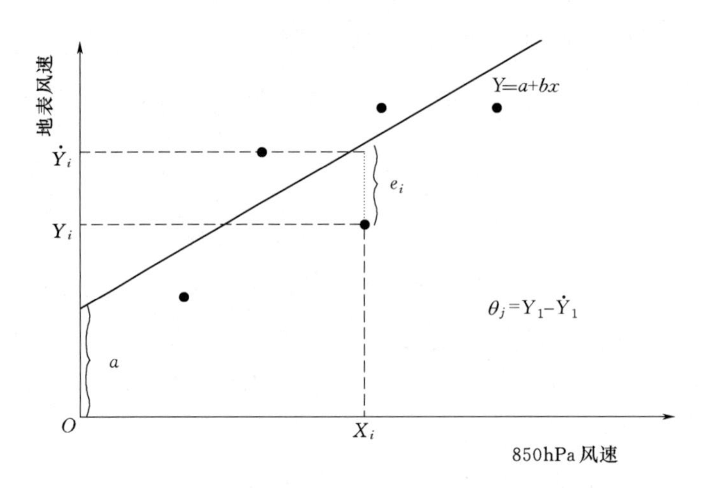

图 5-7　一元线性回归示意图

除了以上线性回归方法外，还可以结合人工智能算法建立预报对象与预报因子之间的非线性统计关系。其中，BP 人工神经网络的应用较为广泛，BP 神经网络具有很好的非线性映射能力，能够较好地解决预报因子较多、预报因子与预报对象之间关系复杂等问题。

2. 判别分析方法

判别分析是一种多变量统计分析方法，在分类确定的条件下，根据某一研究对象的各种特征值来判别其类型归属。判别分析的一般思路是基于一定的判别准则，建立一个或多个判别函数，根据历史资料确定判别函数的待定系数，计算判别指标，即判别临界值。通过输入预报因子，即可根据判别函数确定预报对象属于哪一类别，从而实现预报对象的分类。

按照判别标准的不同，判别分析方法可以分为距离判别、Fisher 判别、Bayes 判别等。距离判别方法根据马氏距离、欧氏距离等距离指标，根据样本离重心的远近进行判别。Fisher 判别是根据 Fisher 函数值进行判别的一种方法，通过将原来 R 维空间的自变量组合投影到维度较低的 D 维空间，在 D 维空间中进行分类，投影的原则是使每一类的差异尽可能小，不同类投影的离差尽可能大，由于 Fisher 判别对分布、方差等没有任何限制，其应用较为广泛。Bayes 判别需要对各分类类别的比例分布情况有一定的先验信息，根据总体的先验概率，使误判的平均损失达到最小，其最大优势在于可以用于多组判别，但是对变量的分布等有所限制。

3. 相似预报方法

相似预报方法的基本思路是根据模式产品的预报结果，从数值天气预报的历史资料库中寻找相似的个例，并根据历史样本数的多少，按照一定比例选出 N 组最相似的个例。若该 N 组个例中预报对象达到一定的一致性，则以该历史相似样本作为预报结果输出。若不相似，则利用这 N 组历史样本建立回归方程，代入预报因子的预报值，输

出预报结果。

相似程度通常需要通过一定的相似准则来衡量。衡量两个事物相似程度的方法有很多，例如相似系数法以及各种距离判别方法。这里介绍一种相似度衡量方法——相似离度。

以 C_{ij} 表示两个样本 i 和 j 之间的相似离度，具体的表达式为

$$C_{ij}=(\alpha R_{ij}+\beta D_{ij})/(\alpha+\beta) \tag{5-24}$$

$$\begin{cases} R_{ij}=\dfrac{1}{m}\sum\limits_{k=1}^{m}\mid H_{ij}(k)-E_{ij}\mid \\ D_{ij}=\dfrac{1}{m}\sum\limits_{k=1}^{m}\mid H_{ij}(k)\mid \\ H_{ij}(k)=H_{i}(k)-H_{j}(k) \\ E_{ij}=\dfrac{1}{m}\sum\limits_{k=1}^{m}H_{ij}(k) \end{cases} \tag{5-25}$$

式中 R_{ij}——描述形态相似；

D_{ij}——描述强度相似；

α，β——对总相似程度的贡献系数；

m——所计算的相似场格点数。

不同的气象要素场，由于分布形态和数值大小的区别，贡献系数取值不尽相同。

4. 自适应方法

自适应方法在收集资料的同时，建立预报对象与预报因子之间的相互关系。前面介绍的统计方法大多是在收集到足够资料的基础上建立统计方程，并不能即时反映预报系统的变化。自适应方法能够对预报系统的变化作出迅速回应，这是自适应方法的优势所在。

卡尔曼滤波（kalman filter，KF）是一种典型的自适应方法。1960 年前后由美国学者 R. E. Kalman 和 R. S. Bucy 等提出，这是一种方便在计算机上实现的递推滤波方法。该方法最初被应用于信号的处理，它采用状态方程和观测方程组成的线性随机系统状态空间模型来描述滤波器，并利用状态方程的递推性，按照线性无偏最小均方差估计准则，采用递推算法对滤波器的状态变量做最佳估计，从而求得滤掉噪声有用信号的最佳估计。

20 世纪 80 年代，卡尔曼滤波被应用到气象领域中，主要用于风、辐射、温度等连续型预报量的预报。从本质上讲，卡尔曼滤波是一个预报修正过程。为了实现卡尔曼滤波，需要根据选择的预报因子，运用线性模式的计算公式解释预报误差。例如，当温度与气候常态相差很远时，人们会认为温度误差很大，选择温度距平作为变量来解释温度误差。每次用 KF 法作预报，都使用线性模式的最新版本，然后用对应的观测值进行检验，计算误差并将其用于估计线性模式中系数的变化。因此，KF 法是实现了从自身误差中“学习”的递归过程。

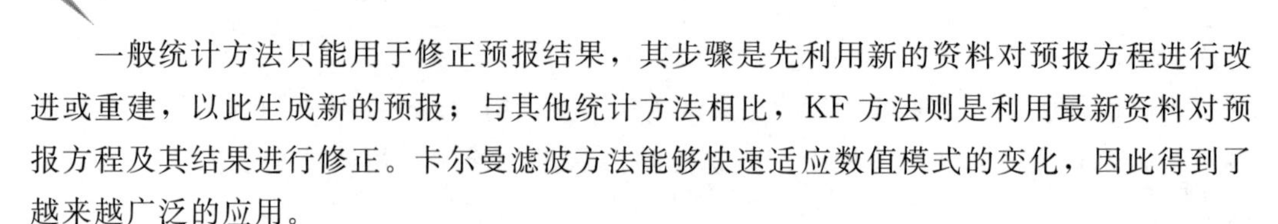

一般统计方法只能用于修正预报结果，其步骤是先利用新的资料对预报方程进行改进或重建，以此生成新的预报；与其他统计方法相比，KF 方法则是利用最新资料对预报方程及其结果进行修正。卡尔曼滤波方法能够快速适应数值模式的变化，因此得到了越来越广泛的应用。

5.4.2.4　样本检验与效果分析

建立统计模型后，需要通过样本检验对统计模型进行测试，分析统计模型的预报修正效果。如果测试通过，可以将该统计模型应用于模式输出产品的统计释用，否则需要优化统计模型。

除了采用递归模式的统计模型，独立样本检验是一种有效的检验途径。如果统计模型采用的是递归模式，比如卡尔曼滤波方法，检验的最佳途经是将其投入使用。在业务运行中，统计模型的性能必须在不同季节、不同天气形势下进行验证。

5.4.3　适用于新能源功率预测释用的模式产品订正方法

5.4.3.1　模式预报产品的订正方法

在新能源功率预测领域，模式预报产品的统计释用主要体现在对风速、辐射等模式预报结果的误差订正。模式产品的统计释用方法很多，偏最小二乘法、卡尔曼滤波法的应用较为广泛。

1. 偏最小二乘法

预测误差影响因素众多，各因素间关系复杂，且误差模式随时间发生变化。偏最小二乘法集主成分分析、典型相关分析和多元线性回归分析的优点于一身，是有效的误差校正方法之一。与传统的多元线性回归模型相比，偏最小二乘回归的特点是可以在自变量存在多重相关性的条件下进行回归建模，并允许在样本点个数少于变量个数的条件下进行回归建模。

下面介绍偏最小二乘法的建模原理。

设有 q 维因变量 $Y=\{y_1, y_2, \cdots, y_q\}$ 和 p 维自变量 $\boldsymbol{X}=\{x_1, x_2, \cdots, x_p\}$，一共有 n 个样本。偏最小二乘回归需分别在 $\boldsymbol{X}$ 与 $\boldsymbol{Y}$ 中提取出主成分。设 $\{t_1, t_2, \cdots, t_r\}$ 为 $\boldsymbol{X}$ 的主成分，$\{u_1, u_2, \cdots, u_r\}$ 为 $\boldsymbol{Y}$ 的主成分，其中 $r=\min(p, q)$，需满足：

（1）t_1 和 u_1 应尽可能大地携带它们各自数据表中的变异信息。

（2）t_1 和 u_1 的相关程度能够达到最大。

这两个要求表明，t_1 和 u_1 应尽可能好地代表数据表 $\boldsymbol{X}$ 和 $\boldsymbol{Y}$，同时自变量的成分 t_1 对因变量的成分 u_1 又有最强的解释能力。在第一个成分 t_1 和 u_1 被提取后，偏最小二乘回归分别实施 $\boldsymbol{X}$ 对 t_1 的回归以及 $\boldsymbol{Y}$ 对 u_1 的回归。如果回归方程已经达到满意的精度，则算法终止；否则，将利用 $\boldsymbol{X}$ 被 t_1 解释后的残余信息以及 $\boldsymbol{Y}$ 被 t_1 解释后的残余信息进行第二轮的成分提取。如此往复，直到能达到一个较满意的精度为止。具体算法如下：

首先对数据做标准化处理。设 $\boldsymbol{X}$ 标准化的观测值矩阵为

$$\boldsymbol{X}_0=\begin{pmatrix} x_{11} & x_{12} & \cdots & x_{1p} \\ x_{21} & x_{22} & \cdots & x_{2p} \\ \vdots & \vdots & \ddots & \vdots \\ x_{n1} & x_{n2} & \cdots & x_{np} \end{pmatrix} \tag{5-26}$$

设 $\boldsymbol{Y}$ 标准化的观测值矩阵为

$$\boldsymbol{Y}_0=\begin{pmatrix} y_{11} & y_{12} & \cdots & y_{1q} \\ y_{21} & y_{22} & \cdots & y_{2q} \\ \vdots & \vdots & \ddots & \vdots \\ y_{n1} & y_{n2} & \cdots & y_{nq} \end{pmatrix} \tag{5-27}$$

假设 $\boldsymbol{t}_1=\boldsymbol{X}_0\boldsymbol{w}_1$，$\boldsymbol{u}_1=\boldsymbol{Y}_0\boldsymbol{c}_1$，$\boldsymbol{w}_1$ 与 $\boldsymbol{c}_1$ 需满足

$$\begin{cases} \max\limits_{w_1,c_1}\langle X_0 w_1, Y_0 \boldsymbol{c}_1\rangle \\ \boldsymbol{w}_1'\boldsymbol{w}_1=1 \\ \boldsymbol{c}_1'\boldsymbol{c}_1=1 \end{cases} \tag{5-28}$$

因此，$\boldsymbol{w}_1$ 是对应于矩阵 $\boldsymbol{X}_0'\boldsymbol{Y}_0\boldsymbol{Y}_0'\boldsymbol{X}_0$ 最大特征值的特征向量，$\boldsymbol{c}_1$ 是对应于矩阵 $\boldsymbol{Y}_0'\boldsymbol{X}_0\boldsymbol{X}_0'\boldsymbol{Y}_0$ 最大特征值的特征向量。分别求 $\boldsymbol{X}_0$ 和 $\boldsymbol{Y}_0$ 对 $\boldsymbol{t}_1$ 的两个回归方程

$$\boldsymbol{X}_0=\boldsymbol{t}_1\alpha_1'+\boldsymbol{E}_1 \tag{5-29}$$

$$\boldsymbol{Y}_0=\boldsymbol{t}_1\beta_1'+\boldsymbol{F}_1 \tag{5-30}$$

根据最小二乘估计的原理，则有

$$\alpha_1'=(\boldsymbol{t}_1'\boldsymbol{t}_1)^{-1}\boldsymbol{t}_1'\boldsymbol{X}_0=\frac{\boldsymbol{X}_0'\boldsymbol{t}_1}{\boldsymbol{t}_1'\boldsymbol{t}_1} \tag{5-31}$$

$$\beta_1'=(\boldsymbol{t}_1'\boldsymbol{t}_1)^{-1}\boldsymbol{t}_1'\boldsymbol{Y}_0=\frac{\boldsymbol{Y}_0'\boldsymbol{t}_1}{\boldsymbol{t}_1'\boldsymbol{t}_1} \tag{5-32}$$

若第一对主成分并未将相关的信息提取完，需要再重复上述工作，在残差矩阵 $\boldsymbol{E}_1$ 和 $\boldsymbol{F}_1$ 中再提取第二对主成分。如此循环，最终可得

$$\begin{cases} \boldsymbol{X}_0=\boldsymbol{t}_1\alpha_1'+\boldsymbol{t}_2\alpha_2'+\cdots+\boldsymbol{E}_r \\ \boldsymbol{Y}_0=\boldsymbol{t}_1\beta_1'+\boldsymbol{t}_2\beta_2'+\cdots+\boldsymbol{E}_r \end{cases} \tag{5-33}$$

由此建立 $\boldsymbol{Y}$ 与 $\boldsymbol{X}$ 的回归关系。

2. 卡尔曼滤波法

如前所述，卡尔曼滤波法是一个最优化自回归数据处理算法。简单来说，是一种有效的以最小均方误差来估计系统状态的计算方法，即通过将前一时刻预报误差反馈到原来的预报方程中，及时修正预报方程系数，以提高下一时刻的预报精度。在卡尔曼滤波算法中，描述系统的数学模型分别是状态方程和观测方程，表示为

$$\boldsymbol{x}_t=\boldsymbol{F}_t\boldsymbol{x}_{t-1}+\boldsymbol{w}_t \tag{5-34}$$

$$y_t = H_t x_t + v_t \tag{5-35}$$

式中　x_t——未知过程在 t 时刻的状态向量；

y_t——t 时刻的观测向量；

F_t 和 H_t——系统矩阵及观测矩阵，且必须在滤波器应用之前确定；

w_t 和 v_t——系统噪声和观测噪声，均假定为高斯白噪声且相互独立，与其相对应的协方差矩阵分别为 W_t 和 V_t。

卡尔曼滤波算法提供了一种在观测向量更新为 y_t 的基础上，运用递归来估计未知状态的算法。

假定现有系统状态为 x_t，则在上一状态 x_{t-1} 及其协方差矩阵 P_{t-1} 的基础上，可以得到 t 时刻的预报状态及其协方差矩阵的预报方程，即

$$x_{t/(t-1)} = F_t x_{t-1} \tag{5-36}$$

$$P_{t/(t-1)} = F_t P_{t-1} F_t^{\mathrm{T}} + W_t \tag{5-37}$$

当新的观测向量 y_t 更新后，就可以得到 t 时刻的状态向量 x_t 的最优估计，即

$$x_t = x_{t/(t-1)} + K_t [y_t - H_t x_{t/(t-1)}] \tag{5-38}$$

$$K_t = P_{t/(t-1)} H_t^{\mathrm{T}} / [H_t P_{t/(t-1)}] H_t^{\mathrm{T}} + V_t \tag{5-39}$$

式中　K_t——卡尔曼增益，为卡尔曼滤波算法的重要参数。

至此，可以更新未知状态 x_t 在 t 时刻的协方差矩阵，并作为算法递归运行的条件，即

$$P_t = (I - K_t H_t) P_{t/(t-1)} \tag{5-40}$$

式（5-39）被称为卡尔曼滤波器的更新方程，卡尔曼滤波过程示意图如图 5-8 所示。

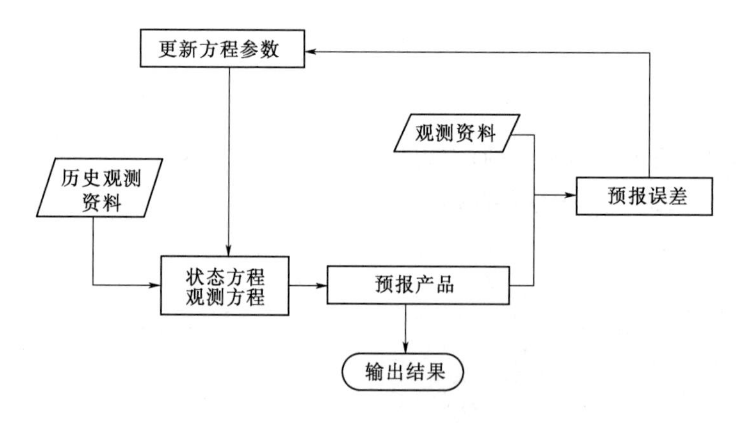

图 5-8　卡尔曼滤波过程示意图

5.4.3.2　风速预报产品生成和订正

1. 风速预报产品的生成

WRF 模式的原始输出结果为 Sigma 垂直坐标系、Lambert-Conformal 投影水平坐

标系的网格化预报物理量，存储格式为 NetCDF 网络通用数据格式文件。然而，风电功率预测系统所需的风速预测产品为给定经纬度和距地面高度的风速和风向。因此，为了实现面向风电功率预测的风速预报输出，需要将原始模式输出结果进行数据提取、坐标系转换、水平方向插值、垂直方向插值等处理，最终输出为满足风电功率预测需求的风速预测产品。

一般的，风速预报产品包括给定经纬度位置、距离地表分别为 10m、30m、50m、70m 的风速绝对值和风向。生成风速预报产品的具体方法和步骤如下：

（1）原始数据提取。利用 NetCDF 文件格式解码算法，读取 WRF 模式原始输出结果 WRFOUT 文件中各时间点的 *TER*、*Z*、*PRESSURE*、*U*、*V* 等变量。

（2）跳网格数据插值。对从步骤（1）中读取到的变量，判断其数据属性，如果变量处于跳网格点，则对变量在跳网格方向进行插值平均处理。

（3）水平坐标转换。根据 WRFOUT 文件的“ref _ lat”“ref _ lon”“truelat1”“truelat2”“stand _ lon”坐标系属性，建立 Lambert - Conformal 投影坐标系。基于 Lambert - Conformal 坐标系与经纬度坐标系的坐标转换算法，计算得到给定经纬度坐标在模式空间中的 *I*、*J* 坐标。利用 *I*、*J* 坐标，可取得该经纬度周围四个网格点上的 *U*、*V* 变量。

（4）水平网格插值。为了精确计算给定经纬度位置的水平风速，对网格点上的 *U*、*V* 变量进行水平网格插值。

（5）垂直网格插值。为了得到给定距地面高度的水平风速，如距地面 10m、30m、50m、70m 高度的风速，对模式垂直层上的风速进行插值。

利用以上 5 个数据处理步骤，最终得到满足风电功率预测需求的风速预报产品。

2. 风速预报产品的订正

以华东沿海地区某风电场为例，对风速预报的模式误差进行订正。使用的数据为 WRF 模式 70m 高层风速预报结果和测风塔 70m 高层风速测量数据，时间为 2012 年 10 月 1 日至 12 月 31 日。选取总样本 50%的数据进行模型训练，剩余数据用于模型验证。图 5 - 9 和图 5 - 10 显示了实测、预测以及两种不同方法订正后的风速结果对比。

数据统计表明，原始预测均方根误差为 3.91m/s，平均绝对误差为 3.25m/s；采用自适应偏最小二乘法进行校正后的均方根误差为 2.06m/s，平均绝对误差为 1.67m/s；采用卡尔曼滤波法进行校正后的均方根误差为 2.62m/s，平均绝对误差为 2.08m/s。由图 5 - 9 和图 5 - 10 可见，原始风速预测结果整体偏大，特别在风速出现峰值的时段，预测绝对误差可达到 5m/s。采用自适应偏最小二乘法和卡尔曼滤波法订正后，预测结果均有了明显改善，其中自适应偏最小二乘法倾向于将整体风速订正到平均值附近，而卡尔曼滤波法在初始时误差较大，随着模型训练时间的增加，误差逐渐减小，显示了较好的跟随性，但在某些波动较大的时段订正效果相对较差。

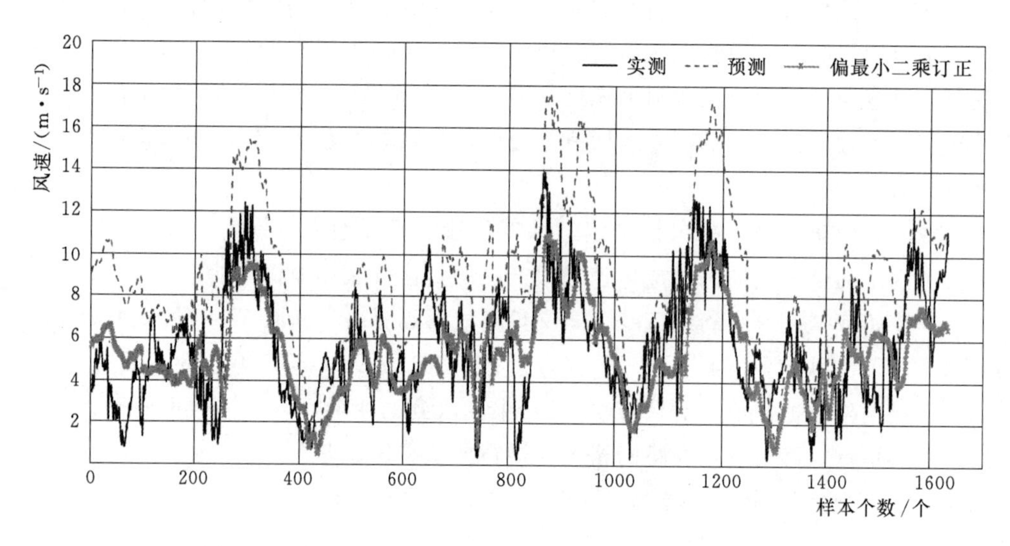

图 5-9　实测、预测和偏最小二乘法订正后的风速结果对比

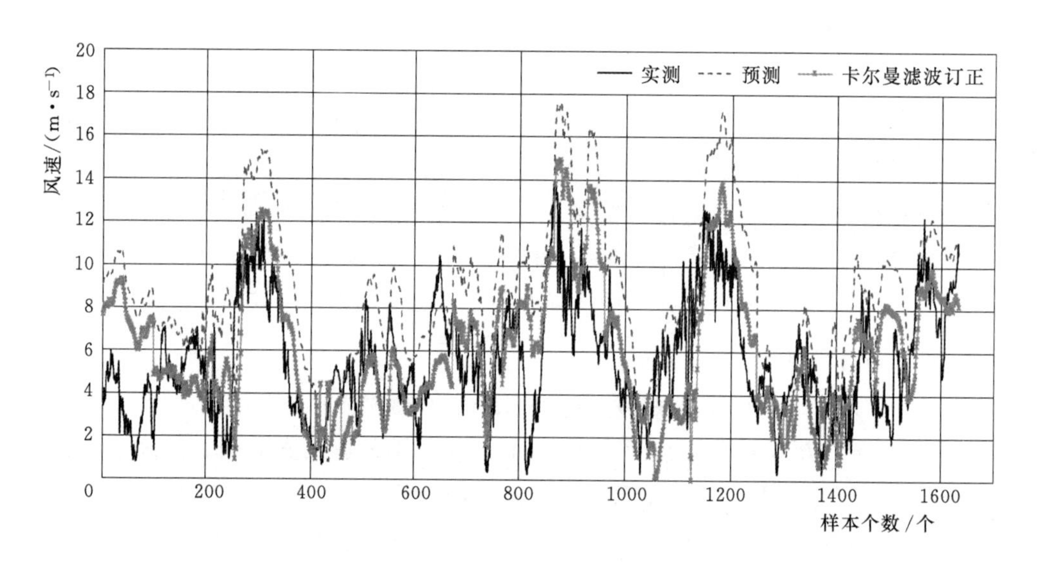

图 5-10　实测、预测和卡尔曼滤波订正后的风速结果对比

5.4.3.3　辐射预报产品生成和订正

1. 辐射预报产品的生成

与风速预报产品类似，为了生成面向光伏功率预测的辐射预报产品，也需要辐射预报变量提取、坐标转换、水平插值等处理步骤。

一般的，辐射预报产品包括给定经纬度位置的地表水平面总辐射、水平面直接辐射、法向直接辐射、水平面散射辐射，单位为 W/m^2。生成辐射预报产品的具体方法和步骤如下：

（1）原始数据提取。利用 NetCDF 文件格式解码算法，读取 WRF 模式原始输出结果 WRFOUT 文件中各时间点的 *SWDOWN*、*SWNORM*、*SWDDIR*、*SWDDNI*、*SWDDIF* 变量。WRF 模式辐射预报变量名与物理意义见表 5-6。

表 5-6　WRF 模式辐射预报变量名与物理意义

变量名	物理意义	变量名	物理意义
SWDOWN	地表水平面向下短波总辐射通量	*SWDDNI*	地表法向短波直接辐射通量
SWNORM	地表法向短波总辐射通量	*SWDDIF*	地表水平面短波散射辐射通量
SWDDIR	地表水平面短波直接辐射通量		

（2）水平坐标转换。根据 WRFOUT 文件的"ref_lat"、"ref_lon"、"truelat1"、"truelat2"、"stand_lon"坐标系属性，建立 Lambert-Conformal 投影坐标系。基于 Lambert-Conformal 坐标系与经纬度坐标系的坐标转换算法，计算得到给定的经纬度坐标在模式空间中的 *I*、*J* 坐标。利用 *I*、*J* 坐标，可取得该经纬度周围四个网格点上的各辐射预报变量。

（3）水平网格插值。对网格点上的辐射预报变量，采用双线性插值法插值。

经过以上数据处理步骤，最终得到满足光伏功率预测需求的辐射预测产品。

2. 辐射预报产品的订正

以某辐射观测站为例，选取 2013 年 11—12 月的数据，进行地表总辐射的模式误差订正分析。去除无效时段，训练和验证均采用 09：00—19：30 时间段的数据。

实测、预测和自适应偏最小二乘法订正的地表总辐射结果对比如图 5-11 所示。其中，预报值与实测值间相关系数为 0.96，均方根误差为 88W/m^2，平均绝对误差为 71W/m^2。从预报与实测曲线对比可见，预报值普遍大于实测值。经过自适应偏最小二乘法订正以后，订正值的相关系数为 0.97，均方根误差为 52W/m^2，平均绝对误差为 44W/m^2。订正后均方根误差降低了 36W/m^2，平均绝对误差降低了 27W/m^2，预测误差得到显著降低。结合 12 月 1 日实测、预测和订正结果对比图，不难发现订正后的预测曲线与实测值曲线更加吻合，但订正值较实测值相对偏小。

实测、预测和卡尔曼滤波订正的地表总辐射结果对比如图 5-12 所示。经过卡尔曼滤波法订正后，订正值的相关系数为 0.99，均方根误差为 40W/m^2，平均绝对误差为 29W/m^2。对比订正前后预报值可知，均方根误差降低了 48W/m^2，平均绝对误差降低了 42W/m^2，订正后精度明显提升。

与自适应偏最小二乘法相比，卡尔曼滤波法在 11：00—14：00 之间存在正误差，14：00后的订正曲线基本贴合实测地表总辐射，而自适应偏最小二乘法在 09：00—15：00 之间呈现负误差，15：00 后转为正误差，说明卡尔曼滤波法能够逐步调整订正结果，使得误差达到最小，而自适应偏最小二乘法则是对预报结果进行整体订正，导致局部订正效果相对较弱。

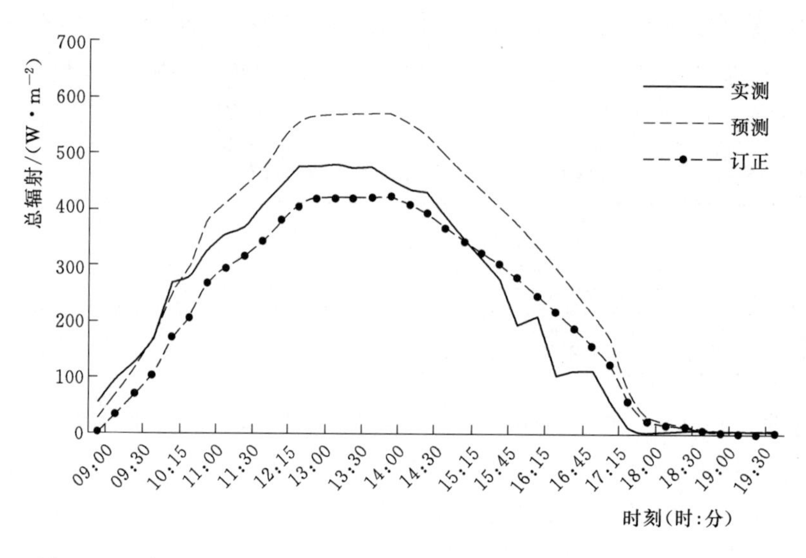

图 5-11　实测、预测和自适应偏最小二乘法订正的地表总辐射结果对比

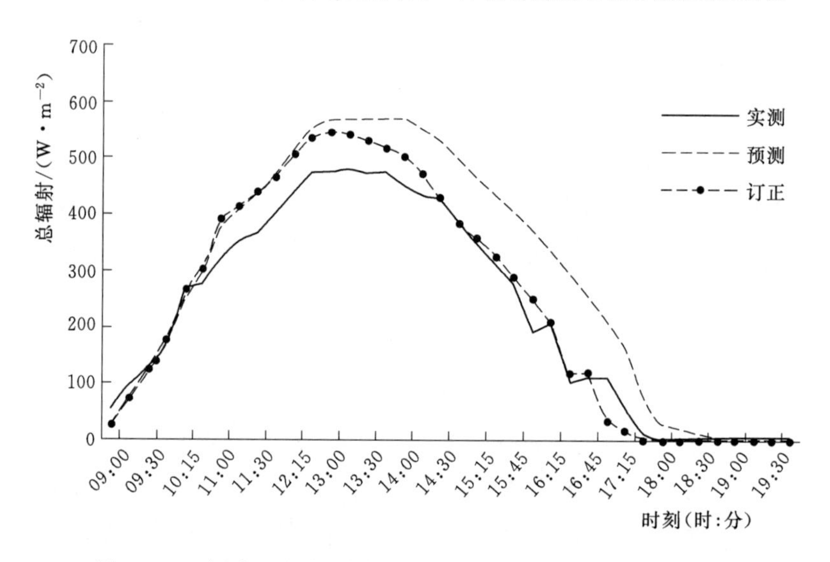

图 5-12　实测、预测和卡尔曼滤波订正的地表总辐射结果对比

5.5　本章小结

本章主要介绍了数值预报模式产品的释用技术在新能源功率预测领域的应用，分别从模式产品释用的必要性、模式产品释用的影响因素、模式产品释用的实测数据来源，以及模式产品的释用方法等角度展开。通过本章的阐述，使读者能够比较直观地了解模式产品的释用技术在新能源功率预测领域的重要作用。

首先，从新能源领域的实际需求出发，阐述了模式产品释用的必要性。受风电场、光伏电站区域的局地天气、环境等特征的影响，数值天气预报的直接产品无法满足新能

源功率预测的应用需求，需要结合一定的动力方法、统计方法进行分析与处理，给出更加精确的气象要素预报结果，提升新能源功率预测的精度。

然后从风电场与光伏电站的局地性特点，以及模式产品的不确定性两个角度阐述了模式产品释用的影响因素。其中，风电场与光伏电站的局地性特点是影响释用的外在因素，风电场主要受局地微地形、地表植被、机组排布等局地因素的影响，光伏电站受气溶胶、云等天气学因素的影响较大，而模式产品的不确定性是影响模式产品释用的内在因素，不确定性主要来源于模式预报产品的初始误差、模式误差以及天气的可预报性等。气象要素的监测数据是模式产品释用的必要数据资料，气象监测数据的获取与处理是模式产品释用的前提步骤。通过本章的阐述，可以对实时监测数据的通信传输方式、传感器的性能要求、气象要素的采集分辨率等有一定的了解，同时掌握气象要素数据质量控制的一般流程和方法。

最后对模式产品的释用方法进行了详细阐述。针对新能源功率预测的模式产品释用主要有两个方面的目的：一是获取风电场、光伏电站所需的“定点、定时、定量”的气象要素预报结果，二是提高气象要素的预报精度水平。模式产品释用的降尺度方法包括统计降尺度和动力降尺度，降尺度过程实现了从大尺度低分辨率的气象要素预报结果到小尺度高分辨率预报结果的转化。统计释用方法包含样本的预处理、预报因子的选择、统计模型的建立以及样本检验等步骤，统计释用过程实现了提高预报精度的目的。卡尔曼滤波法、偏最小二乘法等统计释用方法在风速、辐射等预报产品订正方面取得了较好的应用效果，提升了新能源功率预测的预报精度。

参 考 文 献

[1] 潘晓滨，何宏让，王春明．数值天气预报产品解释应用［M］．北京：气象出版社，2016.

[2] CAeM 航空气象先进技术应用工作小组．数值天气预报产品在航空气象中的释用［M］．北京：气象出版社，2001.

[3] R. L. Wilby，T. M. L. Wigley. Downscaling general circulation model output：a review of methods and limitations［J］．Progr. phys. geogr，1997，21（4）：530－548.

[4] Diagne M，David M，Boland J，et al. Post－processing of solar irradiance forecasts from WRF model at Reunion Island［J］．Energy Procedia，2014，57（105）：1364－1373.

[5] 朱玉祥，黄嘉佑，丁一汇．统计方法在数值模式中应用的若干新进展［J］．气象，2016，42（4）：456－465.

[6] Juha Kilpinen，谢庄，黄嘉佑．卡尔曼滤波用于数值天气预报的统计释用［J］．气象科技，1993（3）：32－37.

[7] 李维京，陈丽娟．动力延伸预报产品释用方法的研究［J］．气象学报，1999（3）：338－345.

[8] 矫梅燕．关于提高天气预报准确率的几个问题［J］．气象，2007，33（11）：3－8.

[9] 张小玲，谌芸，张涛．对流天气预报中的环境场条件分析［J］．气象学报，2012，70（4）：642－654.

[10] 李江萍，王式功．统计降尺度法在数值预报产品释用中的应用［J］．气象，2008，34（6）：41－45.

[11] 赵凯，孙燕，张备，等．T213 数值预报产品在本地降水预报中的释用［J］．气象科学，2008，

28 (2)：217 - 220.
[12] 刘还珠，赵声蓉，陆志善，等．国家气象中心气象要素的客观预报——MOS 系统 [J]. 应用气象学报，2004，15 (2)：181 - 191.
[13] 穆穆，季仲贞，王斌，等．地球流体力学的研究与进展 [J]. 大气科学，2003，27 (4)：689 - 711.
[14] 穆穆，陈博宇，周菲凡，等．气象预报的方法与不确定性 [J]. 气象，2011，37 (1)：1 - 13.
[15] 王启光．数值模式延伸期可预报分量提取及预报技术研究 [D]. 兰州：兰州大学，2012.
[16] 穆穆，段晚锁，唐佑民．大气-海洋运动的可预报性：思考与展望 [J]. 中国科学：地球科学，2017 (10).
[17] 张文建，黎光清，董超华．用卫星遥感资料反演气象参数的误差分析及数值试验 [J]. 应用气象学报，1992，3 (3)：266 - 272.
[18] 常蕊，朱蓉，周荣卫，等．高分辨率合成孔径雷达卫星反演风场资料在中国近海风能资源评估中的应用研究 [J]. 气象学报，2014 (3)：606 - 613.
[19] 张蒙，黄安宁，计晓龙，等．卫星反演降水资料在青藏高原地区的适用性分析 [J]. 高原气象，2016，35 (1)：34 - 42.
[20] 唐世浩，邱红，马刚．风云气象卫星主要技术进展 [J]. 遥感学报，2016，20 (5)：842 - 849.
[21] 李正泉，肖晶晶，马浩，等．中国海域近海面风速未来变化降尺度预估 [J]. 海洋技术学报，2016，35 (06)：10 - 16.
[22] 窦震海，杨仁刚，邹黎，等．采用最优子集回归模型的风电场风速预测方法 [J]. 可再生能源，2014，32 (8)：1161 - 1167.
[23] 刘永和，郭维栋，冯锦明，等．气象资料的统计降尺度方法综述 [J]. 地球科学进展，2011，26 (8)：837 - 847.
[24] 刘昌明，刘文彬，傅国斌，等．气候影响评价中统计降尺度若干问题的探讨 [J]. 水科学进展，2012，23 (3)：427 - 437.
[25] 曾晓青．模式输出统计技术在局地中短期天气预报中的研究与应用 [D]. 兰州：兰州大学，2010.
[26] 肖擎曜，胡非，范绍佳．风能数值预报的模式输出统计（MOS）研究 [J]. 资源科学，2017，39 (1)：116 - 124.
[27] 于丽娟，尹承美，林应超．中国区域近地面风速动力降尺度研究 [J]. 干旱气象，2017，35 (1)：23 - 28.
[28] 董旭光，刘焕彬，曹洁，等．山东省近海区域风能资源动力降尺度研究及储量估计 [J]. 资源科学，2011，1 (33)：178 - 183.
[29] 李艳，汤剑平，王元，等．区域风能资源评价分析的动力降尺度研究 [J]. 气候与环境研究，2009，14 (2)：192 - 200.
[30] 王雅萍，张武，黄晨然．气候动力降尺度方法在复杂下垫面的应用研究 [J]. 兰州大学学报，2015，4 (51)：517 - 525.
[31] 马文通，朱蓉，李泽椿，等．基于 CFD 动力降尺度的复杂地形风电场风电功率短期预测方法研究 [J]. 气象学报，2016，74 (1)：89 - 102.
[32] 路屹雄．非均匀下垫面近地层风动力降尺度研究 [D]. 南京：南京大学，2011.
[33] 丁杰，周海，等．风力发电和光伏发电预测技术 [M]. 北京：中国水利水电出版社，2016.

第6章 数值天气预报集群系统

求解数值天气预报中的大气运动方程组是件十分复杂且耗时的工作，在业务化工作中还要求具有较高的时效性，这意味着普通计算机无法满足业务化数值天气预报模式，利用集群系统则可以有效实现数值天气预报业务化。数值天气预报集群系统通常具有较高的计算、存储和通信等能力，一般采用多台计算机组成的集群实现数值天气预报模式的大规模并行处理。

数值天气预报在很多新能源发电功率预测方法中都作为主要输入数据源。制作风电场、光伏电站乃至电网调度机构所关心的气象要素预报产品，并提供高效、稳定的服务就变得尤为重要。因此能够满足实际需求、具备较高技术水平的业务化体系是开发数值天气预报产品的重要前提，不同于公众天气预报业务体系，服务于新能源发电功率预测的数值天气预报集群系统需要具备很多差异化的特质。

本章将从数值天气预报集群系统概要、数值天气预报的计算规模和数值天气预报业务体系等三个方面进行介绍。

6.1 数值天气预报集群系统概要

数值天气预报集群系统一般为一套用于数值天气模式计算的高性能计算集群，计算量、存储量、通信量和并发量都非常高。建设一套服务于电网气象和新能源发电功率预报的数值天气预报集群系统，不仅需要满足《电力二次系统安全防护规定》（国家电力监管委员会5号令），而且其数据输出还需满足新能源功率预测的相关业务要求。在数值天气预报产品实用化过程中，通常从两个方面进行考虑，即模式产品发布的数据内容和产品的发布方式。建设面向新能源发电功率预测的数值天气预报集群系统在满足电力行业相关标准的同时，还需要充分理解新能源预测的各类典型应用场景，掌握实际应用情况，从而在开展业务系统设计与研发工作时，可以兼顾到某些特定业务功能和优化应用的需求。为了满足多方面的业务需求，对数值天气预报集群系统的软硬件平台架构进行科学、合理的规划设计就显得尤为重要。本节将从系统特点、硬件资源和集群配置三个方面分别进行介绍。

6.1.1 系统特点

数值天气预报指通过大型计算机求解描写大气运动的控制方程组，预测未来一定时段大气运动状态和天气现象的方法。数值天气预报模式从诞生至今已取得了长足的发展，模式时空分辨率和预报准确性得到了大幅提高。几乎所有发达国家的天气预报都依靠数值预报的结果，数值预报方法已经成为未来天气预报的重点发展方向。数值天气预报的基本思路是选用大气运动基本方程组，在给定初始条件和边界条件下，采用数值计算方法来求解大气运动基本方程组，由已知初始时刻的大气运动状态来预报未来的大气运动状态。

从本质上来说，数值天气预报是应用数值计算来预报未来大气的一种方法，其研究和应用都离不开计算机，数值天气预报需要使用高性能集群系统来处理大量的科学数据运算。高性能运算集群在许多领域中的应用已取得非常好的效果，如能源、药物合成等。数值天气预报需要运用数值天气预报模式，其物理过程与计算精度要求非常高，特别应用于业务预报时需要很高的时效性，高速正确计算非常必要。数值天气预报准确性的提高，必须减小计算格点距离（提高分辨率）和物理过程的复杂化，前者格距减小会使计算量成几何级数增加，后者计算量也随之增加，其计算量级占总体计算量的 30%～50%。

针对数值天气预报的运算特点，集群系统的运算性有如下的特性：

（1）计算量巨大。一方面气象预报模式（MM5、WRF 等）有着惊人的计算量，同时由于气象预报的特点决定了其极高的实时性，要求模式必须在指定的时间内完成运算，一般不超过 2h。另一方面人们对气象预报的精度提出了越来越高的要求，预报范围从几百公里、几十公里提高到几公里，而这将大幅度提高模式的计算量。数值气象预报对计算的这一需求，靠单个 CPU 或普通的计算机根本不可能完成，需要利用并行计算。

（2）通信极为密集。由于模式都是并行计算软件，同时一般都采用有限差分格点模式并行计算，因此运行中尺度气象预报模式时，各个 CPU 之间的通信量很大，模式对通信的性能要求非常高。如 MM5、WRF 的通信既包括母域和嵌套域之间的域间通信，又有各个域内部不同数据划分之间的通信，因此这就要求高性能计算机有高性能的通信网络。

（3）实时性强、定时运行。气象预报本身的特点决定了其要求很强的实时性。同时，预报系统要求定时定点自动运行，无需人工干预。一般每天在固定时段运行，且需按时计算完毕。

（4）主模式计算量集中。从数值预报模式软件的处理流程上看，一般分为前处理、主模式和后处理。前处理包括资料的下载、数据同化等，后处理主要是指图形化处理生成产品等，前/后处理一般对计算机要求不是太高。主模式是整个系统的主要部分，也是主要计算量所在，这个部分对计算机性能要求非常高，而且要求在数小时内运行完成，这些作业每天在相同时刻运行，必须保证这些模式可以按时计算完毕。

以上气象数值模式的主要特点为浮点计算量较大、通信密集、要求系统具有高稳定性和高 I/O 吞吐能力。因此，构建一个中尺度气象预报系统，在选择基础硬件环境时，高处理性能（特别是浮点处理性能）、高性能网络环境、高 I/O 带宽、系统的高稳定

性，是几个需要非常重点考虑、衡量的因素。为满足以上运算性能要求，通常会选择高性能的集群。

集群系统是一种由互相连接的计算机组成的并行或分布式系统，可以作为单独、统一的计算资源来使用。集群系统是利用高性能通信网络将一组计算机（节点）按某种结构连接起来，在并行化设计及可视化人机交互集成开发环境支持下，统一调度、协调处理，实现高效并行处理的系统。所有计算机节点一起工作，如同一个单一集成的系统资源，实现单一系统映像（single system image，SSI）。集群是高性能计算机三大体系结构之一，是最主流和最有生命力的体系结构，也是性能价格比最高的高性能计算机体系结构，更是易维护、也较为可靠的高性能计算机。集群系统一般具备以下条件：

（1）先进性和成熟性。系统设计应充分采用符合国际标准的、先进并且成熟的计算机系统、网络系统、存储系统、集群相关软件系统等先进技术和产品。同时应兼顾实用性，避免盲目追求高新配置。高性能计算机需有较多的成功案例，保证系统较快投入业务应用。

（2）高可靠性和高可用性。系统设计应确保高可靠性、高可用性。应考虑选用稳定可靠的产品和技术，在硬件配置以及系统管理方案等环节采取严格的安全可靠性措施，保证系统的正常稳定运转，保障业务系统正常运行。

（3）可扩展性。系统设计不仅要能满足现阶段的业务要求，而且要能满足将来业务的增长和新技术发展的要求，要在确保系统完整性不受影响的基础上，方便对系统进行平滑升级、扩容。

（4）应用兼容性。系统软硬件方案设计需要满足各类高性能软件计算和运行需要，需要综合考虑各类软件的运行特性，保证软件在本平台的高效运行，才能让系统建设的效果真正发挥出来。

（5）易用性和易维护性。系统设计应具有完善的管理措施和功能，便于设备的安装、配置和维护，以及对各种软硬件资源的分配、调度和管理，提高资源和资产利用率，减轻系统管理人员的工作负担。系统应为使用用户提供简单易用的使用接口，降低系统的使用门槛，并为用户提供相关的使用培训及操作文档。

（6）节能环保。高性能计算机系统规模大，耗电量大，采用节能环保技术不仅能够大大降低用户运维成本，同时也响应国家节能减排、绿色低碳的号召。

6.1.2 硬件资源

6.1.2.1 系统设计要求

数值天气预报属于计算密集、部分存储 I/O 密集型。硬件资源的选型需要根据应用到的主要计算软件的特点，以及研究对象的特点进行选择，尽量做到 CPU 计算性能、内存容量及性能、计算网络性能、存储容量及性能等各个部分根据应用特点进行合理配比，达到均衡，避免出现性能或功能上的短板。

集群系统设计示例如图 6-1 所示，系统设计需要综合考虑以下几个方面：

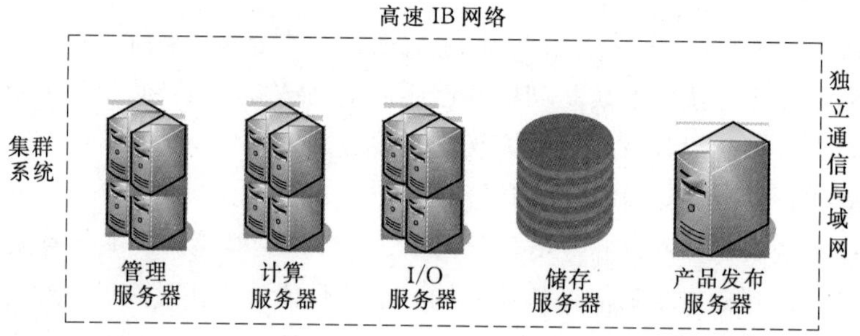

图 6-1　集群系统设计示例

（1）处理器选型。数值天气预报模式运算量巨大，可以选择单芯片处理能力强、规格相对较高的处理器，高规格的处理器一般意味着更高的主频、更大的缓存、更高的 QPI 带宽、更高的内存带宽，可以大大提高计算密集型并行计算的处理速度。

（2）高速通信网络。数值天气预报模式一般都采用有限差分格点模式并行计算，运行模式时，各个 CPU 之间的通信量巨大，且对通信设备的性能要求很高，例如可利用具备高速通信能力的 IB 网络。

（3）大内存容量。数值天气预报模式的巨量运算对内存的要求也很高，需要配置大内存容量的计算及管理服务器。

（4）高 I/O 的并行储存。运行数值天气预报模式需要利用较多计算服务器的并行计算来实现，当大量计算服务器同时访问存储时，为保证数据正常交换，不产生数据冗余，需要有高 I/O 特点的并行存储系统，且能提供支持基于策略的分级存储功能，对历史数据按期进行归档，可以提升系统存储使用效率，降低成本。

6.1.2.2　集群分类

集群是一个统称，最常见的三种集群类型通常分为高性能科学集群（high performance cluster，HPC）、负载均衡集群（load balance cluster，LBC）和高可用性集群（high availability cluster，HAC），三种集群通常用于不同的应用场景。

1. 高性能集群

它是利用一个集群中的多台机器共同完成同一件任务，使得完成任务的速度和可靠性都远远高于单机运行的效果。弥补了单机性能上的不足。该集群在天气预报、环境监控等数据量大，计算复杂的环境中应用比较多；通常，这种集群涉及为集群开发并行编程应用程序，以解决复杂的科学问题。它不使用专门的超级并行计算机，而是用商业系统（如通过高速连接来链接的一组单处理器或双处理器 PC），并且在公共消息传递层上进行通信以运行并行应用程序。其处理能力与真的超级计算机相当，而其价格与上百万美元的专用超级计算机相比相当的便宜。

2. 负载均衡集群

它利用一个集群中的多台单机，完成许多并行的小的工作。一般情况下，如果一个应用使用的人多了，那么用户请求的响应时间就会增长，机器的性能也会受到影响，如果使用负载均衡集群，那么集群中任意一台机器都能响应用户的请求，这样集群就会在用户发出服务请求之后，选择当时负载最小，能够提供最好服务的机器来接受请求并响应，这样就可用集群来增加系统的可用性和稳定性。这种系统使负载可以在多台计算机中尽可能平均地分摊处理，负载可以是需要均衡的应用程序处理负载或网络流量负载。在系统中，每个节点都可以处理一部分负载，并且可以在节点之间动态分配负载，以实现平衡。对于网络流量也是如此。

3. 高可用性集群

它是利用集群中系统的冗余，当系统中某台机器发生损坏的时候，其他后备的机器可以迅速接替它来启动服务，等待故障机的维修和返回。最大限度保证集群中服务的可用性。这类系统一般在银行、电信服务这类对系统可靠性有高要求的领域有着广泛的应用。高可用性群集的出现是为了使群集的整体服务尽可能可用。如果高可用性群集中的主节点发生了故障，那么这段时间内将由次节点代替它。次节点通常是主节点的镜像，因此当它代替主节点时，可以完全接管其身份，对用户没有任何影响。

在群集的这三种基本类型之间，经常会发生交叉、混合。比如，在高可用性的群集系统中也可以在其节点之间实现负载均衡，同时仍然维持着其高可用性。数值预报业务系统的集群大多采用高性能集群，但是该集群又必须具有一定的高可用性。高性能集群通过将多台机器连接起来同时处理复杂的计算问题。传统的处理方法是使用超级计算机来完成计算工作，但是超级计算机的价格比较昂贵，而且可用性和可扩展性不够强，因此集群成为了组建高性能的数值天气预报业务系统的首选。

集群系统包括计算服务器、存储服务器（备份储存、高速储存）、高速数据网络（IB 网络）、千兆以太网络、管理服务器，以及对应的任务调度软件等。集群设计拓扑示例如图 6-2 所示，所有计算服务器、存储服务器存在大量数据通信，需要通过高速 IB 网络直连；计算服务器、存储服务器、管理服务器需要通过千兆以太网连接成一套独立的管理网络，便于通过管理服务器进行管理、调试等工作；任务调度软件的作用是合理利用计算资源，使计算资源形成统一计算池，使计算资源能够优化利用。

6.1.2.3 服务器与存储器

计算服务器与存储服务器尤为重要，下面以计算服务器与存储服务器为例进行介绍：

1. 计算服务器

计算服务器需要刀片服务器，也是集群系统中数量最多的服务器。高效能刀片服务器设计是高效能计算机研制的关键技术点之一，包括架构设计、散热设计、节能设计、

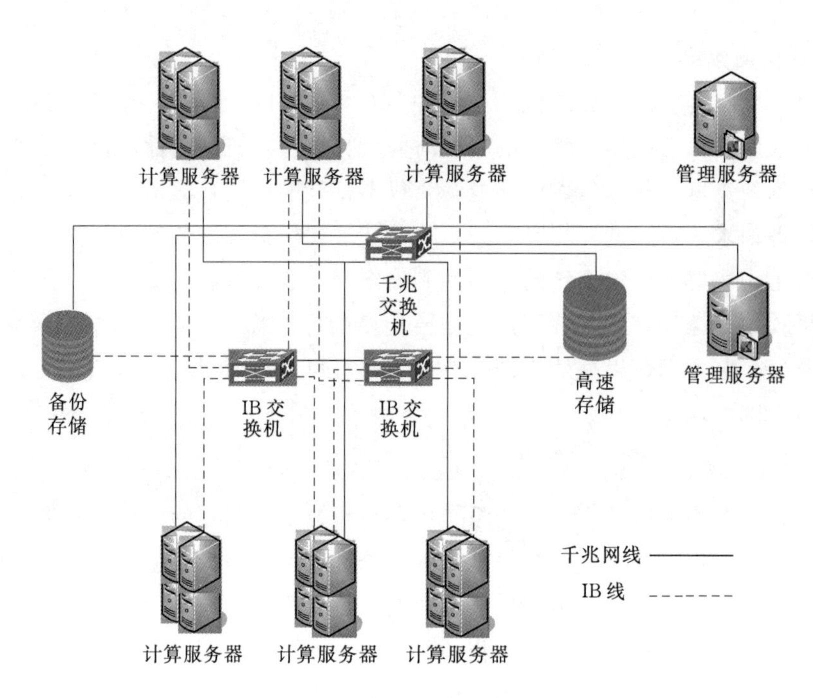

图 6－2　集群设计拓扑示例

管理功能设计、交换设计、高速互联设计、可重构计算设计等。

高效能刀片服务器主要的特点有：

（1）复杂系统设计技术：高效能刀片服务器不同于普通服务器，大量的部件需要协同工作。系统设计不仅需要设计完成所有部件，还需要保证所有部件能够正确地协同工作，是一项相当复杂的工作。

（2）架构的分析技术：合理的架构是计算密度、系统散热、能否使用工业标准件以及系统成本等多种因素的平衡。

（3）散热设计技术：为保证在小空间中装入尽量多的 CPU，需要建立复杂的散热模型，进行散热设计和仿真，同时设计出先进的散热部件，保证系统散热。

（4）高速互联设计技术：计算刀片需要高速的 QDR InfiniBand 互联。高速信号处理困难，InfiniBand 在高效能刀片服务器中采用较多。

（5）先进的多渠道节能技术：系统采用静态、动态功率管理来进行节能，同时系统采用根据任务来调整刀片集群的作业调度、降低 CPU 工作频率、减少工作刀片个数等手段来实现节能，同时还通过操作系统内核任务调度来实现节能。

（6）先进管理技术：实现 USB 共享以及 USB 虚拟技术，实现 KVM over IP 的远程管理技术。

2. 存储服务器

集群系统需要高性能、大容量和易管理、易使用的存储系统，满足大量节点并发访问数据和大量数据存储的需要。

基于高性能计算系统采用的高速 Infiniband 网络，将整个系统中的大量计算节点、I/O 节点、管理服务器、磁盘阵列连接起来，通过存储管理软件实现服务器对存储的访问和保护管理。考虑到简化存储系统的结构，方案推荐采用 FC 接口的存储系统，而高性能计算系统采用的 Infiniband 核心交换网络，需要在核心交换机上提供 FC 接口来连接存储系统。满足 60 个计算刀片节点访问存储的需要，通过 Infiniband 链接，在不增加系统复杂程度的前提下，实现高性能计算系统对存储系统的高速访问。

存储系统主要特点有：

（1）超大系统容量，需要 TB 级以上的存储空间。

（2）较高的主机接口数据吞吐率。

（3）高速存储系统内部交换带宽。

（4）较高的内部磁盘数据吞吐率。

（5）高速读写存储磁盘。

6.1.3 集群配置

面向新能源预测的数值天气预报集群系统需要综合考虑当前服务对象的空间特征及其规模情况。统计信息显示，截止到 2017 年底全国风电装机容量约为 1.5 亿 kW、光伏装机容量约为 1.1 亿 kW，风电场超过 3000 座、光伏电站超过 1000 座。风电场主要分布于风能资源较好的地区，如东北、华北、西北；光伏电站主要分布于太阳能资源较好的地区，如西北、华北。这些地区的气候特点各不相同，数值天气预报中需要考虑这些地区的气候特点。

针对某一区域做数值天气预报，需要确定区域的边界范围，再根据该区域的气候特点、边界范围配置合适的参数化方案及嵌套网格。对该区域内某些特定的新能源场站，在此数值预报的基础上还需要提供更加精细的嵌套网格，用于精细化的新能源气象要素产品生产。对不同区域、不同气候特点、不同场站的新能源气象要素预测，需要有一定规模的集群系统作为支撑。一般需要有专门用于新能源气象要素预测的集群系统，具有较高的并行存储容量，并且可在较短时间内完成各个区域的数值天气预报，同时系统需具备稳定性和可靠性，能够保证长时间稳定运行。

以高可靠、高性能、可扩展和易管理等要求为设计原则，高性能计算集群的整体系统逻辑结构如图 6-3 所示。多个刀片服务器组可通过 IB 交换机构成高速并行计算网络，并与高速存储直连，组成高速网络。管理节点、I/O 节点可通过数据链路与高速网络形成管理网络，通过管理节点管理整个系统。如果将高性能计算集群想象成一台独立的计算机，可以这样简单地进行直观理解：刀片组为计算机的 CPU，高速储存为计算机的内存，I/O 管理的备份存储为计算机的硬盘，管理节点为计算机的操作系统。

集群系统的逻辑结构仅展示了集群系统的管理、数据连接逻辑，下面以集群系统拓扑图来展示整个集群系统的业务逻辑。集群系统拓扑图如图 6-4 所示。集群系统的拓扑特点为所有节点均以网络形式直连，如刀片服务器、管理、储存节点等，该图为一套

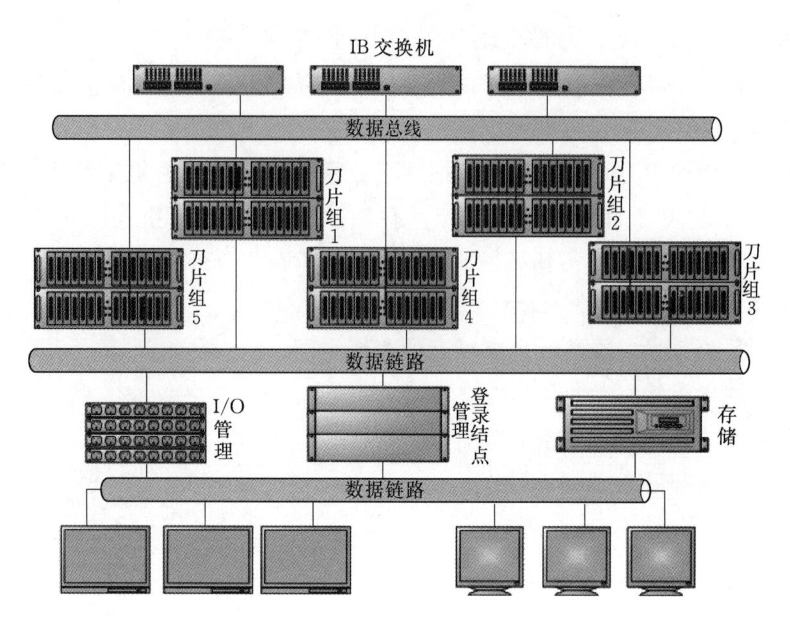

图 6-3　高性能计算集群的整体系统逻辑结构图

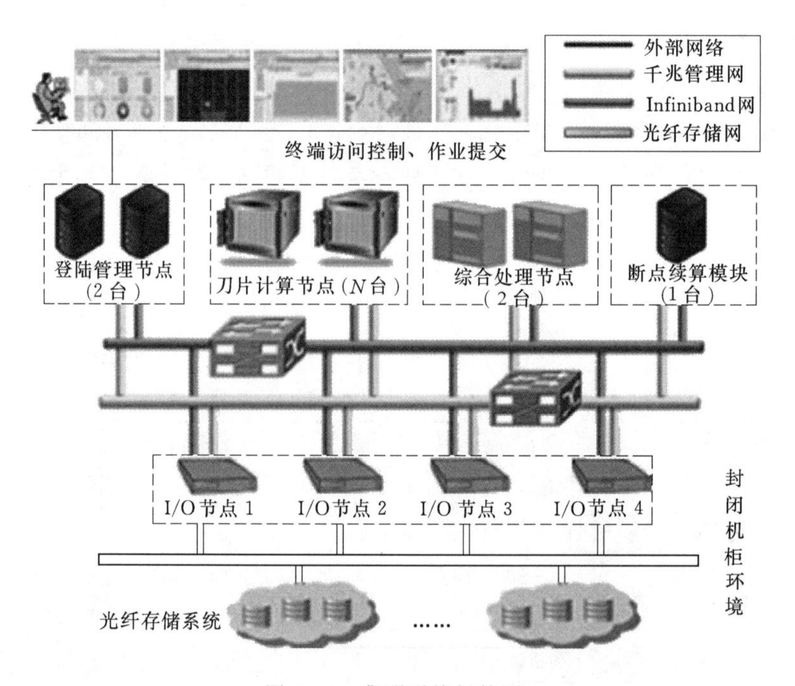

图 6-4　集群系统拓扑图

服务于电网和新能源业务的集群系统拓扑。集群的硬件一般包括刀片服务器、存储服务器、管理服务器、I/O 服务器、终端服务器、高速交换机、以太网交换机、机柜等，集群系统采用的操作系统主要有 VMS、UNIX、WindowsNT 和 Linux。同时还需要相应的辅助软件，如编译开发环境、气象业务化软件、调度管理软件、并行计算软件等。

图 6-4 所示的集群系统使用刀片服务器，采用 7U/160PCS 架构，具有 2.0GHz 主

频，AMD6128 八核处理器，每颗 CPU 具有 64G 浮点计算能力。每个普通计算刀片具有 128G 浮点计算能力，而每组计算刀片服务器节点具有 1280G 浮点计算能力，且每组刀片服务器的最大运行功耗仅为 5kW。全系统采用高效能刀片服务器构建普通计算节点系统，共采用数百颗八核高性能处理器，并采用先进的 Infiniband 直连存储方式，非常好地消除了 I/O 瓶颈、提升了 I/O 性能。

全系统设计了两套互联网络：

（1）Infiniband 高速计算存储的主干网络，即双向 80Gb/s Infiniband，non－blocking，并且让系统的全部节点互联，以实现高效能科学计算、超大规模科学计算、全局共享的高速数据网络。

（2）千兆管理以太网：计算刀片机箱、管理节点、存储节点千兆互联，用于实现系统管理，操作系统、数据下载等。整个集群系统配置-用途示例表见表 6-1。

表 6-1　　集群系统配置-用途示例表

集群系统		配置和用途
硬件系统	计算子系统	1. 高密度刀片服务服，负责完成前后处理、主模式计算； 2. 胖节点，用作综合处理服务器，应对 I/O 吞吐量大，适合单节点共享内存计算的任务； 3. 集群容错模块，提供模式的断点续算
	网络子系统	1. 计算网络采用高带宽、低延时的全线速 56Gb FDR Infiniband 网络； 2. 管理网络采用冗余的以太管理网络，配置独立的 IPMI 以太网络
	存储子系统	1. 高容量、高性能的高端磁盘阵列，配置高性能并行文件系统，支持高 I/O 吞吐量，满足资料处理和模式计算需求； 2. I/O 节点配置双机，保证存储系统高可用
	管理登录子系统	采用冗余管理登录节点作双机，保证集群登录管理的高可用，是整个 HPC 集群的入口，同时管理整个系统兼用作作业递交节点
	机柜子系统	配置封闭式机柜，采用机柜排级氟冷方式，能有效解决高密度设备散热瓶颈问题，节省场地空间，降低机房 PUE 值，节能降耗，降低用户 TCO
软件系统	操作系统	安装最新 64 位商业版 Linux 系统
	编译开发环境	1. GNU/Intel/PGI 编译器； 2. OpenMPI/Mvapich2 并行计算环境； 3. NetCDF，HDF4/5，NCL 等函数库
	集群管理软件	安装相应的集群管理软件，采用基于 Web 浏览器的管理方式，可提供所有组件的最新状态及图形标示的详细信息；实时状态监控、故障预警，动态优化调整资源配置和工作策略；多种错误、故障预警方式，日志、审计和报表可供查询
	气象业务化系统	安装气象业务化软件，支持前处理资料高速稳定自动下载、数值模式高性能计算和后处理产品的自动生成；通过流程监控模块，还可以对模式计算的进度和结果进行图形化显示

该集群系统具有如下优势：

（1）计算刀片服务器支持最新的 Intel/AMD 高性能处理器，支持业界领先的高密度刀片平台，提供无与伦比的高性能计算能力，结合最新的 Infiniband 高速计算网络，能充分满足精细化网格、大时间跨度的模式计算需求。

（2）集群支持硬件级别的计算容错功能，支持数值模式的断点续算，提高数值预报关键业务按时完成的可靠性。

（3）海量并行文件系统，容量可扩展至 PB 级别，提供高性能的 I/O 读写带宽，满足数值模式在资料存储和处理、模式计算等过程中对存储系统的要求。

（4）采用高性能的机柜系统，提供机柜、空调、配电和监控四个子系统模块整合的一体化方案，做到给用户一个全面的、先进的、功能满足要求的一站式机柜解决方案，节省机房空间，提高制冷效率，降低用户资金投入。

（5）中尺度气象业务化软件是基于最先进的中尺度预报模式 WRF，全自动化运行，定时自动下载、前处理、模式计算以及后处理生成数值预报产品，整个流程无需人工干预。

随着数值预报业务量的增加，对集群计算性能的要求也会增加，此时可以按需对集群进行动态扩展，而不会影响到业务系统的正常生产。

6.2　数值天气预报计算规模

数值天气预报模式有着非常大的计算规模。随着数值天气预报模式的不断发展，人们期望获得更高空间分辨率、更高精度的预报结果。然而，更高空间分辨率的数值天气预报模式的计算也更为复杂，需要进一步考虑模式在水平和垂直的离散化计算。在面向电网和新能源应用时，数值天气预报的数据产品在内容上主要是按需定制，有着与常规天气预报不一样的精细化气象要素产品，这些产品的定制对数值天气预报的计算规模提出了更高的要求。通过有效的水平和垂直离散化，以及生产合理的定制化产品，能够更好地满足电网和新能源预测的应用需求。

本节介绍数值天气预报的水平离散化和垂直离散化，以及数值天气预报的生产流程和数据类型。

6.2.1　水平离散化与垂直离散化

6.2.1.1　水平离散化

长期以来，数值天气预报的开发者和使用者都希望能获得更高水平分辨率的预报结果，因此出现了水平分辨率更高且各不相同的数值天气预报模式，这些模式的计算也变得较为复杂。例如，利用平均间距为 150km 的无线电探空资料对 15km 分辨率的模式做检验，在对锋区的细致结构，地形和海陆影响的效果方面表现较为一般。针对客观分析场的检验，特别对甚短期预报，必须考虑在客观分析场中更小尺度的系统究竟在多大程度上受第一猜测场影响。在高分辨率模式中，由于受观测值和预报值信噪比偏低的影响，导致模式计算的结果出现很大偏差。例如，在两个相邻的观测位置间，可能存在的

现象是由于地表起伏过大而导致的同时刻不同风电机组所处位置的气压显著差异，此时数值天气预报的水平离散化就显得尤为重要。

在长期的发展和使用数值天气预报模式后发现，将用于短中期的数值天气预报模式水平分辨率提高到10～30km，具有很高的实用性和必要性。对于这样的分辨率，如何选择用于检验的观测平台质量标准显得尤为重要。随着预报场水平网格信息的增加，一些观测误差很可能影响着预报结果，即误差随着分辨率的提升而增加。通过严格的质量控制程序对观测资料进行处理，有利于预报质量的检验，而4DVAR资料同化方案能为非常规观测资料提供新的预报质量检验方法。

6.2.1.2 垂直离散化

一般业务模式常用的垂直坐标有σ坐标系。该坐标系的优点是下边界面是$\sigma=1$的坐标面，下边界条件极为简单，便于在数值天气预报中引入地形的动力作用，通常为地形追踪坐标，避免了在大气格点和地面格点之间的界面问题。σ坐标使用中的缺点是水平运动方程复杂，气压梯度力难以精确计算，且σ面与高山上的对流层顶经常相交，温度梯度的失真几乎无法用平滑算法校正。针对这个问题，常采用混合坐标系，即从近地面的σ坐标到大气顶层的完全P坐标，其间做平缓变换。

为了减少σ坐标中缺点带来的影响，一般设计为

$$\zeta=a\sigma+bP$$

其中，a的变化范围从1（地面）到0（$P=0$），b的变化相反。

绝大多数全球业务模式都采用这种混合坐标系。常用的做法是把山麓放大，把山峰描述为圆形山包（谱方法在做水平离散时加剧了这个问题）。山脉对冷空气的阻挡作用将因此减弱，而爬坡作用对降水量的影响范围比预期的更大。这些地表面大的隆起对对流的加热作用不能低估。个别山峰观测到的云量及降水量增加，将扩展到很大范围。

对于有限区域模式，陡峭地形的阻挡作用是需要合理解决的热点问题之一。针对这一话题，华盛顿的美国国家气象中心（National Meteorology Center，NMC，于1995年10月并入新组建的NCEP。）使用了η模式的阶梯（地形）坐标（the step - mountain coordinate），并取得了很好的效果。

6.2.2 生产流程及数据类型

6.2.2.1 数值天气预报生产流程

面向新能源功率预测的数值天气预报应满足高时间分辨率、高空间分辨率、实时性和准确性等要求。根据以上要求，需要对数值天气预报的生产流程进行针对性设计，以满足新能源预测的要求。

数值天气预报生产流程示意如图6-5所示，面向新能源预测的典型中尺度数值天气预报模式，其运行分为以下几个步骤：

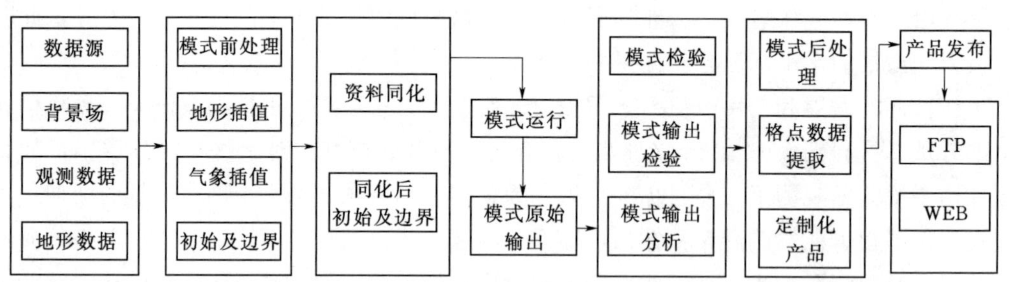

图 6-5　数值天气预报生产流程示意

（1）模式初始背景场获取。

（2）模式初始场数据同化。

（3）数值天气预报模式积分运行。

（4）格点气象要素预报值生成。

（5）模式结果检验与误差成因分析。

（6）模式运行结果后处理与精细化释用。

（7）数值天气预报产品发布。

一般数值天气预报生产流程大致如图 6-5 所示，数值天气预报模式通常每天运行 2 次，分别为 00：00 和 12：00，所采用的 GFS 背景场也为 00：00 和 12：00。此处以 00：00 运行的数值天气预报为例，介绍各流程的开始时间。各数值天气预报模式所采用方式不同，各流程所用时间也不相同，这里介绍的时间点仅为一个参考。

生产流程时间示例如图 6-6 所示，在 00：00 开始数据源（GFS 背景场等）下载，一般需要 1.5h 左右。下载完数据后，数值预报模式进行前处理、资料同化及模式运行等，需用时 2.5h 左右。对模式的误差分析及模式后处理等流程，因其不需要像模式积分进行海量计算，所需用时较少，一般可在 1h 内完成。最后，将所有生成的定制化产品通过 FTP、WEB 等方式进行发送，即完成整个流程。

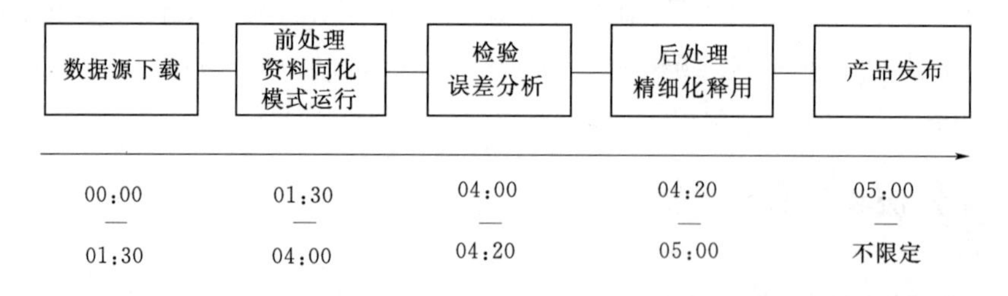

图 6-6　某生产流程时间示例

6.2.2.2　数值天气预报数据类型

服务于新能源预测的数值天气预报产品，除了需要满足功率预测模型对给定位置的风速、风向、水平面总辐射等对风电功率和光伏功率有直接作用的气象要素预测值输出外，还要对近地面气温、气压、湿度、降水量等对功率存在间接关系的气象要素进行预测。

首先，风速、风向、水平面总辐射气象要素会对风能、太阳能的大小和分布造成间接影响，例如气温和气压会影响空气密度，从而改变风能密度，而高相对湿度导致的雾会改变局地太阳能资源。其次，气象要素也会影响能量的转换效率，例如光伏电池组件温度和光伏转换效率呈反相关关系。因此，服务于风电、光伏功率预测的气象预报产品设计，应考虑到对风电、光伏以及风光联合预测有直接和间接联系的各种气象要素。

此外，服务于风电、光伏功率预测的气象要素预报产品，还需满足对产品的发布时间、频次、分辨率等各项指标的要求，以保证产品的时效性。

表 6－2 列出了一套服务于风电、光伏功率预测的数值天气预报产品类型。

表 6－2　　数值天气预报产品类型

序号	预测产品类型	预报产品说明
1	水平风速	预报位置：给定（经纬度）位置点 时间分辨率：15min 单位：m/s 预报高层：10m、30m、50m、70m
2	风向	预报位置：给定（经纬度）位置点 时间分辨率：15min 单位：(°) 预报高层：10m、30m、50m、70m
3	近地面气温	预报位置：给定（经纬度）位置点 时间分辨率：15min 单位：℃
4	近地面气压	预报位置：给定（经纬度）位置点 时间分辨率：15min 单位：hPa
5	地表水平面总辐射通量	预报位置：给定（经纬度）位置点 时间分辨率：15min 单位：W/m^2
6	地表水平面太阳直接辐射通量	预报位置：给定（经纬度）位置点 时间分辨率：15min 单位：W/m^2
7	地表法向太阳直接辐射通量	预报位置：给定（经纬度）位置点 时间分辨率：15min 单位：W/m^2
8	地表水平面散射辐射通量	预报位置：给定（经纬度）位置点 时间分辨率：15min 单位：W/m^2
9	近地面相对湿度	预报位置：给定（经纬度）位置点 时间分辨率：15min 单位：%
10	降水量	预报位置：给定（经纬度）位置点 时间分辨率：15min 单位：mm

预报产品的文件格式也需要明确设计和规定，以便于读取和解析。中国电科院的数值预报系统发布格式设计如下：产品文件格式为文本文件格式，第一行为文件变量名定义，从第二行开始每一行包含一个时间点的全部预报变量值，文件最末行定义为“@@@@”，表明文件结束。

表 6-3 列出了预报产品变量名称及说明。

表 6-3　　预报产品变量名称及说明

列号	变量名称	说　明
1	*ID*	预报场站站号，格式为四位阿拉伯数字，如 4001
2	*SITE NAME*	预报场站名称
3	*TIME*	预报时间，格式为“YYYY-MM-DD_hh：mm：ss”
4	10*sp*	10m 高层风速
5	10*dir*	10m 高层风向
6	30*sp*	30m 高层风速
7	30*dir*	30m 高层风向
8	50*sp*	50m 高层风速
9	50*dir*	50m 高层风向
10	70*sp*	70m 高层风速
11	70*dir*	70m 高层风向
12	*SWDOWN*	地表水平面短波总辐射入射通量
13	*SWDDIR*	地表水平面短波直接辐射入射通量
14	*SWDDNI*	地表法向短波直接辐射入射通量
15	*SWDDIF*	地表水平面短波散射辐射入射通量
16	*Precipitation*	地面降水量
17	*Temperature*	地面气温
18	*Pressure*	地面气压
19	*RH*	地面相对湿度
20	*Weather Code*	天气类型代码

6.3　数值天气预报业务体系

数值天气预报作为一个完整的业务化体系，一般包含数据源获取、初始预报产品检验、模式及后处理、产品的解释应用、产品发布等。每一个部分均可以通过计算机软件的引进或研发实现数值天气预报业务的规范化、自动化。面向新能源预测的数值天气预报业务主要为需求导向，业务体系的建设通常会以实用化为主要原则，因此在数值天气预报产品的解释应用、产品发布以及风电场、光伏电站实测气象资料收集等方面与科研属性的数值天气预报系统有所区别。

除直接的面向新能源预测应用外，数值天气预报的模式输出产品可视化技术也较为重要，并且需要根据数据产品的差异化需求而不断更新、发展数值天气预报产品的展示方式。在数值天气预报中，这类开发工作主要通过提供后处理程序的完善来实现，根据对应的定制化数据产品需求，按照需求分解进行各类数据产品开发及释用，形成包含整个产品序列的定制化数据服务。

服务于新能源发电功率预测的数值天气预报业务化系统，通常需要根据风电场、光伏电站以及新能源富集地区的各级调度机构的具体业务需求，进行定制化的预报产品输出。数据源不仅包含常规的观测数据，还可以充分利用风电场、光伏电站的气象观测数据。模式初始预报产品需要进行较长时期的跟踪，检验其预报性能，通过后处理得到初始预报产品，再具体地针对其与实际需求间可能存在的偏差进行结果释用，完善或改进产品质量，得到精细化的最终预报产品。本节将分别从数据源、模式后处理与预报产品检验与产品释用等几个方面对业务体系的概况进行介绍。

6.3.1　数据源

数值天气预报所需要的数据源一般包括背景场数据、观测数据。背景场数据可为模式提供初始、边界条件，观测数据可为资料同化提供数据源。背景场数据越准确，数值天气预报结果精度越高，资料同化是将观测资料和背景场预报结果进行统计结合产生更准确背景场的方法。观测数据的丰富程度、准确程度决定了资料同化的有效性，也会显著地影响到数值天气预报产品的精度。因此，面向新能源的业务化体系中为了减少因数据源而引入的误差，需要具有较高时空分辨率、预报效果较好的背景场数据，以及对观测数据进行必要的质量控制，确保获得的信息能够真实地反映观测区域的气象要素变化特征。

6.3.1.1　背景场数据

中尺度数值天气预报模式 WRF 根据资料的不同，可作预报（未来）和模拟（历史）。使用最多的资料是来自美国国家环境预报中心和美国国家大气研究中心研发的全球预报系统生产的资料（简称 GFS 数据），以及欧洲中期天气预报中心生产的资料（简称 EC 数据）。

1. GFS 数据

GFS 数据能够提供全球的确定性预报（预报时效为 10 天）和概率预报，还能够为其他区域模式（如 WRF 模式）、全球模式、海洋模式和波浪模式提供背景场数据，即初始条件和边界条件。GFS 数据使用大量来自全球的遥感和常规观测等数据，在每天的 00：00、06：00、12：00 和 18：00 各提供一次全球预报数据。

生产 GFS 数据使用的大气预测模型是一个具有球面调和基函数的全球光谱模型（global spectral model，GSM）。在计算资源和计算机体系结构不断提升和优化下，GFS 资料已经进化到更高的空间和时间分辨率。

2. EC 数据

与 GFS 数据类似，EC 数据同样能够提供全球的确定性预报（预报时效为 10 天）和概率指导预报，也能够为 WRF 模式等提供背景场数据。EC 数据描述了全球范围内大气动力学演变，是统一模型物理和结构的通用大气模型。EC 数据使用大量来自全球的遥感和常规观测等数据，其水平分辨率平均达到 15km，垂直 130 层，同化方案采用 4DVAR/EnKF。EC 数据包含的气象要素及预报物理量包括风场 U/V 分量、2m 温度、降水量、低云量、气压、相对湿度、垂直速度等。

6.3.1.2 观测数据

用于数值天气预报的观测数据，是资料同化、模式检验、产品释用等过程的数据基础，利用好观测数据，能够使数值预报初始结果、产品释用等在新能源预测方面发挥更大的作用。

观测数据分为现场观测和遥感观测两类，现场观测是指释用现场传感器测量的数据，遥感观测是指用某种距离之外的传感器测量的数据。在观测数据中最常见的是地面气象观测数据，这是一种现场观测数据，测量的参数包含温度、湿度、气压、风速、风向和降水。光伏电站、风电场建设的测光、测风观测站也属于现场观测数据，测风观测站所测量的参数包含不同高度的风速和风向、温度、湿度、气压，测光观测站所测量的参数包括总辐射、直接辐射、散射辐射、温度、风速、风向、湿度、气压。

雷达、卫星遥感数据是较为常见的遥感观测数据，由于遥感观测的远距离特殊性，难以直接获得直观的气象信息，因此遥感观测数据一般需要反演算法将获得的信息转换为有用的气象信息。例如，多普勒雷达需要利用反演算法将回波强度转化为降水强度。

通常，观测资料包括：无线电探空资料；自动气象站观测资料；船舶和浮标站观测资料；飞机观测资料；小球测风资料；风廓线仪测量资料；GPS 站水汽观测资料；卫星遥感资料；多普勒雷达遥感资料；其他资料等。

这些观测数据可为数值天气预报提供丰富的资料同化数据和模式结果释用数据。

6.3.2 模式后处理

将背景场数据和观测数据作为数值天气预报模式的输入，配置经过校验的模式参数，经过前处理、资料同化、主程序运行等过程，能够得到时间积分后的格点数据，其初始结果为包含多种物理量但无法直接以文本及图片方式展示的数据。初始结果不能直接以文本、图片格式展示，需要利用软件程序进行读取。

在模式参数配置完成后，生成的初始结果格点数量、时空分辨率、垂直层数、要素数量、格点经纬度等都已确定。后处理是根据初始结果数据格式，读取所需要素的经纬度、格点、时间等，提取这些数据并存放，绘制不同色斑图，或者转换成不同经纬度格点以便做检验、释用。

以 WRF 模式为例，介绍模式后处理过程。WRF 模式所需要的数据源为背景场数

据和观测数据，经过 WPS 前处理、WRFDA 资料同化、WRF 主程序运行以后，可得到 NetCDF 格式的 NC 文件，该文件即为初始结果，可以利用 NCAR 开发的 NCL (NCAR Command Language) 软件较为方便地读取、处理 NC 文件。

WRF 模式初始结果的后处理需要读取 NC 文件，提取 NC 文件中格点要素、时间、经纬度等变量，再将这些变量进行处理，绘制出要素场色斑图，整合格点时间序列，转换格点经纬度等。要素格点分布能够制作要素场色斑图。WRF 模式初始结果总辐射色斑图如图 6-7 所示，可以体现出预报区域内要素的空间分布情况，结合时间还能够体现预报区域内要素的空间分布随时间的变化；要素格点时间序列能够制作格点要素时间折线图，可以体现出该格点的要素随时间变化的情况，WRF 模式初始结果某格点总辐射时间折线图如图 6-8 所示；转换格点经纬度能够与其他数据资料，如 NCEP 再分析资料、GFS 预报场进行同步对比。图 6-9 展示了从数据源、前处理到后处理的整个流程。

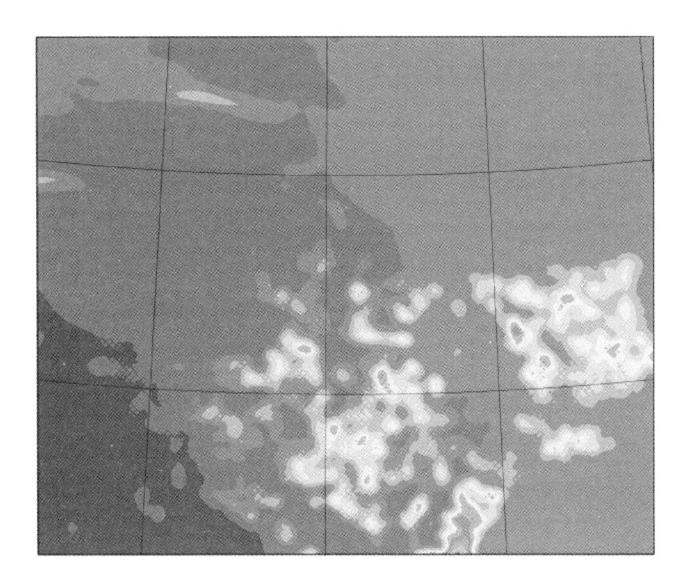

地表向下短波辐射通量/(W·m^{-2})

0 100 200 300 400 500 600 700 800 900 1000 1100

图 6-7 WRF 模式初始结果总辐射场色斑图

业务化体系中，关于后处理的流程主要依赖于计算速度和数据库库表结构。较快的计算速度能够减少数据处理时间，加速整个业务流程；合理的数据库库表结构能够便于用户检索应用，同时能够统一编码格式向外发送。

6.3.3 预报产品检验

前文已经介绍数值天气预报存在一定的误差，这些误差产生的原因有：①数值天气预报模式所描述的大气运动物理过程是有限的；②次网格过程参数化难以精确处理；

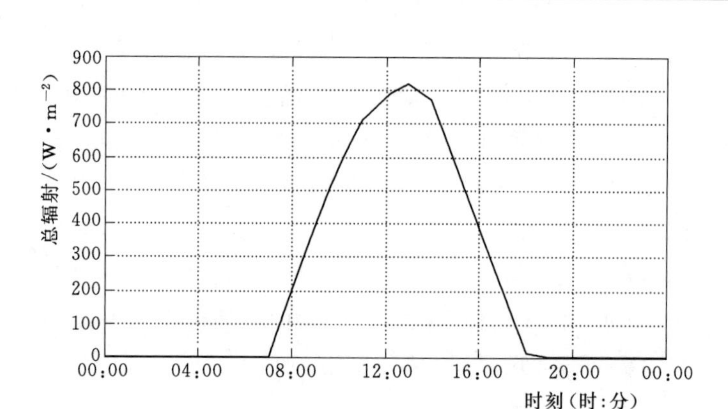

图 6-8　WRF 模式初始结果某格点总辐射时间折线图

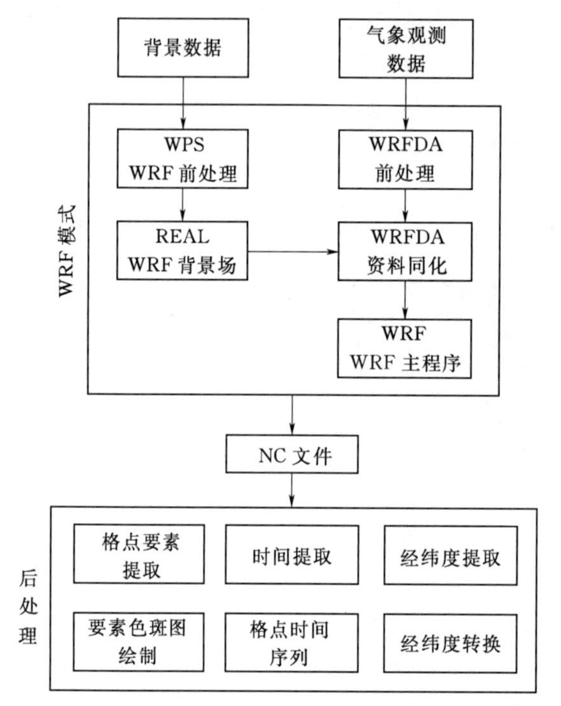

图 6-9　WRF 模式运行及初始结果后处理流程示意图

③模式使用的初始、边界条件存在误差等。

通过了解这些误差产生的主要原因，并采用适当方法检验数值天气预报模式的预报能力，分析误差生产的具体情况，从而可以在一定程度上改进数值天气预报模式的预报性能。

数值天气预报模式格点预报产品的检验通常采用统计学与天气学相结合的方法，检验目的主要为评价数值天气预报模式的整体性能。检验需要使用的数据源有背景场、再分析资料和观测数据，主要为了检验模式是否会引入新的误差。检验的流程如下：

背景场数据作为数值天气预报模式的主要输入，先进行模式区域大小、网格粗细、参数化方案等参数配置，经过前处理、资料同化、主程序等过程后得到初始模式结果，即空间上规则分布的三维格点预报值。

初始模式结果存在一定的误差需要进行检验，检验包含天气学检验和统计学检验两部分。

首先进行天气学检验。天气学检验主要是针对天气系统预报的误差分析、气象要素场的误差分析，其中天气系统预报的误差分析包括天气系统发生准确性、强度准确性、移速准确性。

通过天气学检验后，再进行统计学检验，否则返回重新配置参数。统计学检验包括形势场检验、气象要素场检验。形势场检验一般检验 500hPa、700hPa、850hPa 和海平

面的形势场，可将模式预报形势场与再分析资料、背景场进行对比，检验偏差、平均误差、均方根误差、误差标准差、距平相关系数、倾向相关系数和技巧评分等。气象要素场一般检验总辐射场、风场、降水场检验，可将模式预报气象要素场与观测场进行对比，包括检验偏差、平均误差、均方根误差、误差标准差、距平相关系数、TS 评分、预报效率和预报技巧评分等。

通过统计学检验则表示模式通过全部检验，认为模式初始预报产品可信。若没通过检验则继续返回重新配置参数，直至通过检验。

格点预报产品的检验流程示意图如图 6-10 所示。

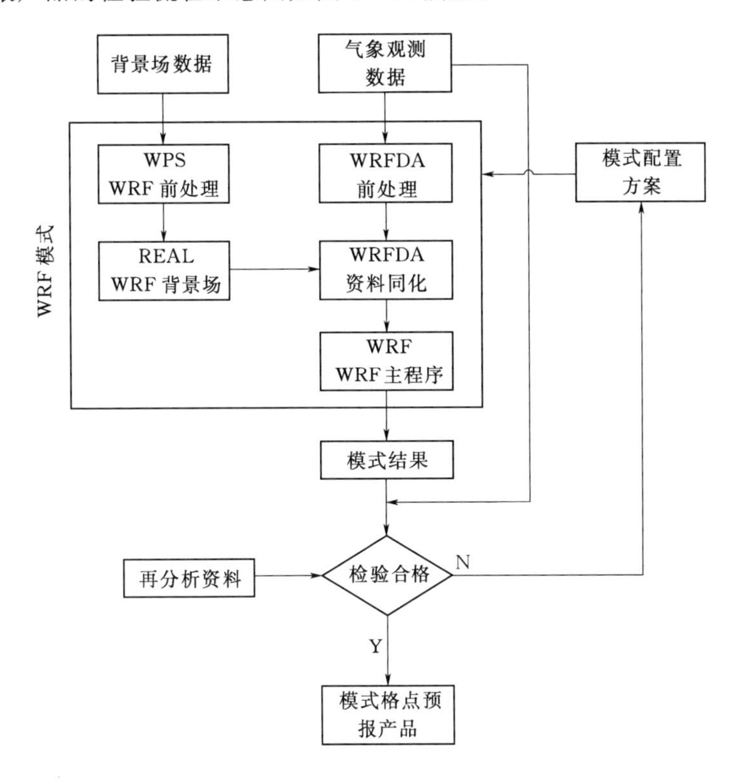

图 6-10 格点预报产品的检验流程示意图

在业务化体系中，初始预报产品检验为历史检验，如检验上个月的整体预报情况，检验效果主要取决于检验方法和流程，以及数据源的准确性。对于面向新能源预测的数值天气预报业务化体系，检验需包含形势场、总辐射场和风场检验等，其中形势场检验主要是为了判断大气环流形式、天气系统是否预报准确，在此基础上检验总辐射场、风场是否满足业务要求。

6.3.4 产品释用

数值天气预报产品释用方法包括定性应用、诊断释用、统计学释用、人工智能释用等方法。

在经过后处理和检验后，数值天气预报结果已经基本可用，在此基础上需要根据不同的需求对数值天气预报结果解释应用。数值天气预报结果释用是指利用统计、动力、人工智能等方法，对数值天气预报结果进行分析、订正，从而获得比数值天气预报初始预报产品更为精细的预报结果或者定制化产品。

经过数值天气预报结果释用得到的是最终输出产品，释用流程示意图如图 6 - 11 所示。

(1) 根据定制化需求，分区域和单站等情况，将经过检验的、后处理的模式初始的格点预报值和观测数据进行处理。

(2) 根据结果释用方法有针对性地开发结果释用脚本，并以历史模式初始预报产品和观测数据作为输入，得到预报产品。

(3) 利用分析结果检验释用效果，根据效果更新释用脚本。

(4) 根据后处理提供的格式，对初始预报产品进行更新，得到最终预报产品并发布。

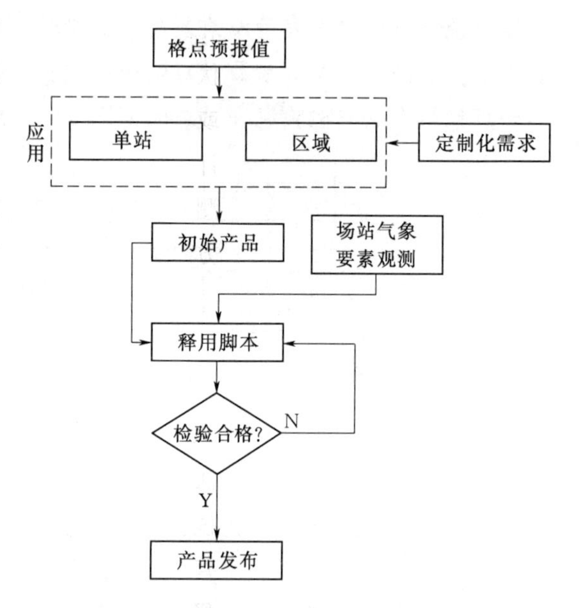

图 6 - 11　释用流程示意图

6.3.4.1　定性应用方法

定性应用方法需要根据天气学原理，在数值天气预报结果的基础上，对天气形势作出判断和分析，作出具体的天气形势和要素预报。与定量应用方法不同，定性应用方法较为依靠人工的天气学判断和分析，需要一个能够对数值天气预报产品（后处理结果）提供图形可视化的展示平台，可以像分析天气图一样分析数值天气预报产品。

后处理结果中形势场分布图等能够用于定性应用方法中，形势场分布图提供了地面、等压面的天气形势预报场，同时隐含各种预报信息的诊断分析产品。因此，在定性应用方法中，可引入外推预报方法，即根据形势场、温度场上天气系统的演变，推断出系统的强度、移动，在此基础上根据气象要素产生的条件和预报经验做出具体的预报结论，常用的方法包括地面预报产品分析、850hPa 风场分析、700hPa 垂直速度场分析、500hPa 涡度场分析和 500hPa 温度场分析等；也可以把对形势场、风场、温度场等的分析和预报扩展到对物理量的分析和预报中，常用的方法包括相似形势法、落区预报法等。

6.3.4.2　诊断释用方法

诊断释用方法通常采用直接输出和诊断输出方法。数值天气预报结果是一种三维空

间上规则分布的格点形式的数据产品，直接输出方法可通过插值把格点上的数值模式预报结果分析到具体的站点，从而得到站点上的要素预报。该方法优点为不需要建立预报方程，也无需进行人工判断，相同的插值方法可以应用于不同的模式结果，根据一种插值算法可以获得多个站点的预报结果。该方法比较依赖初始的格点预报产品准确度和插值方法，如预报产品的可信度较差或插值方法错误，都会导致数值预报产品失去应用价值。在有较高精度的预报产品和经检验验证适宜的插值方法前提下，可以利用直接输出方法得到站点预报产品，如光伏电站的总辐射、温度等气象要素短期预报产品。

诊断输出是通过诊断分析或者经验公式计算得到的物理量。许多模式不能直接生产的物理量可通过诊断释用方法计算得到，包括能见度、对流有效位能、空气密度、云量等。例如，在光伏发电功率预测中，如果考虑能见度对太阳辐射的影响，则可以利用液态水含量和能见度之间的经验方程，根据模式结果提供的近地面层云水含量，计算出能见度。

6.3.4.3 统计释用方法

统计释用方法是指在数值天气预报初始预报产品的基础上，结合大量历史观测数据，利用动力学、统计学的方法分析历史观测数据与同期数值天气预报初始预报产品的对应关系，建立气象要素预报模型，从而获得更为精确的数值天气预报产品。利用统计释用方法可以从一定程度上改善模式初始预报产品带来的误差，也可以改善诊断释用方法得出的模式产品误差，统计释用方法包括完全预报（perfect prognosis，PP）方法和模式输出统计（model output statistics，MOS）方法等。

1. PP 方法

PP 方法是指假定数值天气预报模式的形势场预报完全准确，将历史观测数据的某气象要素作为预报对象，以模式格点预报产品中的各个物理量作为预报因子，建立预报模型，PP 方法释用示意图如图 6-12 所示。PP 方法将历史观测数据与数值天气预报初始预报产品相结合，其预报精度一般高于模式初始预报产品，且利用了大量历史观测数据进行统计，得出的统计规律一般比较稳定、可信。随着数值天气预报模式的改进，模式初始预报产品精度提升，PP 法的预报精度也会随之提高。在数值天气预报模式发生改动时，如改变了 WRF 模式的输入参数配置，或者更新了 WRF 模式版本等，预报模型的统计关系不受到影响，因此不影响业务化流程工作的连续性。在实际业务化流程中，可以使用几种不同的模式初始预报产品作为 PP 方法的输入，综合这些结果，从而得到更加可靠的数值天气预报产品。

2. MOS 方法

MOS 方法直接把模式格点预报产品的物理量作为预报因子，同期的观测数据作为预报对象，分析预报因子与预报对象的误差及关系，建立预报模型，MOS 方法释用流程如图 6-13 所示。MOS 方法能够自动地修正模式的系统误差，在数值天气预报还不能完全正确的前提下，MOS 方法的预报精度要高于 PP 方法，但 MOS 方法需要大量的历史观测数据、模式初始产品数据作为训练样本，且数值天气预报模式改动会影响 MOS 方法的预报精度。

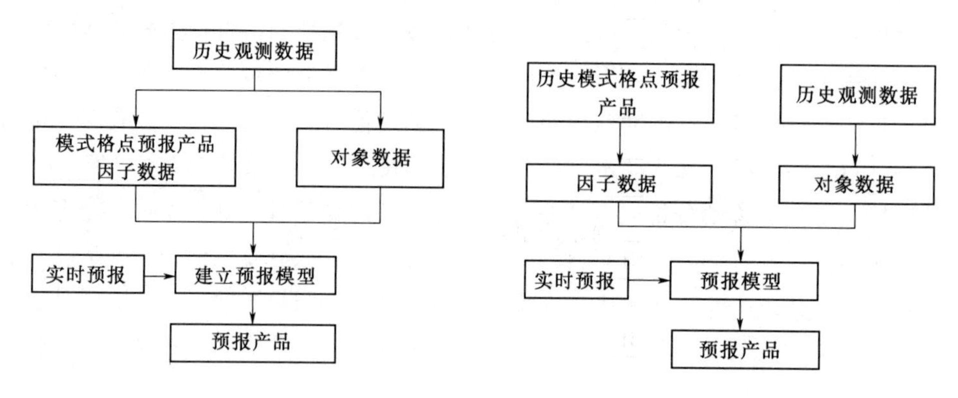

图 6-12　PP 方法释用示意图　　　图 6-13　MOS 方法释用流程图

6.3.4.4　人工智能释用方法

统计释用方法、诊断使用方法大多都属于统计的相关分析和线性回归分析等，在处理较为复杂的非线性问题时具有一定的局限性。人工智能方法是人们受自然（生物界）规律的启迪，根据其原理模仿求解问题的算法。时序预测模型无需考虑各种环境气象因子对预测对象的影响，然而人工智能预测模型，如神经网络、支持向量机和贝叶斯分类等，最常用方法是建立影响因子与预测对象的回归关系。人工智能释用方法可以借鉴人工智能中的观点和方法加以改进和完善，建立适用于非线性的释用方法，以提高释用方法的精度。

人工神经网络是一种常用的人工智能方法，它是模仿人脑结构及其功能，由大量简单处理元件以某种拓扑结构大规模连接而成的，对复杂问题的求解比较有效。神经网络法的优点在于能并行计算、有自适应性，可充分逼近复杂的非线性关系。BP 神经网络方法流程图如图 6-14 所示，BP（back propagation，BP）神经网络算法包括信号的前向传播和误差的反向传播两个环节。计算实际输出时按从输入到输出的方向进行，而权值和阈值的修正从输出到输入的方向进行。在模型训练的过程中，不断进行误差的反向传播，并调整权重和阈值，直至输出层误差小于某一阈值表示模型学习完成，然后就可以将学习好的模型用于释用。

6.4　本章小结

本章主要介绍了数值天气预报集群系统概要、数值天气预报的计算规模和业务化体系的建设等相关内容。

数值天气预报需要运用数值天气预报模式，其物理过程与计算精度要求非常高，特

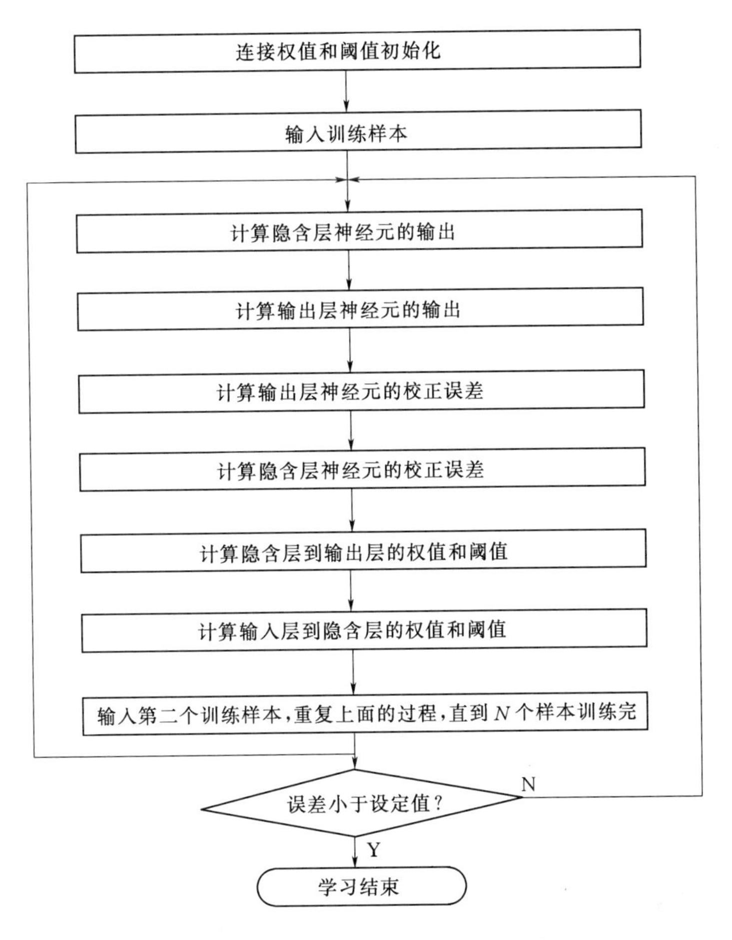

图 6-14 BP 神经网络方法流程图

别是应用于业务预报时需要很高的时效性，高速准确计算非常必要。数值天气预报在很多新能源预测方法中都作为主要输入信息出现，制作满足风电场、光伏电站乃至电网调度机构应用需求的气象要素预报产品，并提供高效、稳定的服务就变得尤为重要。服务于新能源发电预测的数值天气预报集群系统需要具备预报信息的规范格式、预报时间分辨率、预报服务时效性、电力二次系统安全防护规定、新增服务需求响应、关键要素统计检验与释用方法更新，以及各类定制化数据产品的开发等要求，这与公众天气预报业务体系存在较大差异，在当前数值天气预报集群系统业务化运行与日常维护中，这些要求都是业务系统的重要事项。

数值天气预报模式的高速运行需要高性能运算集群作支撑，为提高预报的准确性，需要进一步提高模式的时空分辨率及使用更加复杂的物理参数化过程，这对集群的计算能力和存储能力等方面都提出了较高要求。本章介绍了数值天气预报集群系统所具有的计算量巨大、通信密集、实时性强和计算量集中等特点，阐述了在选取数值天气预报集群系统时，需要根据 CPU 计算性能、内存容量及性能、计算网络性能、存储容量及性能等各个部分应用特点进行合理配比，达到均衡，避免出现性能或功能上的短板；此外，本章还通过集群系统实际案例，对集群具体配置、设计原则以及系统的逻辑结构进行了详细阐述。

数值天气预报可利用有效的水平和垂直离散化，得到更为精确的数值天气预报结果。本章介绍了面向新能源功率预测的数值天气预报需要具备高时间分辨率、高空间分辨率、实时性和准确性等要求，设计了一套面向新能源功率预测的数值天气预报生产流程，介绍了服务于新能源预测的数值天气预报产品设计和数据类型。数值天气预报业务化体系包括数据源、后处理、初始预报产品检验和结果释用。

本章以WRF模式为例，介绍了数值天气预报业务化体系的组成和生产流程、数据源的种类和要求。在开展WRF预报业务之前，首先需要根据相关业务对象需求，配置合适的模式参数；然后将准备好的背景场数据和经过质量控制的观测数据经数据融合后，输入到数值天气预报模式，再经过前处理、资料同化、主程序运行等过程，计算得到时间积分后的格点数据；最后经过模式后处理，得到数值天气预报模式初始产品。数值预报产品生产后，通常采用统计学和天气学方法对数值天气预报模式结果进行检测，在经过检验和修正后处理后，需根据不同的需求对数值天气预报结果释用，得到最终数值预报产品，进而服务于新能源发电预测和电网气象的生产业务。

参　考　文　献

[1] 杨阳，王连仲，周晓珊．东北区域业务模式预报产品检验评估系统的建立及应用［J］．气象与环境学报，2017，33（4）：21-28.

[2] 白永清，祁海霞，刘琳，等．华中区域环境气象数值预报系统及其初步应用［J］．高原气象，2016，35（6）：1671-1682.

[3] 陈起英，管成功，姚明明，等．全球中期模式升级关键技术研发和预报试验［J］．气象学报，2007，65（4）：478-492.

[4] 陈德辉，薛纪善．数值天气预报业务模式现状与展望［J］．气象学报，2004，62（5）：623-633.

[5] 李洪涛，马志勇，芮晓明．基于数值天气预报的风能预测系统［J］．中国电力，2012，45（2）：64-68.

[6] 王德文，宋亚奇，朱永利．基于云计算的智能电网信息平台［J］．电力系统自动化，2010，34（22）：7-12.

[7] 张博尧，刘纯，陈亭，等．数值天气预报一体化平台构建［J］．计算机工程与设计，2016，37（12）：3394-3399.

[8] Faeldon J，Espana K，Sabido D J. Data - centric HPC for Numerical Weather Forecasting ［C］// International Conference on Parallel Processing Workshops. IEEE，2014：79-84.

[9] Bowers J，Astling E，Liu Y，et al. An Operational Mesoscale Ensemble—Based Forecast System using HPC Resources ［C］// Dod High PERFORMANCE Computing Modernization Program Users Group Conference. IEEE Xplore，2007：255-258.

[10] He J，Zhang M，Lin W，et al. The WRF nested within the CESM：Simulations of a midlatitude cyclone over the Southern Great Plains ［J］. Journal of Advances in Modeling Earth Systems，2013，5（3）：611-622.

[11] Hansen Sass B，Mahura A，Nuterman R，et al. Enviro - HIRLAM/ HARMONIE Studies in

ECMWF HPC EnviroAerosols Project [C] // EGU General Assembly Conference. EGU General Assembly Conference Abstracts, 2017.

[12] Davids F, Den Toom M. Comparing complementary NWP model performance for hydrologic forecasting for the river Rhine in an operational setting [C] // EGU General Assembly Conference. EGU General Assembly Conference Abstracts, 2016.

[13] 廖洞贤，王两铭．数值天气预报原理及其应用 [M]．北京：气象出版社，1986.

[14] 朱剑明．航空气象数值预报释用系统的设计与实现 [J]．电脑知识与技术，2014 (30)：7090－7093.

[15] 潘晓滨，何宏让，王春明，等．数值天气预报产品解释应用 [M]．北京：气象出版社，2016.

[16] 托马斯·汤姆金斯·沃纳著，数值天气和气候预测 [M]．陈葆德，李泓，等译．北京：气象出版社，2017.